Impact of Climate Change on Water Resources
With Modeling Techniques and Case Studies

气候变化对水资源影响的
建模技术与案例研究

［印］Komaragiri Srinivasa Raju ［印］Dasika Nagesh Kumar 著
刘柏君 杨立彬 苏振宽 李 亚 等 译

 中国水利水电出版社
www.waterpub.com.cn
·北京·

北京市版权局著作权合同登记号：图字 01 - 2020 - 2982

图书在版编目（CIP）数据

气候变化对水资源影响的建模技术与案例研究 /
（印）科马拉吉里·斯里尼瓦萨·拉朱，（印）达西卡·纳
盖什·库马尔著；刘柏君等译. -- 北京：中国水利水
电出版社，2020.7
书名原文：Impact of Climate Change on Water
Resources: With Modeling Techniques and Case
Studies
ISBN 978-7-5170-8701-4

Ⅰ．①气… Ⅱ．①科… ②达… ③刘… Ⅲ．①气候变
化—影响—水资源—研究 Ⅳ．①TV211

中国版本图书馆CIP数据核字(2020)第126695号

审图号：GS（2020）3400 号

书　　名	气候变化对水资源影响的建模技术与案例研究 QIHOU BIANHUA DUI SHUIZIYUAN YINGXIANG DE JIANMO JISHU YU ANLI YANJIU
原 书 名	Impact of Climate Change on Water Resources：With Modeling Techniques and Case Studies
原　　著	［印］科马拉吉里·斯里尼瓦萨·拉朱 ［印］达西卡·纳盖什·库马尔
译　　者	刘柏君　杨立彬　苏振宽　李亚　等
出版发行	中国水利水电出版社 （北京市海淀区玉渊潭南路1号D座　100038） 网址：www. waterpub. com. cn E - mail：sales@waterpub. com. cn 电话：(010) 68367658（营销中心）
经　　售	北京科水图书销售中心（零售） 电话：(010) 88383994、63202643、68545874 全国各地新华书店和相关出版物销售网点
排　　版	中国水利水电出版社微机排版中心
印　　刷	天津嘉恒印务有限公司
规　　格	170mm×240mm　16开本　15.75印张　308千字
版　　次	2020年7月第1版　2020年7月第1次印刷
印　　数	001—500册
定　　价	**98.00元**

中文序

气候变化对流域水资源的影响是 21 世纪全球气候变化和水文水资源领域的重大问题。联合国政府间气候变化专门委员会（IPCC）第五次报告曾指出：自 1950 年以来，全球几乎所有地区都经历了升温过程，变暖体现在地球表面气温和海洋温度的上升、海平面的上升、格陵兰及南极冰盖消融和冰川退缩、极端气候发生频率增加等方面。在 1880—2012 年期间，全球地表平均温度已升高 0.85℃，全球平均气温预计在 2016—2035 年期间可能升高 0.30～0.70℃，将对全球及区域水资源情势产生深刻的影响。

水资源变化不仅关系流域治理方略的确定、水资源配置格局与重大水利工程布局，而且事关国家安全、经济安全、能源安全、粮食安全和生态安全，气候变化对流域水资源管理提出了更高的挑战。为支撑我国流域生态保护和高质量发展，深入研究气候变化对流域水资源的影响是亟需解决的科学问题之一，而采用何种理论、方法与模型去探究流域气候演变趋势、气候变化对流域水资源的影响是认识和适应对策的关键。

译者选择 *Impact of Climate Change on Water Resources：With Modeling Techniques and Case Studies* 展开翻译工作，该著作对气候变化及其对流域水资源影响的相关研究理论与技术做了全面介绍，尤其是对气候变化模式、GCMs 模式降尺度精度改进技术、流域水文模型及其搭建技术、气象-水文模型耦合技术、气候变化对水资源影响量化、气候变化风险分析等方面展开了深入而详细的论述和研究。该译著能够为水文水资源、气候变化及其相关领域的研究人员提供一定的参考。

特此为序。

中国工程院院士

2019 年 12 月 24 日

译者的话

　　水是生命之源，是当今社会经济发展的重要战略资源。近百年来，全球正经历着以气温升高为主要特征的气候变化。水资源作为环境和生命的重要载体和组成部分，受气候变化的影响最为直接和明显。气候变化主要指降水、气温等气候要素发生显著变化。其中，降水作为径流的主要来源直接影响流域径流量，气温则通过改变流域水面、土壤蒸发以及植物的蒸腾作用，间接影响流域的产汇流机制。研究表明，气候变化已经对全球水循环产生了深刻影响，气候变化风险和不确定性加剧，引起了水资源在时间和空间上的重新分配以及水资源总量的改变，增加了洪涝、干旱等极端事件发生的频率和强度，进而使得流域水资源问题日益突出，影响流域生态环境安全和经济社会的可持续发展，气候变化问题引起了世界各国的高度关注。

　　2019 年 7 月 24 日，美国国家海洋与大气管理局（NOAA）气候计划办公室（Climate Program Office，CPO）发布 2020 财年的资助计划：约束模式的气候敏感性，通过观测和建模社区之间的合作，建立陆地、海洋、冰与大气边界层数据集，解释极端气候事件；建立快速的评估能力并了解极端事件的原因和机制，应对干旱；气候与变化中的海洋状况等内容是未来主要资助的研究方向，以此促进对气候的理解和预测，帮助全球应对气候风险和影响。2019 年 11 月 13 日，环球生态基金会（Universal Ecological Fund）发布的题为《气候承诺背后的真相》（The Truth Behind the Climate Pledges）的报告指出：到 2030 年，受人为气候变化影响的天气事件造成的经济损失将上升到每天至少 20 亿美元。除了经济损失之外，天气事件和模式还将继续变化，并将对人类健康、生计、粮食、水、生物多样性和经济增长产生不利影响。因此，气候变化对水资源的影响问题是行业内的重点和难点问题，其研究水平的高低与水资源管理、生态保护、社会经济高质量发展息息相关。

在我国，气候变化已经对西北地区、黄河流域、长江流域等区域水资源产生了显著的影响，由此引起的突发性洪涝、干旱灾害已经成为造成社会经济损失的主要因素。深入了解并借鉴国际上在气候变化对水资源影响方面的最新建模技术与分析方法对提高我国应对气候变化影响水平具有重要的现实意义，施普林格出版社于2017年出版的 *Impact of Climate Change on Water Resources：With Modeling Techniques and Case Studies* 一书是系统介绍气候变化对水资源影响最新技术和理念的一本综合性著作。

本书主要包括两部分内容，第一部分讨论了研究气候变化影响的主要技术，第二部分介绍了一系列的应用。本书科学理论严谨、逻辑清晰，可作为水利工程专业从业人员，特别是从事气候变化影响、水资源管理等技术人员的参考用书。本书的一大特色是通过研究递进关系，按章节次序论述了气候变化与驱动机制、全球气候模式研选、气候模拟的降尺度方法、气候模拟中的统计分析与优化技术、水文模型、案例研究等内容，且在每个章节末尾提出了未来研究需思考的问题与建议深入阅读的文献，读者如感兴趣，可先阅读提出的问题，相信会对书中所提模型与方法有更深的理解。

参与本书翻译的人员有：刘柏君、杨立彬、苏振宽、李亚、蔡思宇、崔长勇、赵盼盼。全书由刘柏君审校、统稿。感谢全体翻译人员的辛苦付出，使得本译著得以顺利出版。另外，本书的出版得到了中国科学院夏军院士，中国水利水电科学研究院减灾所张大伟教高、水资源所权锦教高，黄河水利委员会规划计划局王煜教高，黄河勘测规划设计研究院有限公司彭少明教高等多位专家学者的指导与帮助，在此表示诚挚的感谢。

本书出版得到国家重点研发计划课题（2018YFC1508706）"重点生态区与城市抗旱应急保障管理措施及技术"、中国博士后科学基金资助项目（2019M652551）"基于生态响应的黄河河口区抗旱应急保障技术研究"的资助，在此诚表谢意。

由于书中涉及的知识面较广、专业术语较多，虽然译者进行了认真的查证和校核，但限于专业领域的限制，不当之处在所难免，恳请读者批评指正。

刘柏君

黄河勘测规划设计研究院有限公司

2020 年 1 月

序

　　有位学生在我做的一次关于气候变化对水文影响的讲座结束后问我："教授，全球变暖导致气温升高会引发什么问题？我们不能买台大空调让气温恢复正常吗？"确实，这位学生说的没错，在气温升高失去控制之前，可以通过人为干预实现对气温上升影响的管控。但更大的问题在于，气温上升伴随着间歇性的降水变化，降水变化的时空分布不均及其具备的极端属性，都会引起区域内洪水和干旱灾害的并行发生。降水的任何改变都会重塑地球的水循环过程，而如果降水变化太过剧烈，则地球未来将发生难以想象的变化。

　　据我所知，Srinivasa Raju 教授和 Nagesh Kumar 教授所写的这本书是全面整合关于气候变化对水资源影响研究的著作之一。考虑到气候变化不再是一个富有争议的话题，世界上各个国家都在努力适应着气候的变化，该书的出版能够及时填补气候变化影响方面著作的空白。其中，各个国家采取的部分应对措施就是针对现有水资源基础设施开展风险评估，以此让我们能够在丰水或者缺水地区进行生活；还有部分应对措施是找到规划与设计新型水资源基础设施的方法，以应对气候变化带来的洪涝或干旱问题。该书最大限度地展示了作者及其同事指导的多个博士所取得的出色研究成果，同时还全面总结并分析了世界上关于气候变化影响的研究文献。该书能够为熟悉水资源系统设计、规划、管理与调度的学者开展气候变化适应性研究提供参考。

　　该书首先论述了导致气候变暖的各类因素、为什么是人为影响导致、气候发生了何种变化、气候变化为什么如此值得关注、气候变化对水文和水资源系统有什么影响等内容。其次，阐述了如何构建气候评估模型、未来气候变化带来的挑战、气候模式选择及其不确定性量化、如何通过气候模式间合理的耦合策略减少不确定性等问题。随后，考虑到气候模式的粗精度问题，对降尺度方法开展了全面的评估。此外，详细描述了不同统计分析技术，并将其用于模型模拟结果的评估，如水文模型径流变化模拟效果评估、土壤水在降水变化与未来蒸散发条件下模拟效果评估等。最后，通过典型案例研究，阐明了该书提出的建模技术与分析方法的适用性。

我十分高兴地发现，书的每章结尾都有一组问题，为老师向学生提出相关思考问题提供了不错的参考，能够实现学生学习过程中的查漏补缺。这些问题不仅可以促使学生和读者们去构思解决方案，来应对气候变化影响这一人类迄今面临的重大挑战，也可以让读者们更清晰、更系统地理解气候变化对水资源影响的相关理论知识。虽然气候一直在发生变化，但人类活动引起的改变是真实而重大的，仍有一些更大的变化还未被发现，而这些未知的变化需要我们未来进行深入的研究。该书引导着气候变化影响研究向正确的方向迈出了坚实的一步，因为此书提出的理论与方法为未来我们保障水资源系统安全提供了有力的支撑。

祝贺两位作者取得如此优异的成果，同时，我希望这本书不仅能够促进读者深入思考气候变化背后的科学问题，也可以实现通过工程措施减缓气候变化影响的目标。

Ashish Sharma

教授、研究员

澳大利亚悉尼新南威尔士大学土木与环境学院

2017 年 3 月

在全球视角下，气候变化已成为人类面临的主要挑战之一。气候变化可能会对自然和人类系统产生不利的影响，如可用水资源量不断减少、生态环境严重恶化，同时制约经济社会的高质量发展。温室气体的持续排放将会进一步增加气候变化所具有的风险性，并使人类和生态系统面临更为复杂的情势。预测未来气候变化趋势是分析气候变化对流域影响的重要前提，也有利于流域开展水资源规划与管理工作。通过预测未来气候变化情势，利用多种数学分析方法就可以实现对气候变化及其风险的有效控制。全球气候模式（GCMs）是目前最为可靠的气候建模工具之一。然而，GCMs 尺度较大，分辨率较为粗化，其精度会随着空间尺度和时间尺度的细化而不断降低，无法表征流域或区域尺度的气候变化特征。换言之，GCMs 无法直接为水文模拟和水资源规划研究人员所关注的流域或区域尺度水文及水资源建模提供帮助，GCMs 降尺度是实现上述研究的重要方法之一。

迄今为止，世界各国专家已经出版了许多关于上述主题的著作，大部分著作都是基于有限的例子和基于案例研究得到的理论。本书通过章节划分，实现了不同成果的合并。本书各章内容如下。

第 1 章介绍了气候变化及变异、气候反馈、强迫机制、大气化学、古气候研究、季风变化、全新世、IPCC 气候情景、遥相关、气候变化影响等内容。除第 6 章的案例研究外，第 1 章及其他章最后都配有复习与练习题、思考题、参考文献和扩展阅读文献。第 2 章针对 GCMs 气候模式及其如何选择进行了讨论，对评价 GCMs 的性能指标、权重估计、确定性与模糊情境下的多准则决策技术、Spearman 秩相关系数和群决策进行了探究；同时，也对 GCMs 气候模式的组合方式进行了讨论。第3章详细探讨了气候模式降尺度技术，即详细讨论了多元回归（Multiple Regression，MR）、人工神经网络（Artifical Neural Networks，ANN）、统计降尺度模型（Statistical Downscaling Model，SDSM）、转换因子技术（Change Factor Technique）、支持向量机（Support Vector Machine，SVM）等降尺度技术。内在偏差修正也在本章进行了简要论述。第4章介绍了聚类和模糊聚类分析、Kohonen神经网络和主成分分析等数据压缩技术，并讨论了线性和非线性规划、遗传算法等趋势检测及优化技术。第5章详细介绍了具有代表性的水文模型，并对SWMM、HEC－HMS、SWAT等水文模型构建展开了研讨。第6章展示了AR3（IPCC第三次评估）和AR5（IPCC第五次评估）视角下与前述各章所提理论与技术相关的案例研究成果。虽然AR3相对AR5提出得更早些，但希望通过案例研究，能够获知SRES（温室气体和气溶胶排放）和RCPs（不同典型浓度路径）情景下的气候变化趋势。

附录A罗列了本书所用数据的获取路径信息。同时，附录B和附录C提供了与气候变化有关的具有代表性的学术论文及著作信息。此外，索引为读者提供了有用的检索信息。

本书也为读者提供了相关理论与技术的演示多媒体作为附加的学习资料。若有兴趣，可联系出版商（施普林格出版社），以获取多媒体的下载链接。

本书可以用作水文、气候变化和相关领域的本科生及研究生的参考用书或研究补充材料，其中的案例研究、多媒体展示、广泛的参考材料虽然数量有限，但能够为研究人员、专家、教师与对气候及水文领域感兴趣的读者提供有用信息并实现答疑解惑。

在此，特别感谢澳大利亚悉尼新南威尔士大学土木与环境学院教授及研究员Ashish Sharma博士，感谢他为本书撰写的序言。

本书的创作灵感与动力来自于许多专家学者及机构的著作、报告和论文，其中专家学者包括Ashish Sharma博士、B. C. Bates博士、Z. W. Kundzewicz博士、T. J. Ross博士、S. Wu博士、J. P. Palutikof

博士、D. R. Easterling 博士、F. Johnson 博士、R. L. Wilby 博士、Di Luzio M. 博士、G. S. Rao 博士、R. Srinivasan 博士、R. Mehrotra 博士、Sulochana Gadgil 博士、R. S. Nanjundiah 博士、V. V. Srinivas 博士、S. K. Satheesh 博士、K. C. Patra 博士、Danielle Costa Morais 博士、Adiel Teixeira de Almeida 博士、Chong - yu Xu 博士、Lankao 博士、T. I. Eldho 博士等，相关机构成果包含政府间气候变化专门委员会（IPCC）的报告、各种与气候相关的主页（如 IPCC、气候预测中心、气候研究中心等）。在本书中出现的上述作者相关研究成果已得到其版权许可。

衷心感谢 Springer，Elsevier，IWA ASCE，Copernicus，De Gruyter，Inter - Research Science Center（德国）和 Prentice Hall of India 等出版社对本书的大力支持。感谢 A. Anandhi 博士、Sonali P. 博士、T. V. Reshmi Devi 博士、Ajit Pratap Singh 教授和 Gayam Akshara 女士给予我们重复使用其研究成果的相关许可。特别感谢 V. Swathi 女士在第 5 章提供的关于水文建模中的数值模拟问题。十分感谢同事们的鼓励和同学们所提出的质疑。

虽然在致谢与参考文献中对引用资料已经加以说明，仍无法确保存在一定的纰漏。对此造成的任何不便，我们真诚地表示歉意。热烈欢迎读者提出批评意见，以帮助我们对本书内容加以改进，提出的任何引用遗漏或内容问题将在认真核实后将在再版时更正。

本书第一作者十分感谢海德拉巴校区主任 G. Sundar 教授、副教授 A. Vasan 博士，以及 Pilani 校区主任 A. K. Sarkar 教授，他们为本书撰写提供了源源不断的动力与鼓励。本书第一作者感谢他的父母 Gopala Rao 和 Varalakshmi、妻子 Gayathri Devi、女儿 Sai Swetha 和儿子 Sai Satvik 给予的支持。第二作者感谢他的父母 Subrahmanyam 和 Lakshmi、妻子 Padma、女儿 Sruthi 和儿子 Saketh 给予的支持。

也十分感谢同事们的鼓励和同学们所提出的疑惑。

最后同样重要的是，感谢施普林格出版社气候系列丛书编辑 John Dodson 博士对本书提出的宝贵建议，也十分感谢 Swati Meherishi 女士、Aparajita Singh 女士、Bhavana Purushothaman 女士对本书出版的大力支持。

Komaragiri Srinivasa Raju
印度海得拉巴
Dasika Nagesh Kumar
印度班加罗尔
2017 年 4 月

目　录

第1章

绪　　论

　　本章介绍了有关大气活动和气候变化影响的内容。讨论了影响气候变化的原因，比如处于两个不同阶段的厄尔尼诺南方涛动（El Niño Southern Oscillation）：湿季的拉尼娜现象（La Niña）和暖季的厄尔尼诺现象（El Niño）。遥相关、气候反馈、强迫机制（辐射性和非辐射性的、周期性和随机性的以及外部和内部的）也是本章的一部分。关于气溶胶对大气能见度的直接和间接影响也进行了简单的介绍。对温室气体和全球变暖的影响进行了解释，比如降水量的变化、冰盖和冰川的融化、温度、洪水和干旱的频率增长的可能性、碳酸形成导致的酸化。另外，对大气化学、古记录、季风变化以及全新世进行了着重讨论。广泛论述了对与人口、经济、技术和社会变化相关的联合国政府间气候变化专门委员会（Intergovernmental Panel on Climate Change，IPCC）情景，即排放情景特别报告（Special Report on Emissions Scenarios，SRES）A1、A2、B1和B2，以及典型浓度途径（Representative Concentration Pathway，RCP）RCP2.6、RCP4.5、RCP6.0和RCP8.5，以及气候变化对水文、水资源、城镇化和水文极端事件的影响。另外，从3个方面对气候变化对印度的影响进行了分析：我们知道什么？会发生什么？能够做些什么？通过学习本章内容，读者有望理解各种大气过程/活动、气候变化影响，以及如何利用本书开展气候变化对水资源影响等相关研究。

　　关键词：气溶胶，气候变化，强迫，温室气体，影响，IPCC，RCP，SRES，遥相关

1.1　引言

　　水文学是分析地表、地下和大气中水分的产生、分布的学科（Definition

of Hydrologic，2017）。气候学是针对气候的科学研究，包括对因海洋环流、大气气体浓度变化以及长期和短期的太阳辐射强度变化引起的大气变化的研究。对水文循环中气候时空变化的系统研究称为水文气候学。在水文气候学研究中，会对水文循环和气候物理过程的复杂时空变化同时进行实测和模拟，然后得到更加准确的推论。在一般情况下，通过统计和确定性方法，使复杂物理过程输出结果有助于频繁发生的极端事件对水文循环中主要要素影响的确定（Global Change Hydrology Program：Hydroclimatology，2017）。

全球水文循环是水文气候学中的一个主流课题，包括两个分支：陆地水文和大气水文。陆地水文研究陆地表面或其附近的自然水文过程（即与水文学相关的普通过程）。大气水文研究水分在气态、降水和蒸发中的迁移（Shelton，2009）。在大气和地球表面的交界面上，这两个分支内部相连。现代水文气候学提出了一个具体的观点：考虑到人类活动和自然变化，随着时间的推移，气候是如何变化的。气候将水分作为连接水文学和气候学的一个要素（Chahine，1992）。全球气温的不断升高有可能会导致灾难事件的发生，因此有必要对蒸散发和径流等水文过程开展研究。

本章讨论了气候变化及变异、气候反馈、强迫机制、大气化学、古记录、季风变化、全新世、联合国政府间气候变化专门委员会（Intergovernmental Panel on Climate Change，IPCC）情景、遥相关和气候变化的影响（Kumar等，1995；Jain 和 Lall，2001）。与气候相关的术语汇编可以参考 *Glossary Relevant to Climate*（2017）。

1.2　气候变化及变异

用温度和降水表示的大气的平均状态称为气候，它以水圈、冰圈、岩石圈、生物圈为基础。气候变异的统计特征不断增加或降低的现象称为气候变化。气候变化会受到气候模式的影响，比如厄尔尼诺南方涛动（El Niño Southern Oscillation）和它的两个不同阶段：湿季的拉尼娜现象（La Niña）和暖季的厄尔尼诺现象（El Niño）。

气候变化及变异对于推动时空尺度上的水文循环有着重要影响。目前，已经有很多关于气候变化及变异对水资源影响的研究。这些研究大部分侧重于利用卫星图像将全球和区域气候模型进行耦合，进而得到流域水文气候耦合模型。

这些研究不仅可以帮助人们认识到，在接下来的一个世纪中，水文系统是如何发生变化的，也会提供很多关于目前气候变化及其对水资源影响的信息。

考虑到这一点，联合国环境规划署（United Nations Environment Program，UNEP）和世界气象组织（World Meteorological Organization，WMO）于1988年联合成立政府间气候变化专门委员会（IPCC）以开展气候变化的研究。截至目前，在1990年、1995年、2001年、2007年、2014年，IPCC共发布了5次评估报告。在所有的IPCC评估报告中，均提出了一个观点——气候变化对水文循环的变化有着重要影响。在这些报告中，也对有可能引起气候灾害的水文变化和变异进行了研究。在对气候变化的评估中，频繁地使用了降水、温度、相对湿度、太阳辐射等气象因子（IPCC，2001）。这些因子在水文学中非常重要，本章对它们可能产生的影响进行了讨论。

1.3　气候反馈

气候系统容易受到太阳辐射的影响。太阳辐射会与地面辐射维持一个平衡，以使得地球温度既不会过低也不会过高。当气候系统对强迫（来自于地球空间上的能量平衡扰动/变化）做出响应时，就会达到平衡状态。

在气候系统中，当把输出结果的一部分重新输入到系统中，输出结果就会得到进一步更新。由此产生的循环称为反馈，它可能使整个过程加速（正反馈）或减速（负反馈）。当对主要气候强迫的反应与初始强迫因子的反应方向相同，并且增加对强迫的气候反应时，就可能会有正反馈，这将加剧暖化或冷却趋势。当对主要气候强迫的反应与初始强迫因子的反应相反，并减少对强迫的气候反应时，就可能会有负反馈。由于山脉造成的冰反照反馈就是其中一个例子（Umbgrove，1947）。在大气中由于强迫发生的不同，反馈过程会引起复杂的气候变化。

1.4　强迫机制

气候变化是由强迫引起的，这种强迫可能是辐射性或非辐射性的、周期性或随机性的、外部的或内部的。分析不同时间尺度上的气候变化是必不可少的，如日、月和年尺度。

1.4.1　辐射性和非辐射性的强迫

辐射强迫是地球辐射和太阳辐射之间的差异，是由大气成分、太阳辐射、火山活动和地球绕太阳运行轨道的变化而引起的，而非辐射性的强迫机制并不直接影响大气能量平衡（Shine等，1990）。

1.4.2　随机性和周期性的强迫

气候变化的随机性强迫主要是，由于混乱和复杂的气候系统变化导致很大一部分不可预测的气候变化（Goodess 等，1992）。在周期性的强迫下，确定强迫机制及其对全球气候框架的影响有助于确定未来的气候变化。然而，结果取决于气候系统的反应，而气候系统既不能完全描述为线性过程，也不能完全描述为非线性过程。

1.4.3　外部的和内部的强迫机制

外部强迫机制涉及来自外星系统的动力因子，包括银河系、轨道（倾角、轨道形状和旋进）变化和太阳能变化（Berger，1978）。内部强迫机制涉及气候系统中的动力变化（来自于海洋、大气和陆地系统），并且由相应的因子引起，比如造山、火山活动、海洋环流、土地使用/土地覆盖的变化和大气成分的变化（包括气溶胶含量和温室气体）。

1.4.3.1　气溶胶

气溶胶的增加对于气候系统具有双面效应。气溶胶效应可以是直接的，因为气溶胶可以散射和吸收太阳辐射，从而影响大气的可见度（直接辐射强迫）。间接效应促进了云的形成，而且会影响气溶胶的性质和气体化学性。大气中气溶胶含量的变化受到天然和人工因素的双重影响。评价它们对气候变化的影响面临一些难题：①小于 $1\mu m$ 的微小颗粒（远小于人类头发直径值 $75\mu m$）；②高精度仪器和精准的模拟参数（Satheesh 和 Srinivasan，2002；Satheesh 和 Lubin，2003；Satheesh 和 Krishna Moorthy，2005；Satheesh，2006；Sedlacek 和 Lee，2007；Khain 等，2008；Aerosols，2017）。

1.4.3.2　温室气体

温室气体分子控制着地球表面反射的太阳辐射，然后这些辐射从各个方向向大气中扩散，导致地球表面变暖。二氧化碳（CO_2）、水蒸气（H_2O）、一氧化二氮（N_2O）、含氯氟烃（CFC）、甲烷（CH_4）就是导致气候变暖的温室气体。大气中温室气体含量的变化由人为和自然因素引起。自然因素包括大气中 CO_2 和 CH_4 的浓度、植被和岩石风化的变化，而人为因素包括森林退化、化石燃料燃烧和其他工业过程。由于二氧化碳在大气中长期存在而导致变暖，所以其是造成气候变化的重要因素之一（Houghton 等，1996）。气候变暖会造成很多影响，比如降水量的变化、冰盖和冰川的融化、温度的变化、洪水和干旱的频率可能增加、碳酸引起的酸化。

建立全球气候模型（GCM）来评价自然和人类系统单独改变或者共同变化时气候系统的响应。相对于较小的空间尺度，在大陆和较大的区域尺度上气候模型模拟的结果更好。人们采用耦合模式互比项目（Coupled Model Inter-comparison Project，CMIP）来分析大气-海洋环流模式（Atmosphere－Ocean General Circulation Model，AOGCM）的输出结果。在过去的几十年里，从 CMIP 的第三阶段 CMIP3 和第五阶段 CMIP5 得到的 GCM 在全球被广泛应用于气候影响评估研究。关于 GCM 的详细讨论可见第 2 章。

1.4.4　大气化学

大气化学包括地球大气化学和其他行星的大气化学。大气化学被人们广泛应用于多种学科，包括气候学、气象学、地质学、海洋学、火山学、物理学以及很多其他领域。这门学科之所以得到重视，是因为它在识别和分析大气影响领域的作用，比如全球变暖、温室气体、光化烟雾、臭氧层空洞、酸雨。先进的观测技术、实验室基础设施、高精度计算设备和跨学科性是它得以快速发展的原因（Atmospheric Chemistry，2017）。

1.4.5　古记录

古记录或过去的记录可以提供关于过去的信息，以分析地球系统的变化。古记录包括历史记录和史前记录，其中，史前记录是指没有文献记载或无法追溯的地质时代，但可以考虑地貌、沉积学和生态学（Palaeo Records，2017）。

1.4.6　季风变化

受季风影响的降水量时空变化显著且不稳定，这会给全球经济带来一定的影响，例如，农作物产量会影响粮食安全和国内生产总值（Gadgil 等，1999）。Gadgil（2003）提出将季风变化与周围海洋和太平洋对流联系起来，这是一个具有挑战性的研究难点。Gadgil 在论文中引用了 Halley（1686）的研究成果，即海洋和陆地间的热量差是引起季风降水的原因（Webster，1987），同时，也对 Charney（1969）提出的理论观点"季风被认为是热带辐合带季节性迁移的一种表现"进行了研讨。由此，Gadgil 在论文中提出：在亚尺度上，活跃期和非活跃期间的降水存在明显的变化。此外，Gadgil 在论文中也引用了 Blanford（1886）的研究成果，即上述现象被描述为降水期和干旱期间的波动问题。Sikka（1980）、Pant 和 Parthasarathy（1981）均对厄尔尼诺与印度季风降水间的密切关系进行了详细探讨。

1.4.7　全新世

根据维基百科，全新世是一个地质年代，从大约 11700 年前的更新世结束开始持续至今（BP）（Holocene，2017），以在低纬度和高纬度上从 1 个世纪到 1000 年的变化为标记。Gupta 等（2006）认为，在历史、考古、古气候中发现的证据表明人类曾经有过大的迁徙活动，并且种群数量具有循环的趋势。deMenocal（2001）介绍了晚全新世气候变化在不同时区对人口的影响：蒂瓦纳库（Tiwanaku）、莫奇卡（Mochica）、经典玛雅（Classic Maya）和阿卡迪亚（Akkadian）的消亡分别跨越 1000、1500、1200 和 4200 个日历年。他发现人类文化元素与持续的多世纪气候变化之间存在密切的相互关系。Gupta 等（2006）还给出了印度次大陆全新世事件的年表，这些事件分布在 7 个时区，1800 年前，1400—1800 年，700—1200 年，距今 1700 年前，距今 3500—4000 年前，距今 4000—7000 年前和距今 7000—10000 年前，并涵盖了与印度次大陆气候、人口反应和与这些时区农业有关的信息。

Srivastava 等（2003）在对恒河平原中部的研究中发现，在最近的更新世—新世期间，形态、水文条件有很大的变化。他们的结论是，恒河平原的水文条件在很大程度上受到构造活动影响下的气候变化的影响，日益增加的农业和人类活动大大增加了过去 2000 年池塘的自然淤积率。Singhvi 和 Kale（2009）对印度的古气候进行了广泛和大量的研究，而 Singhvi 和 Krishnan（2014）广泛地讨论了目前和过去的印度气候，包括印度季风随时间的变化。Saraswat 等（2016）使用动物群和地球化学指标，得到了碳酸盐埋藏、海水温度、上升流引起的生产力和来自西南部阿拉伯海的蒸发-降水过程的百年尺度变化，并发现了在中新世（6.8～6.2ka）期间指标的重大变化。

1.5　IPCC 气候情景

建立不同的气候情景以评估人类对气候的改变和气候的自然变化带来的可能性影响，这既不是对气候条件的预测也不是预报（Smith 和 Hulme，1998；Mearns 等，2001；Criteria for Selecting Climate Scenarios，2013）。每一个情景的适用性取决于其在影响评估中的适用性，物理合理性和与全球预测、可访问性、代表性的一致性。在影响评估中探讨了各种气候情景（Mearns 等，2001），比如模拟情景（在时间和空间上）（Bergthórsson 等，1988）和增量情景（Smith 和 Hulme，1998）。但是，基于 GCM 的情景受限于粗糙的空间分辨率，而这种分辨率可能不适用于区域或局部影响评估，无法区分人为影响以及不同模型的不同结构。

1.5.1　AR3 报告

在 1992 年，IPCC 建立了一套包括 6 种全球排放模式的情景 [IS92（a）～IS92（f）]，称为 IS92。这些情景能提供可能产生的温室气体的大致估算值。在

2000 年，IS92 情景得到了进一步的发展，在 SRES 中建立了更新后/新的排放情景。SRES 的一些特点包括：①改变温室气体排放过程；②改变地缘政治格局；③提供更多排放驱动力数据（Nakicenovic 等，2000）。A1、A2、B1 和 B2 4 种情景（表 1.1）是根据 4 个单独的故事线假设的，其描述了与人口、经济、技术和社会变化有关的不同情景（IPCC Special Report：Emission Scenarios，2000；SRES Emissions Scenarios，2017a，b；Anandhi 等，2013）。

表 1.1　　　　　　　　　　　SRES 情景信息（AR3 报告）

情景	未来可能出现的代表性特征
A1	经济快速增长和全球人口大规模增加，到 21 世纪中叶达到最高峰，然后下降；采用更有效的新技术。 次分类：非化石能源（A1T）、化石密集能源（A1F1）、所有能源之间的平衡（A1B）
A2	世界千差万别但是保留地方特征和自力更生作为基本主题
B1	更加集中的世界（与 A1 中类似的全球人口规模），物质集约度降低、经济结构迅速发生重大变化，开始采用清洁和资源节约型技术
B2	环境、社会、经济可持续发展，全球人口增长，更加多元化，并不快的技术革新，经济发展达到中等水平

1.5.2　AR5 报告

RCP 是考虑以温室气体为起始点的气溶胶浓度的替代情景。同时，构建了排放和社会经济情景，即 RCP2.6、RCP4.5、RCP6.0 和 RCP8.5（Integrated Assessment Modeling Consortium，2017）。RCP2.6 描述了一条路径：在 2100 年前，辐射强迫峰值约为 $3W/m^2$，然后下降。RCP4.5 和 RCP6.0 描述了两条稳定的中间路径：2100 年后辐射强迫稳定在 $4.5\sim6.0W/m^2$ 之间。RCP8.5 概述了一条到 2100 年强迫大于 $8.5W/m^2$ 的高路径，并继续上升一段时间。RCP2.6 的温度距平值和二氧化碳当量分别为 $4.9℃$ 和 1379ppm，表现为上升特征；RCP4.5 的温度距平值和二氧化碳当量分别为 $3.0℃$ 和 850ppm，表现为稳定且未超计划特征；RCP4.5 的温度距平值和二氧化碳当量分别为 $2.4℃$ 和 650ppm，表现为稳定且未超计划特征；RCP8.5 的温度距平值和二氧化碳当量分别为 $1.5℃$ 和 490ppm，表现为稳定且未超计划特征。

RCP8.5、RCP6.0 和 RCP4.5 的温度距平值与 SRES 的 A1F1、SRES B2 和 SRES B1 情景相似。这种相似性有助于理解 AR3 和 AR5 场景之间的相似性（Representative Concentration Pathways，Part 3：RCP Technical Summary，2017）。

Moss 等（2010）、Vuuren 等（2011）和 Wayne（2013）提供了关于 RCP

的相关信息。关于 RCP 的更多信息可以参考 Representative Concentration Pathways，Part 1：An Introduction to Scenarios（2017）、Representative Concentration Pathways，Part 2：Creating new scenarios（2017）、Representative Concentration Pathways，Part 3：RCP Technical Summary（2017）、Representative Concentration Pathways description（2017）、Scenario Process for AR5（2017）以及 Glossary relevant to RCPs（2017）。

1.6　遥相关模式

众所周知，El Niño Southern Oscillation（ENSO）循环包括 El Niño（温暖）和 La Niña（寒冷）阶段（Philander，1985；1990）。它们描述了赤道太平洋中东部大气和海洋之间的温度波动，这种波动对全球天气、海洋循环过程和气候产生了大规模影响。通常情况下，这些活动会持续 9～12 个月，平均每隔 2～7 年发生 1 次。El Niño 对海洋渔业、海洋条件和全球大部分地区的天气模式有重要影响，而 La Niña 效应往往相反。Kane（1998）在 ENSO 与印度夏际风降水（Indian Summer Monsoon Rainfall，ISMR）之间建立了联系。Ramachandran（2007）分析了 ENSO 和印度洋的其他相关参数。很多学者对 ENSO 进行了研究，以预报印度次大陆上空的降水（Sikka，1980；Pant 和 Parthasarathy，1981；Shukla 和 Paolino，1983；Parthasarathy 等，1988；Rao，1997）。有关 ENSO 的相关信息可以参考以下文献：Ashok 等（2004）、Gadgil 等（2003，2004）、Wang 等（2012）、Climate Prediction Center（2017）、National Ocean Service（2017）。其他相关的遥相关模式有北大西洋涛动（Pacific Transition Pattern）、东大西洋模式（East Atlantic Pattern）、热带/北半球（Tropical/Northern Hemisphere）、太平洋过渡模式（Pacific Transition Pattern）、赤道印度洋涛动（Equatorial Indian Ocean Oscillation）、海陆温度比对（Ocean - Land temperature contrast）等（Barnston 和 Livezey，1987；Barnston 等，1991；Bell 和 Basist，1994；Bell 和 Janowiak，1995；Gadgil 等，2003，2004；Bell 和 Chelliah，2006；Maity 和 Nagesh Kumar，2006，2007；Maity 等，2007；Nanjundiah 等，2013）。这些遥相关模式的详细资料可以参考文献 Climate Prediction Center（2017）。

1.7　气候变化影响

IPCC 报告提出了一个有趣的问题，即（正/反）气候变化如何影响包括水资源在内的自然系统。然而，水资源也会受到别的因素影响，如人口规模、土地利用类型、薄弱的基础设施、地下水开采、废水的再利用、不断改变的经济和社会价值观、可获得性、质量、洪水风险的降低/洪水控制、能源、水电、导航等。不断变化的模式可能需要变更设计、重新审视/发展业务制约因素、基础设施变化、适应性管理以及广泛的研究以消除人们对气候变化认知的提高带来的认识的差距/技术差距/不确定性。应优先解决薄弱的基础设施（如果有的话）以达到预期结果。下面的几部分介绍了气候变化对水文、水资源、城镇化和水文极端事件的影响。

1.7.1　水文

温室气体浓度的变化有可能会改变大气辐射的平衡，从而引起温度变化以及与之相关的降水模式的改变。降水量的大小以及空间分布、强度和频率的变化对径流的产生有着重要影响。气候变化对河流入流量有重要影响，从而影响基础设施的建设。流量的增加或减少会导致水库设计标准过高或过低（IPCC，2008）。区域内的水质和温度受到区域内河湖温度的影响。气候变化影响可以在水文循环参数中有所反映，即降水、温度、蒸发、散发等。IPCC 的第 4 次评估报告（AR4）包括了由此产生的气候变化。这些报告涵盖了气候变化中有关水文的大量课题，比如径流的产生、地下水系统的变化、湖泊、洪水和干旱、河湖的物理和化学特性的变化、水质、侵蚀和泥沙迁移、水资源利用。

1.7.2　水资源

大量的研究（Brekke 等，2009）表明气候变化是一个值得警惕的事件（比如，温度的升高会导致蒸散发的增加、可用水资源量的减少）。这就需要不断评估和量化气候变化的影响。Bates 等（2008）在他们的 IPCC 报告中认为：①实测数据和气候预测结果证明淡水资源最为脆弱且最容易受到气候变化的影响，反过来对人类社会和生态系统也有着广泛的影响；②气候变化对现有的水利基础设施的功能和运行有着影响，包括水电、防洪建筑物、排水和灌溉系统，以及水资源管理经验（Bates 等，2008；Milly 等，2008）。

美国国家自然资源保护委员会（Natural Resources Defense Council，2010）提出建议，建立应对气候变化的供水措施，如使用气候智能型工具、区域级的水资源管理、系统再运行，在设计项目时考虑气候变化的影响，以及无环境影响的洪水控制政策。水资源开发署 Wateraid（2017）是一个水资源组织，它讨论了气候变化及其发生，强调了其对医疗、粮食、土地、水、环境的可能影响，以及温度上升 1～5℃ 和 5℃ 以上的大尺度变化，讨论了其对非洲和亚洲的影响。Islam and Sikka（2010）、Gosain 等（2011）、Bhatt and Mall（2015）和 India Environment Portal（2017）也开展了类似的研究。

地下水是地球上最多的可用淡水资源，是水文循环的一个重要部分，与地表水共同支撑着生活、农业和工业用水。但是，滥采地下水和不可预测的气候变化影响着地下水的可利用量（Bates 等，2008；Siebert 等，2010；Green 等，2011）。例如，干旱情况可能会导致不科学和非可持续性地开采地下水，这是不可逆转的。Panwar and Chakrapani（2013）在大量研究中讨论了印度的地下水利用和现状、行为和结构调整、促进地下水治理、地下水风险区、气候变化制图和 CO_2 的固存。海平面的上升导致海水入侵沿海潜水层地下水，也影响着地下水水质（Shah，2009）。Treidel 等（2012）、Panigrahy 等（2015）和 Refsgaard 等（2016）对地下水的影响及由此产生的不确定性进行了讨论。地下水和地表水资源管理受到人类活动的影响，并且对决策者来说是一个巨大的挑战。

1.7.3　城镇化

Lankao（2008）描述了气候变化对城镇化的影响。主要内容如下。

气候变化可能会导致降水量、平均温度和海平面的变化，从而影响能源需求、减少下水道的容量。

洪水、干旱、热浪和山体滑坡影响到城市居民的生计、财产和生活质量。

极端降水事件会加剧洪水灾害和山体滑坡，并对现有基础设施和医疗造成影响，引起保险费用的增加以及社会动乱。

社会和环境因素、灾害、公共财产、体制化进程，灵活的气候适应性和缓解策略，可以应对这些影响。

1.7.4　水文极端事件

由极端降水、温度和海平面上升（Easterling 等，2000）引起的大量灾害会造成人员伤亡、财产损失、社会破坏、保险索赔的增加。很多学者发现气候变化几乎影响所有气候因子的变化；趋势分析结果表明，气候变化也会对极端事件产生影响（IPCC，2012）。Easterling 等（2000）假设了在实测（20 世纪）和模拟（20 世纪末）条件下的极端气候事件，也就是夏天高温持续的天数更长、日降水更强、最高温度和最低温度更高、热指数增加、霜冻减少、多日降水强度更大、热浪更强烈、El Niño 事件更加频繁，等等。Tohver 等（2014）、Taye 等（2015）和 Gu 等（2015）分别分析了北美西北部太平洋地区、尼罗河流域和中国长江流域的气候变化对水文极端事件的影响。关于极端降水的相关研究可以参考以下文献：Haylock and Nicholls（2000）。

1.7.5 印度：气候变化的影响

在印度，气温可能从2℃上升到4℃，由此带来的影响包括极端高温、变化的降水模式、干旱、地下水、冰川融化、海平面上升、农业和粮食安全、能源安全、水安全、医疗、移民和冲突，见表1.2。

表 1.2　　　　　　　　气候变化对印度的影响

特征	我们知道的	有可能发生的	可以做的
极端高温	目前，印度正在经历变暖的气候	预计不寻常的和前所未有的炎热天气将会更加频繁地发生，并将覆盖更广的地区。在气温升高4℃的情况下，预计西海岸和印度南部将转向对农业有重大影响的新的高温气候体系	随着城市建成区迅速成为"热岛"，城市规划者需要采取措施来降低这一影响
变化的降水模式	已经观测到，自20世纪50年代以来，季风性降水有所减少。高强度降水事件的发生频率也有所增加	全球平均气温增加2℃，会使得印度的夏季季风更加不可预测。当气温升高4℃时，极端潮湿的季风会从100年一遇变成到21世纪末每10年一遇。季风的突然变化可能会造成重大危机，引发更频发的干旱以及在印度大部分地区发生更大规模的洪水。从印度西北海岸到东南海岸的区域会遭遇更强的降水。干旱年会变得更加干旱，丰水年会变得更加多雨	改进用于气象预报的水文气象系统，并安装洪水预警系统可以帮助人们在面临与天气有关的灾害发生之前逃离危险。需要严格执行建筑规范，以确保住房和基础设施能够承受预计的变化
干旱	证据表明20世纪70年代以来，南亚部分地区已经变得更加干旱，干旱事件的数量有所增加。干旱会引发重大后果。在1987年和2002—2003年，干旱事件影响了超过一半的印度农作物区，并导致作物产量急剧下滑	在部分地区，特别是印度西北部、贾坎德邦、奥里萨邦和恰蒂斯加尔地区，干旱事件可能会变得越来越频繁。截至21世纪40年代，因为极端炎热事件，作物产量有可能会大幅降低	增加投资、研究并发展抗旱作物有助于减少一些负面影响

续表

特征	我们知道的	有可能发生的	可以做的
地下水	超过60%的印度农业是靠降水补给，这使得国家高度依赖地下水。 甚至在气候没有发生变化时，印度有15%地下水资源也是过度开采的	虽然很难预测未来的地下水水位，但由于不断增长的人口、更加富裕的生活方式以及服务业和工业对水的需求不断增加，预计水位将进一步下降	需要鼓励有效地利用地下水资源
冰川融化	喜马拉雅西北部和喀喇昆仑山脉的冰川一直保持稳定甚至有所增加，而冬季的西风是水分的主要来源。 另外，在过去的一个世纪里，大多数喜马拉雅山冰川都在退缩，而其中大部分水分都是由夏季季风提供的	当气温升高2.5℃时，预计喜马拉雅山脉上融化的冰川和消失的积雪会威胁到印度北部以冰川为补给的河流的稳定性和可靠性，特别是印度河和雅鲁藏布江。 由于在季风季节，下游的年降水量偏高，恒河会减少对融雪水融冰水的依赖。 当积雪融化时，印度河和雅鲁藏布江在春季的流量可能会增加，然后在晚春和夏季，流量随之减少。 印度河、恒河和雅鲁藏布江的流量变化可能会对灌溉产生重要影响，从而影响该流域的粮食产量，并对数百万群众的生活造成影响（2005年，印度河流域20900万人口，恒河流域47800万人口，雅鲁藏布江流域6200万人口）	在春季时，由于流量增大，需要增加投资，提高蓄水能力，并对后来的低流量进行补偿
海平面上升	孟买面临沿海洪水威胁的人口在全世界最多，城市的大部分建在填海陆地上，处于高潮水位线以下。 快速和无规划的城镇化进一步增加了海水入侵带来的风险	由于印度靠近赤道，所以相对于高纬度地区，次大陆会面临更大的海平面上升危险。 海平面上升和风暴潮将导致沿海地区盐水入侵，影响农业，使地下水水质恶化，污染饮用水，并有可能导致患腹泻的病例增加和霍乱爆发，因为细菌在盐水中存活的时间更长。 加尔各答和孟买都是人口稠密的城市，特别容易受到海平面上升、热带气旋和河流洪水的影响	需要严格执行建筑规范，在城市规划中需要为与气候相关的灾害做好准备。需要在必要时修建沿海堤防，并严格执行沿海管制区规范

续表

特征	我们知道的	有可能发生的	可以做的
农业和食品安全	在气候没有变化时，世界上食品的价格也会因为人口的不断增长和收入的不断提高而提高，化石燃料的需求也会增加。 大米：虽然大米的总产量已经有所增加，但是在生长期末，由于温度不断增加和降水量的减少，导致印度的大米产量降低。当气候没有变化时，大米的平均产量已经差不多提高了6%（绝对值7500万t）。 小麦：最近的研究表明，在2001年左右，印度和孟加拉国的小麦产量达到最高峰。尽管不断增加化肥的施用量，小麦产量目前也已经不再增长。 观测结果显示，印度北部的极端高温（高于34℃）已经对小麦产量产生了很大的负面影响，而且不断攀升的高温只会使局势更加恶化	季节性缺水、气温升高和海水入侵将影响作物产量，危及国家粮食安全。 如果目前的趋势一直续下去，预计近期和中期的水稻和小麦产量将大幅下降。 截至21世纪50年代，当气温升高2.5℃，相对于气候没有变化时，这个国家可能需要进口两倍以上的粮食	使作物多样化，更有效地利用水资源和改进土地管理措施，并发展抗旱作物，有助于减少一些负面影响
能源安全	与气候有关的变化对水资源的影响会破坏印度的两种发电方式——水力发电和火力发电，这两种发电方式都需要充足的水供应才能有效运作。 为了充分发挥效率，需要不断地给火力发电厂提供冷淡水来维持其冷却系统	河流流量的不断变化并持续减少可能会使水电站面临很大的挑战，并增加因山体滑坡、山洪暴发、湖冰增加和其他与气候有关的自然灾害造成的物质损害的风险。 可用水资源的减少和温度的增加会给火力发电带来很大的风险	需要在规划项目时考虑气候带来的风险

续表

特征	我们知道的	有可能发生的	可以做的
水安全	印度的很多地区正在面临着水资源压力。甚至当气候没有变化时，满足未来的水资源需求也是一个巨大的挑战。 城镇化、人口的增长、经济的发展和农业、工业需水量的增加有可能会使局势进一步恶化	季风性降水变异性增加，预计会加剧一些地区的缺水形势。 研究发现，印度中部、西加茨山脉和印度东北部各州的水安全风险非常大	改善灌溉系统、集水技术和更有效地管理农业水资源可以降低其中的一些风险
医疗	气候变化可能会对印度的医疗产生重大影响，即增加营养不良和儿童发育迟缓等相关疾病，特别是穷人可能会受到最严重的影响。预计到2050年，儿童发育迟缓将比气候没有变化的情况增加35%。 疟疾、登革热、黄热病、查加斯病、血吸虫病、人类非洲锥虫病和利什曼病以及腹泻感染是儿童死亡的主要原因之一，这些疾病有可能扩散到以前气温较低、传播范围有限的地区。 热浪可能会导致死亡率大幅上升，极端天气事件造成的危害可能增加	已经识别的热点地区需要加强卫生系统	改进用于气象预报的水文气象系统，并安装洪水预警系统可以帮助人们在与天气有关的灾害发生之前逃离危险。 优先研究和发展疫苗接种以应对预计的风险
移民和冲突	南亚是人们从受灾地区或退化地区向其他国家和国际地区迁移的热点地区。 印度河和恒河-布拉马普特拉-梅格纳盆地是主要的跨国河流，日益增加的水需求已经导致各国之间在水资源共享方面的关系变得紧张	气候变化对农业和生活的影响会增加气候难民的数量	需要在水问题上开展区域性合作

1.8　本书结构

本书包括多个章节，每章的内容如下。

第 1 章介绍了气候变化和变异、气候反馈、强迫机制、大气化学、古记录、季风变化、全新世、IPCC 情景、遥相关、气候变化影响，以及如何利用本书开展气候变化对水资源影响等相关研究。本章最后的内容包括复习与练习题、思考题、参考文献、扩展阅读文献。除了第 6 章是关于案例研究的内容，其他所有的章节都包括了这些内容。

第 2 章介绍了 GCM 及其选择、评价 GCM 性能的指标、权重估计、确定性和模糊情景中的多标准决策技术、Spearman 秩相关系数和群体决策。还讨论了 GCM 的集成方法。

第 3 章介绍了降尺度方法。详细讨论了统计降尺度方法，如多元回归、人工神经网络、统计降尺度模型、转换因子法和支持向量机。还对嵌套偏差校正进行了简要的讨论。

第 4 章介绍了数据压缩方法，即聚类和模糊聚类分析、Kohonen 神经网络和主成分分析。还讨论了趋势检验法和最优化方法，即线性和非线性规划以及遗传算法。

第 5 章介绍了水文模型、SWMM、HEC‐HMS、SWAT 等建模方法。

第 6 章介绍了 AR3 和 AR5 报告中全球不同的实际案例，这些案例与前面章节中解释的理论和方法有关。尽管 AR3 的时间早于 AR5，但是列出的案例可以用来理解气候变化的影响和温度距平值等效的可视化路径，即 SRE或 RCP。

附录 A 包括了从各种渠道获取数据的方法。附录 B 和附录 C 提供了与气候变化相关的代表期刊和书籍列表。还为有效检索主题提供了索引。

本书还提供了关于选定课题的 Power Point 介绍，以作为补充的研究材料。对此感兴趣的个人可以联系出版商（斯普林格出版社）获得 Power Point介绍。

1.9　本书用途

本书可以作为水文、气候变化和相关领域本科生与研究生的课程参考书，也可以作为即将在这个领域工作的研究人员的补充研究材料。案例研究、Power Point 演示文稿、扩展阅读文献、有限但内容丰富的复习与练习题以及软件信息，使这本书可以成为研究员、专家、专业人员、教师和其他对气候、水文和相关领域感兴趣的人的宝贵信息来源。

下一章介绍全球气候模型的选择。

复习与练习题

1.1　什么是水文气候学？它有什么重要性？

1.2　气候系统的定义是什么？全球气候系统的组成有哪些？

1.3　什么是气候反馈？有多少种可能的反馈？它们的影响有哪些？

1.4　截至 2015 年，IPCC 发布了多少次报告？

1.5　什么是强迫机制？

1.6　下列强迫之间有哪些不同点？（a）辐射性强迫和非辐射性强迫；（b）随机性强迫和周期性强迫；（c）外部强迫和内部强迫。

1.7　什么是气溶胶？它对大气的影响有哪些？

1.8　什么是温室气体？影响大气中温室气体变化的因子有哪些？

1.9　全球气候模式有什么作用？

1.10　CMIP3 和 CMIP5 的目的是什么？

1.11　在气候变化研究中，古记录和大气化学有什么用？

1.12　什么是季风变化？它是如何影响农业的？

1.13　什么是全新世？

1.14　什么是气候情景？

1.15　什么是故事线？在 SRES 中有多少个故事线？它们有什么实际意义？

1.16　AR5 报告中的情景有哪些？

1.17　RCP 的目的是什么？就辐射性强迫而言，与 4 种 RCP 相比，浓度和路径形状是什么？

1.18　La Niña、El Niño 和 ENSO 是什么？与 El Niño 和 La Niña 相比，ENSO 有什么不同？

1.19　可能的遥相关有哪些？

1.20　气候变化对地表水和地下水、城镇化、水文极端事件的影响有哪些？

1.21　在印度，影响气候形势的特征有哪些？

思考题

1.22　CMIP3 和 CMIP5 的不同点有哪些？

1.23 强迫因子有哪些?

1.24 温度的不确定性是如何影响温室气体的估计值的,反过来呢?

1.25 选择气候情景有哪些要求?

1.26 气候情景是如何帮助印度评估未来的温室气体和可用水资源的?

1.27 在 4 种 RCP 中,哪一种最适合印度?

1.28 采用 RCP 的局限性有哪些?

1.29 SRES 情景和 RCP 的不同点有哪些?

1.30 你是否认为现有的 SRES 和 RCP 情景足够评估印度的未来气候情景?如果是的话,证明为什么是够的?如果不是,说明原因和有可能的改进方法。除了提到的故事线,你是否有其他的故事线?

1.31 影响印度季风性降水的遥相关有哪些?

1.32 除了本章讨论的,是否还有其他的活动是受到气候变化影响的?

1.33 哪一个 IPCC 报告讨论了水文极端事件和水资源?

1.34 请列举出印度两个受气候变化影响的地区,最好一个位于南印度,另一个位于北印度。

参考文献

Anandhi A,Srinivas V V,Nagesh Kumar D,2013. Impact of climate change on hydrome-teorological variables in a river basin in India for IPCC SRES scenarios. In:Rao YS,Zhang TC,Ojha CSP,Gurjar BR,Tyagi RD,Kao CM(eds)Climate change modeling,miti-gation,and adaptation. American Society of Civil Engineers,pp 327 - 356.

Ashok K,Guan Z,Saji NH,et al,2004. Individual and combined influences of ENSO and the Indian Ocean Dipole on the Indian summer monsoon. J Clim 17:3141 - 3155.

Barnston A G,Livezey R E,1987. Classification,seasonality and persistence of low - fre-quency atmospheric circulation patterns. Mon Weather Rev 115:1083 - 1126.

Barnston A G,Livezey R E,Halpert M S,1991. Modulation of Southern Oscillation—Northern hemisphere mid - winter climate relationships by QBO. J Clim 4:203 - 217.

Bates B C,Kundzewicz Z W,Wu S,et al,2008. Climate change and water:technical paper of the intergovernmental panel on clima. te change. IPCC Secretariat,Geneva,Switzer-land. Accessed 31 Jan 2017.

Bell G D,Basist A N,1994. Seasonal climate summary:the global climate of December 1992 - January 1993:mature ENSO conditions continue in the tropical Pacific,California drought abates. J Clim 7:1581 - 1605.

Bell G D,Janowiak J E,1995. Atmospheric circulation associated with the Midwest floods of 1993. Bull Am Met Soc 5:681 - 695.

Bell G D,Chelliah M,2006. Leading tropical modes associated with interannual and multid-ecadal fluctuations in North Atlantic hurricane activity. J Clim 19:590 - 612.

Berger A L，1978. Long－term variations of caloric insolation resulting from the Earth's or-
bital elements. Quatern Res 9 (2)：139－167.

Bergthórsson P，Björnsson H，Dórmundsson O，et al，1988. The effects of climatic varia-
tions on agriculture in Iceland. In：Parry ML，Carter TR，Konijn NT (eds) The impact
of climatic climate scenario development variations on agriculture，vol 1，Assessments in
cool temperate and cold regions. Kluwer，The Netherlands，pp 381－509.

Bhatt D，Mall R K，2015. Surface water resources，climate change and simulation model-
ing. Aquat Procedia 4：730－738.

Blanford H F，1886. Rainfall of India. Mem India Meteorol Dept 2：217－448.

Brekke L D，Kiang J E，Olsen J R，et al，2009. Climate change and water resources man-
agement—a federal perspective：U. S. Geological Survey Circular 1331，p 65. Accessed 31
Jan 2017.

Chahine M T，1992. The hydrological cycle and its influence on climate. Nature 359－379.

Charney J G，1969. The intertropical convergence zone and the Hadley circulation of the at-
mosphere. In：Proceedings of WMO/IUCG symposium on numerical weather prediction，
vol Ⅲ. Japan Meteorological Agency，pp 73－79.

deMenocal P，2001. Cultural responses to climate change during the Late Holocene. Science
292：667－673.

Easterling D R，Meehl G A，Parmesan C，et al，2000. Climate extremes：observations，
modeling，and impacts. Science 289：2068－2074.

Gadgil S，Abrol YP，Rao PRS，1999. On growth and fluctuation of Indian food grain pro-
duction. Curr Sci 76 (4)：56－548.

Gadgil S，2003. The Indian monsoon and its variability. Annu Rev Earth Planet Sci 31：
429－467.

Gadgil S，Vinayachandran P N，Francis P A，2003. Droughts of the Indian summer mon-
soon：role of clouds over the Indian Ocean. Curr Sci 85 (12)：1713－1719.

Goodess C M，Palutikof J P，Davies T D，1992. The nature and causes of climate change：
assessing the long term future. Belhaven Press，London，p 248.

Gosain A K，Rao S，Arora A，2011. Climate change impact assessment of water resources
of India. Curr Sci 101：356－371.

Green T R，Taniguchi M，Kooi H，et al，2011. Beneath the surface of global change：im-
pacts of climate change on groundwater. J Hydrol 405：532－560.

Gu H，Yu Z，Wang G，et al，2015. Impact of climate change on hydrological extremes in
the Yangtze River Basin，China. Stoch Environ Res Risk Assess 29：693－707.

Gupta A K，Anderson D M，Pandey D N，et al，2006. Adaptation and human migration，
and evidence of agriculture coincident with changes in the Indian summer monsoon during
the Holocene. Curr Sci 90 (8)：1082－1090.

Halley E，1686. An historical account of the trade winds and monsoons observable in the seas
between and near the tropics with an attempt to assign a physical cause of the said
winds. Philos Trans R Soc Lond 16：153－168.

Hansen J，Sato M，Lacis A，et al，1998. Climate forcings in the industrial era. Proc Natl

Acad Sci 95：12753 – 12758.

Haylock M，Nicholls N，2000. Trends in extreme rainfall indices for an updated high quality data set for Australia，1910 – 1998. Int J Climatol 20：1533 – 1541.

Houghton J T，Filho M L G，Callander B A，et al，1996. Climate change 1995：the science of climate change，WGI to the second assessment report of the intergovernmental panel on climate change. Cambridge University Press，Cambridge，p 584.

IPCC，2001. The scientific basis：third assessment report of the intergovernmental panel on climate change. Cambridge University Press，Cambridge.

IPCC，2007. The physical science basis：fourth assessment report of the intergovernmental panel on climate change. Cambridge University Press，Cambridge.

IPCC，2012. Managing the risks of extreme events and disasters to advance climate change adaptation. A special report of working groups Ⅰ and Ⅱ of the intergovernmental panel on climate change. Cambridge University Press，Cambridge，p 582.

IPCC，2014. The physical science basis：working group 1：contribution to the IPCC fifth assessment report. Cambridge University Press，Cambridge.

Islam A，Sikka A K，2010. Climate change and water resources in india：impact assessment and adaptation strategies. In：Jha MK（ed）Natural and anthropogenic disasters：vulnerability，preparedness and mitigation. Springer，The Netherlands and Capital Publishing Company，New Delhi，pp 386 – 412.

Jain S，Lall U，2001. Floods in a changing climate：does the past represent the future? Water Resour Res 37（12）：3193 – 3205.

Kane R P，1998. ENSO relationship to the rainfall of Sri Lanka. Int J Climatol 18（8）：859 – 872.

Khain A P，Benmoshe N，Pokrovsky A，2008. Factors determining the impact of aerosols on surface precipitation from clouds：attempt of classification. J Atmos Sci 65：1721 – 1748.

Kumar K K，Soman M K，Rupakumar K，1995. Seasonal forecasting of Indian summer monsoon rainfall：a review. Weather 150：449 – 467.

Maity R，Nagesh Kumar D，2006. Bayesian dynamic modeling for monthly Indian summer monsoon rainfall using El Niño Southern Oscillation（ENSO）and Equatorial Indian Ocean Oscillation（EQUINOO）. J Geophys Res 111：D07104.

Maity R，Nagesh Kumar D，2007. Hydroclimatic teleconnection between global sea surface temperature and rainfall over India at subdivisional monthly scale. Hydrol Process 21（14）：1802 – 1813.

Maity R，Nagesh Kumar D，Nanjundiah R S，2007. Review of hydroclimatic teleconnection between hydrologic variables and large – scale atmospheric circulation indices with Indian perspective. ISH J Hydraul Eng 13（1）：77 – 92.

Mearns L O，Hulme M，Carter T R，et al，2001. Climate scenario development. In：Houghton JT，Ding Y，Griggs DJ，Noguer M，van der Linden PJ，Xiaosu D，Maskell K（eds）Climate change 2001：the scientific basis. Cambridge University Press，Cambridge，pp 739 – 768.

Milly P C D, Bettencourt J, Falkenmark M, et al, 2008. Stationarity is dead—whither water management? Science 319: 573 – 574.

Moss R H, Edmonds J A, Hibbard K A, et al, 2010. The next generation of scenarios for climate change research and assessment. Nature 463: 747 – 756.

Nakicenovic N, Alcamo J, Davis G, et al, 2000. IPCC special report on emissions scenarios. Cambridge University Press, Cambridge, p 599.

Nanjundiah R S, Francis P A, Ved M, et al, 2013. Predicting the extremes of Indian summer monsoon rainfall with coupled ocean—atmosphere models. Curr Sci 104 (10): 1380 – 1393.

Panigrahy B P, Singh P K, Tiwari A K, et al, 2015. Impact of climate change on groundwater resources. Int Res J Environ Sci 4 (3): 86 – 92.

Pant G B, Parthasarathy B, 1981. Some aspects of an association between the southern oscillation and Indian summer monsoon. Arch Meteorol Geophys Bioclimatol Ser B 29: 245 – 251.

Panwar S, Chakrapani G J, 2013. Climate change and its influence on groundwater resources. Curr Sci 105 (1): 37 – 46.

Parthasarathy B, Diaz H F, Eischeid J K, 1988. Prediction of all India summer monsoon rainfall with regional and large – scale parameters. J Geophys Res 93 (5): 5341 – 5350.

Philander S G, 1985. El Niño and La Niña. J Atmos Sci 42: 2652 – 2662.

Philander S G, 1990. El Niño, La Niña, and the Southern Oscillation. Academic Press, London, p 289.

Rao G N, 1997. Interannual variations of monsoon rainfall in Godavari river basin – connections with the southern oscillation. J Clim 11: 768 – 771.

Refsgaard J C, Sonnenborg T O, Butts M B, et al, 2016. Climate change impacts on groundwater hydrology—where are the main uncertainties and can they be reduced? Hydrol Sci J. doi: 10. 1080/02626667. 2015. 1131899.

Saraswat R, Naik D K, Nigam R, et al, 2016. Timing, cause and consequences of mid – Holocene climate transition in the Arabian Sea. Quatern Res 86 (2): 162 – 169.

Satheesh S K, Srinivasan J, 2002. Enhanced aerosol loading over Arabian Sea during pre – monsoon season: natural or anthropogenic? Geophys Res Lett doi: 10. 1029/2002GL015687.

Satheesh S K, Lubin D, 2003. Short wave versus long wave radiative forcing due to aerosol over Indian Ocean: role of sea – surface winds. Geophys Res Lett 30 (13): Art no 1695.

Satheesh S K, Krishna Moorthy K, 2005. Radiative effects of natural aerosols: a review. Atmos Environ 39 (11): 2089 – 2110.

Satheesh S K, 2006. Pollution, aerosols, and the climate, leader page articles. The Hindu, Published on 04 Sept 2006.

Sedlacek A, Lee J, 2007. Photothermal interferometric aerosol absorption spectrometry. Aerosol Sci Technol 41 (12): 1089 – 1101.

Shah T, 2009. Climate change and groundwater: India's opportunities for mitigation and adaptation. Environ Res Lett 4 (3): 13.

Shelton M L, 2009. Hydroclimatology: perspectives and applications. Cambridge University

Press, Cambridge.

Shine K P, Derwent R G, Wuebbles D J, et al, 1990. Radiative forcing of climate. In: Houghton JT, Jenkins GJ, Ephraums JJ (eds) Climate change: the IPCC scientific assessment, intergovernmental panel on climate change (IPCC). Cambridge University Press, Cambridge, pp 41 – 68.

Shukla J, Paolino D A, 1983. The southern oscillation and long – range forecasting of the summer monsoon rainfall over India. Mon Weather Rev 111: 1830 – 1837.

Siebert S, Burke J, Faures J M, et al, 2010. Groundwater use for irrigation—a global inventory. Hydrol Earth Syst Sci 14: 1863 – 1880.

Sikka D R, 1980. Some aspects of the large – scale fluctuations of summer monsoon rainfall over India in relation to fluctuations in the planetary and regional scale circulation parameters. Proc Indian Acad Sci—Earth Planet Sci 89 (2): 179 – 195.

Singhvi A K, Kale V S, 2009. Paleoclimate studies in India: last iceage to the present. Indian National Science Academy ICRPWCRP – SCOPE report series 4, New Delhi.

Singhvi A K, Krishnan R, 2014. Past and the present climate of India. In: Kale VS (ed) Landscapes and landforms of India, world geomorphological landscapes. Springer, pp 15 – 23.

Smith J B, Hulme M, 1998. Climate change scenarios in Chapter 3. In: Feenstra J, Burton I, Smith JB, Tol RSJ (eds) Handbook on methods of climate change impacts assessment and adaptation strategies, October, UNEP/IES, Amsterdam.

Srivastava P, Singh I B, Sharma S, et al, 2003. Late Pleistocene – Holocene hydrologic changes in the interfluve areas of the central Ganga Plain, India. Geomorphology 54279 – 54292.

Taye M T, Willems P, Block P, 2015. Implications of climate change on hydrological extremes in the Blue Nile basin: a review. J Hydrol: Reg Stud 4: 280 – 293.

Tohver I M, Hamlet A F, Lee S Y, 2014. Impacts of 21st – century climate change on hydrologic extremes in the Pacific Northwest Region of North America. J Am Water Resour Assoc 50 (6): 1461 – 1476.

Treidel H, Martin – Bordes J L, Gurdak J (eds), 2012. Climate change effects on groundwater resources: a global synthesis of findings and recommendations. CRC Press/Balkema.

Umbgrove J H F, 1947. The pulse of the Earth. Springer, Netherlands, p 385.

Vuuren D P V, Edmonds J, Kainuma M, et al, 2011. The representative concentration pathways: an overview. Clim Change 109: 5 – 31.

Wayne G, 2013. The beginner's guide to representative concentration pathways. Skeptical Sci.

Webster P J, 1987. The elementary monsoon. In: Fein JS, Stephens PL (eds) Monsoons. Wiley, New York, pp 3 – 32.

扩展阅读文献

Bai X, 2003. The process and mechanism of urban environmental change: an evolutionary view. Int J Environ Pollut 19 (5): 528 – 541.

Betsill M M, Bulkeley H, 2007. Looking back and thinking ahead: a decade of cities and climate change research. Local Environ 12 (5): 447 – 456.

Klein Tank A M G, Peterson T C, Quadir D A, et al, 2006. Changes in daily temperature and precipitation extremes in central and South Asia. J Geophys Res 111: D16105.

Knutti R, Sedlacek J, 2013. Robustness and uncertainties in the new CMIP5 climate model projections. Nat Clim Change 3: 369 – 373.

Konikow LF, 2011. Contribution of global groundwater depletion since 1900 to sea – level rise. Geophys Res Lett 38: L17401.

Manton M J, Della – Marta P M, Haylock M R, et al, 2001. Trend in extreme daily rainfall and temperature in Southeast Asia and South Pacific: 1961 – 1998. Int J Climatol 21: 269 – 284.

McGranahan G, Balk D, Anderson B, 2007. The rising tide: assessing the risks of climate change and human settlements in low – elevation coastal zones. Environ Urban 19 (1): 17 – 37.

Muller M, 2007. Adapting to climate change: water management for urban resilience. Environ Urban 9 (1): 99 – 113.

Preethi B, Kripalani R H, 2010. Indian summer monsoon rainfall variability in global coupled ocean – atmospheric models. Clim Dyn 35: 1521 – 1539.

Rasmusson E M, Carpenter T H, 1983. The relationship between the eastern Pacific sea surface temperature and rainfall over India and Sri Lanka. Mon Weather Rev 111: 84 – 354.

Sherif M M, Singh V P, 1999. Effect of climate change on sea water intrusion in coastal aquifers. Hydrol Process 13: 1277 – 1287.

WWAP, 2009. The United Nations World Water Development Report 3: water in a changing world, World water assessment programme. Paris, UNESCO Publishing, UNESCO, p 349.

第 2 章

全 球 气 候 模 式 选 取

本章对全球气候模式（Globlal Climate Models，GCMs）、GCMs 公式化过程中由于气溶胶参数化困难导致的局限性和不确定性、每个 GCM 的初始和边界条件、GCMs 的参数和模型结构、随机性、未来温室气体排放、导致未来气候模式模拟显著变化的情景等。同时，讨论了评价 GCMs 性能指标的必要性，解释了这些指标的数学描述。另外，本章重点论述了 GCMs 标准化方法和权重计算方法，例如：熵与评级、排名方法、均衡规划、合作博弈理论、逼近理想解排序法（TOPSIS）、加权平均法、偏好顺序结果评价法和模糊TOPSIS 法。秩相关系数法是衡量排序模式的一致性，群体决策是将不同方法获得的个体排名集合成一个单一的群体偏好，这也是本章的一部分。最后，还讨论了 GCMs 的集成方法。通过本章学习，读者将会了解各种不确定性因素，以及决策方法对 GCMs 排序起到的作用。

关键词：相关性，GCMs，群决策，归一化，性能指标，排序，不确定性，权重

2.1　引言

多准则决策（Multicriterion decision making，MCDM）法能够选取最佳的全球气候模式（GCM），选出的 GCMs 可以应用于研究当中。如：降尺度和适应研究（Bogardi 和 Nachtnebel，1994）。本章讨论了关于 GCMs 的标准化方法、权重估计方法、多准则决策（MCDM）方法、秩相关系数法、群决策法和 GCMs 的集成方法等。上述方法在气候建模研究中均得到过数值模拟案例的验证。本书中，方法和技术的说法是交替使用的。

2.2　全球气候模式

地球气候系统是由大气、雪、冰、地表、海洋，其他水体，以及人类和动物等生物多种组成成分相互作用的结果。除各种外部因素外，人为因素如森林砍伐和化石燃料燃烧也会导致大气成分的变化。因此，上述因素都会导致气候变化的发生，这将会对参数变异性带来长时间存在的影响。例如，在过去半个世纪里，一氧化氮（NO）、二氧化碳（CO_2）、甲烷（CH_4）、臭氧（O_3）、氢氟烃（HCFC）和六氟化硫（SF_6）等温室气体正在增加并影响着全球气温，预计未来也会出现类似的趋势。这些温室气体影响地球表面和大气中辐射的吸收、散发和排放。可以通过气候模拟或者简单的气候模式研究温室气体和全球气候之间的关系。Thompson 和 Perry（1997）、Goudie 和 Cuff（2001）、Kendal 和 Henderson - Sellers（2013）均描述了多种相关的气候模式：

（1）能量平衡模型本质上是一维模型，其与维度和海平面温度变化密切相关。

（2）辐射-对流模型本质上是一维模型，此模型能够分析垂直温度、辐射过程的显示剖面建模和对流调节。

（3）大气环流或全球气候模式本质上是一种复杂的三维数值工具。它们用不同的气候变量、初始和边界条件以及结构来模拟地球的气候。GCMs 越来越多地被用于解决或评估区域或地方问题（What is a GCM，2013）。Wilby 等（2009）描述了 GCMs 作为偏微分方程（组）的数值解。GCMs 是根据能量运动、粒子动量和质量守恒原理建立起来的。

（4）大气-海洋耦合全球气候模式结合了大气环流模式和海洋环流模式的相互作用。

Xu（1999）指出，GCMs 能够预测未来十几年或几个世纪的平均降雨量和温度，然而，他和许多研究者也指出了 GCMs 所具有的局限性，例如：①GCMs 一般是在粗网格分辨率（3°×3°）下运行的，其精度会随着空间和时间尺度的细化而减小，从而无法代表网格尺度的特性。换言之，GCMs 无法有效地表述水文工作者和水资源规划者最感兴趣的子网格尺度过程。②GCMs 的精度从自由对流层到地表变量逐渐降低，而地表变量在水量平衡计算中具有重要的应用价值。

GCMs 公式化工程中存在的不确定性因素有：GCMs 中气溶胶影响难以参数化，每个 GCM 初始和边界条件不同，GCMs 的参数和模型结构，随机性，未来温室气体排放，典型浓度路径（RCPs）在未来气候模拟过程中引起的显著变异性等（Raje 和 Mujumdar，2010）。这些不确定性来自不同的层面，例如：GCM 的降尺度水平，扩散到的局部水平，可能会影响作为实施基础的适应研究。简单地说，不确定性是从选择合适的 GCMs、选择降尺度方法以及选择水文模型开始。许多学者认为可以通过使用相关模型的集成来使不确定性最小化，这样可以在预测气候变化时增加可信度。例如，使用多个 GCMs 而不是单一 GCM 的输出作为降尺度方法的输入。类似地，可以将一些降尺度技术如统计降尺度建模（Statistical Downscaling Modeling，SDSM）（Wilby 等，2002），多元线性回归（Multiple Linear Regression，MLR），人工神经网络（Artificial Neural Networks，ANN）的输出集成（或可以对这些输出进行研究），并将其传递给水文模型。考虑到能够耦合和混合的水文模型较少，在水文模拟中也可以进行类似的试验（Semenov 和 Stratonovitch，2010）。

2.3 评估 GCMs 的性能指标

Pierce 等（2009）在研究中提出了一些问题："选择不同的全球气候模式对区域气候研究有什么影响？如果不同的全球模式有不同的降尺度结果，该使用什么策略选择全球模式？这些总体策略是否可以用来指导模式的选择？"上述这些问题的提出使对现有 GCMs 的准确性和适用性进行评估成为必要（Legates and McCabe，1999）。因此，通过模拟历史观测结果来评估 GCMs 的性能，就可以选出性能较好的 GCMs，以便从最合适的（或最优的）GCMs 中获得相关的输出信息用于进行下一步分析（Mujumdar 和 Nagesh Kumar，2012）。

性能指标是对任何 GCM 的一种度量，用于确定其模拟观测数据的能力。需要简单、有效、有意义的指标来评估跨时空的 GCMs，并演变成可以用于水文模拟过程的模型子集。这些指标可以为评估 GCMs 输出结果的置信水平提供依据（Helsel 和 Hirsch，2002；Gleckler 等，2008；Johnson 和 Sharma，2009；Macadam 等，2010；Wilks，2011；Sonali 和 Nagesh Kumar，2013；Ojha 等，2014）。

不同学者使用不同的性能指标，例如：偏差平方和（SSD）、均方差（MSD）、均方根偏差（RMSD）、标准化均方根偏差（NRMSD）、绝对标准化平均偏差（ANMBD）、平均绝对相对偏差（AARD）、皮尔逊相关系数（CC）、纳什系数（NSE）、技术评分（SS）。这些性能指标中，SSD、MSD、RMSD、NRMSD、ANMBD、AARD 属于偏差/误差类别，上述指标的数学表达式如下。

（1）SSD 是观测值与 GCM 模拟值之间平方差的和，x_i 和 y_i 分别表示观测值和模拟值，T 是数据集的数量。

$$SSD = \sum_{i=1}^{T} (x_i - y_i)^2 \tag{2.1}$$

（2）MSD 是偏差平方和的平均值。

$$MSD = \frac{1}{T} \sum_{i=1}^{T} (x_i - y_i)^2 \tag{2.2}$$

（3）RMSD 是均方差的平方根。

$$RMSD = \sqrt{\frac{1}{T} \sum_{i=1}^{T} (x_i - y_i)^2} \tag{2.3}$$

（4）NRMSD 是均方根偏差 RMSD 与观测值平均值之间的比值，NRMSD 值越小越好。

$$NRMSD = \frac{\sqrt{\dfrac{1}{T} \sum_{i=1}^{T} (x_i - y_i)^2}}{\overline{x}} \tag{2.4}$$

（5）ANMBD 是观测值与 GCM 模拟值之差的平均值与观测值平均值之间的比值，ANMBD 的值越小越好。

$$ANMBD = \left| \frac{\dfrac{1}{T} \sum_{i=1}^{T} (x_i - y_i)}{\overline{x}} \right| \tag{2.5}$$

（6）AARD 是相对偏差绝对值的平均值，AARD 的值越小越好。

$$AARD \frac{1}{T} \sum_{i=1}^{T} | ARD_i | ; \quad ARD_i = \frac{(y_i - x_i)}{x_i} \tag{2.6}$$

（7）CC 表示观测值与 GCM 模拟值之间线性关系的强度。用 $\overline{x}$ 和 $\overline{y}$ 分别表示观测值和模拟值的平均值，σ_{obs} 和 σ_{sim} 分别是它们的标准偏差。CC 值越接近 1.0 表示模拟得越好，在本书中，简称为相关系数：

$$CC = \frac{\sum_{i=1}^{T} (x_i - \overline{x})(y_i - \overline{y})}{(T-1)\sigma_{obs}\sigma_{sim}} \tag{2.7}$$

（8）NSE 被定义（Nash and Sutcliffe，1970）为

$$NSE = 1 - \frac{\sum_{i=1}^{T} (x_i - y_i)^2}{\sum_{i=1}^{T} (x_i - \overline{x})^2} \tag{2.8}$$

NSE 的范围是从 $-\infty$ 到 1，若一个模型能较好地模拟观测条件，那么 NSE 值就越接近 1（Nash - Sutcliffe Efficiency，2017）。

（9）SS（Maximo 等，2008）定义为观测值与模拟值概率密度函数 Probabihty Density Functions，PDFS 间相似性的测算值，其技术评分值可表达为

$$SS = \frac{1}{T} \sum_{i=1}^{nb} \min(f_m, f_o) \qquad (2.9)$$

式中：nb 为计算选定区域的 PDF 的数据段个数；f_m 为所选 GCM 指定数据段的概率；f_o 为观测值的频率。SS 为 0～1。

算例问题 2.1： 表 2.1 显示了印度某地区全球气候模式模拟的温度（K）数据和对应的历史观测数据。根据 SSD、MSD、RMSD、CC、NRMSD、AN-MBD、AARD、NSE 和 SS 等性能指标，结合历史观测数据，对 GCM 模拟能力的性能进行计算。

表 2.1　　　　　历史观测数据和 GCM 模拟数据

数据集	历史观测数据/K	GCM 模拟数据/K	数据集	历史观测数据/K	GCM 模拟数据/K
1	243	244	15	255	258
2	244	248	16	256	267
3	245	251	17	257	259
4	246	258	18	258	261
5	247	248	19	259	260
6	248	264	20	260	260
7	248	253	21	262	266
8	249	252	22	263	270
9	249	253	23	265	266
10	250	264	24	269	264
11	250	256	25	270	273
12	251	256	26	271	270
13	253	265	27	273	272
14	254	245			

解决方案：

符号：

x_i：观测的温度值，K。

y_i：模拟值，K。

$\overline{x}$：观测值的平均值，K。

$\overline{y}$：模拟值的平均值，K。

T：观测值的个数。

σ_{obs}：观测值集的标准偏差，K。

σ_{sim}：模拟值集的标准偏差，K。

参数估计：

$$\overline{x} = 255.37\text{K} \qquad\qquad \sum_{i=1}^{T}(x_i - y_i)^2 = 1232\text{K}^2$$

$$\overline{y} = 259.37\text{K} \qquad\qquad \sum_{i=1}^{T}(x_i - \overline{x})^2 = 2016.29\text{K}^2$$

$$\sum_{i=1}^{T}(y_i - \overline{y})^2 = 1750.29\text{K}^2 \qquad \sum_{i=1}^{T}(x_i - \overline{x})(y_i - \overline{y}) = 1483.30\text{K}^2$$

观测值集的标准偏差为

$$\sigma = \sqrt{\frac{\sum_{i=1}^{T}(x_i - \overline{x})^2}{T-1}}$$

观测数据的标准偏差 $\sigma_{\text{obs}} = \sqrt{\dfrac{2016.29}{26}} = 8.8062(\text{K})$

模拟数据的标准偏差 $\sigma_{\text{sim}} = \sqrt{\dfrac{1750.29}{26}} = 8.2048(\text{K})$

相关参数计算见表 2.2。

表 2.2　　　　　　　相　关　参　数　计　算

数据集	x_i	y_i	(x_i-y_i)	$(x_i-y_i)^2$	$(x_i-\overline{x})$	$(x_i-\overline{x})^2$	$(y_i-\overline{y})$	$(y_i-\overline{y})^2$	$(x_i-\overline{x})\times(y_i-\overline{y})$	$\left\|\dfrac{(y_i-x_i)}{x_i}\right\|$
1	243	244	−1	1	−12.3704	153.0261	−15.3704	236.2492	190.138	0.0041
2	244	248	−4	16	−11.3704	129.2853	−11.3704	129.286	129.286	0.0164
3	245	251	−6	36	−10.3704	107.5446	−8.3704	70.0636	86.8044	0.0245
4	246	258	−12	144	−9.3704	87.8038	−1.3704	1.8779	12.8412	0.0488
5	247	248	−1	1	−8.3704	70.0631	−11.3704	129.286	95.1748	0.004
6	248	264	−16	256	−7.3704	54.3224	4.6296	21.4332	−34.122	0.0645
7	248	253	−5	25	−7.3704	54.3224	−6.3704	40.582	46.9524	0.0202
8	249	252	−3	9	−6.3704	40.5816	−7.3704	54.3228	46.9524	0.012
9	249	253	−4	16	−6.3704	40.5816	−6.3704	40.582	40.582	0.0161
10	250	264	−14	196	−5.3704	28.8409	4.6296	21.4332	−24.8628	0.056
11	250	256	−6	36	−5.3704	28.8409	−3.3704	11.3596	18.1004	0.024
12	251	256	−5	25	−4.3704	19.1001	−3.3704	11.3596	14.73	0.0199
13	253	265	−12	144	−2.3704	5.6187	5.6296	31.6924	−13.3444	0.0474
14	254	245	9	81	−1.3704	1.8779	−14.3704	206.5084	19.6932	0.0354
15	255	258	−3	9	−0.3704	0.1372	−1.3704	1.8779	0.5075	0.0118
16	256	267	−11	121	0.6296	0.3964	7.6296	58.2108	4.8035	0.043
17	257	259	−2	4	1.6296	2.6557	−0.3704	0.1371	−0.6036	0.0078

数据集	x_i	y_i	(x_i-y_i)	$(x_i-y_i)^2$	$(x_i-\overline{x})$	$(x_i-\overline{x})^2$	$(y_i-\overline{y})$	$(y_i-\overline{y})^2$	$(x_i-\overline{x})\times$ $(y_i-\overline{y})$	$\left\vert\dfrac{(y_i-x_i)}{x_i}\right\vert$
18	258	261	−3	9	2.6296	6.915	1.6296	2.6555	4.2851	0.0116
19	259	260	−1	1	3.6296	13.1742	0.6296	0.3963	2.2851	0.0039
20	260	260	0	0	4.6296	21.4335	0.6296	0.3963	2.9147	0
21	262	266	−4	16	6.6296	43.952	6.6296	43.9516	43.9516	0.0153
22	263	270	−7	49	7.6296	58.2112	10.6296	112.9884	81.0996	0.0266
23	265	266	−1	1	9.6296	92.7298	6.6296	43.9516	63.8404	0.0038
24	269	264	5	25	13.6296	185.7668	4.6296	21.4332	63.0996	0.0186
25	270	273	−3	9	14.6296	214.0261	13.6296	185.766	199.3956	0.0111
26	271	270	1	1	15.6296	244.2853	10.6296	112.9884	166.1364	0.0037
27	273	272	1	1	17.6296	310.8038	12.6296	159.5068	222.6548	0.0037
合计	6895	7003	−108	1232		2016.296		1750.296	1483.296	0.5541

$$\text{SSD}=\sum_{i=1}^{T}(x_i-y_i)^2=1232\text{K}^2$$

$$\text{MSD}=\frac{1}{T}\sum_{i=1}^{T}(x_i-y_i)^2=\frac{1232}{27}=45.63\text{K}^2$$

$$\text{RMSD}=\sqrt{\frac{1}{T}\sum_{i=1}^{T}(x_i-y_i)^2}=\sqrt{45.63}=6.7549\text{K}$$

$$\text{CC}=\frac{\displaystyle\sum_{i=1}^{T}(x_i-\overline{x})(y_i-\overline{y})}{(T-1)\sigma_{\text{obs}}\sigma_{\text{sim}}}=\frac{1483.29}{26\times8.8062\times8.2048}=0.7896$$

$$\text{NRMSD}=\frac{\sqrt{\dfrac{1}{T}\displaystyle\sum_{i=1}^{T}(x_i-y_i)^2}}{\overline{x}}=\frac{6.7549}{255.37}=0.02645$$

$$\text{ANMBD}=\left\vert\frac{\dfrac{1}{T}\displaystyle\sum_{i=1}^{T}(x_i-y_i)^2}{\overline{x}}\right\vert=\left\vert\frac{108}{27\times255.37}\right\vert=0.0156$$

$$\text{AARD}=\frac{1}{T}\sum_{i=1}^{T}\mid ARD_i\mid=\frac{1}{T}\sum_{i=1}^{T}\left\vert\frac{(y_i-x_i)}{x_i}\right\vert=\frac{0.5541}{27}=0.02052$$

$$\text{NSE}=1-\frac{\displaystyle\sum_{i=1}^{T}(x_i-y_i)^2}{\displaystyle\sum_{i=1}^{T}(x_i-\overline{x})^2}=1-\frac{1232}{2016.29}=0.3890$$

技术评分（SS）计算：

求出整个数据集（观测和模拟数据见表 2.1）的最高温度和最低温度。此计算中，最高温度为 273K，最低温度为 243K，选择 5K 作为数据段间隔。因此，该数据段个数为：（最大值－最小值）/数据段间隔＝（273－243）/5＝6。随后，将这些值按照数据段进行分割，计算出频率 f_o 和 f_m，见表 2.3。

表 2.3   技 术 评 分 计 算 结 果

数据段/K	f_o（在选择数据段中观测数据的频率）	f_m（在选择数据段中模拟数据的频率）	$\min(f_m, f_o)$
243～248	7	4	4
249～253	6	4	4
254～258	5	4	4
259～263	4	4	4
264～268	1	7	1
269～273	4	4	4

$\min(f_m, f_o)$ 之和为：$4+4+4+4+1+4=21$

技术评分 $= \dfrac{1}{T}\sum_{i=1}^{nb}\min(f_m, f_o) = \dfrac{21}{27} = 0.777$

表 2.4 展示了全部性能指标的计算结果。

表 2.4   性 能 指 标 计 算 结 果

性 能 指 标	结 果 值	备 注
偏差平方和（SSD）	$1232K^2$	值越小越好，接近 0 最理想
均方差（MSD）	$45.63K^2$	值越小越好，接近 0 最理想
均方根偏差（RMSD）	6.7549K	值越小越好，接近 0 最理想
皮尔逊相关系数（CC）	0.7896（无单位）	值越大越好，接近 1 最理想
标准化均方根偏差（NRMSD）	0.02645（无单位）	值越小越好，接近 0 最理想
绝对标准化平均偏差（ANMBD）	0.0156（无单位）	值越小越好，接近 0 最理想
平均绝对相对偏差（AARD）	0.02052（无单位）	值越小越好，接近 0 最理想
纳什系数（NSE）	0.3890（无单位）	值越大越好，接近 1 最理想
技术评分（SS）	0.777（无单位）	值越大越好，接近 1 最理想

2.4 全球气候模式排序

最优 GCM 选取的流程如图 2.1 所示（Raju 和 Nagesh Kumar，2014a；Duckstein 等，1989）。

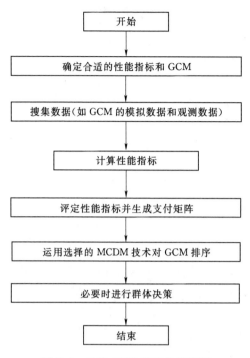

图 2.1 最优 GCM 选取的流程图

2.4.1 归一化方法

归一化有助于将不同且难以通约的指标转换到同一空间。表 2.5 展示了一个简单的归一化方法（表示为 Type 3），更为详细的归一化方法说明可参考 Pomerol 和 Romero（2000）和 Raju 和 Nagesh Kumar（2014a）。

表 2.5 本书所选归一化方法描述 （Type 3）

说 明	数 学 表 达 式
归一化值 k_{aj}	$$k_{aj} = \frac{K_j(a)}{\sum\limits_{a=1}^{T} K_j(a)}$$ 其中，$K_j(a)$ 为 GCM a 的指标 j 的值，T 为 GCMs 的总数

2.4.2 权重计算方法

本节主要介绍两种方法：熵权法和等级评定法。

2.4.2.1 熵权法

熵权法的介绍可见表 2.6（Pomerol 和 Romero，2000；Raju 和 Nagesh Kumar，2014a）。

表 2.6　　　　　　　　　　　　　　　熵　权　法

步骤	描　述	数 学 表 达 式
1	若需要，先对支付矩阵归一化	k_{aj}
2	求各指标 j 的熵值	$En_j = -\dfrac{1}{\ln T}\sum_{a=1}^{T} k_{aj}\ln k_{aj}$ a 为 GCMs 的指示，$(j=1,2,\cdots,J)$ J 为指标个数， T 为 GCMs 的总数
3	求分化度	$Dd_j = 1 - En_j$
4	指标权重归一化	$r_j = \dfrac{Dd_j}{\sum\limits_{j=1}^{J} Dd_j}$

　　算例问题 2.2： 选择 CMIP3 中的 11 个 GCMs 对降雨变量进行分析，这 11 个 GCMs 分别为 BCCR - BCCM2.0、INGV - ECHAM4、GFDL2.0、GFDL2.1、GISS、IPSL - CM4、MIROC3、MRI - CGCM2、NCAR - PCMI、UKMO - HAD-CM3 和 UKMO - HADGEM1。选择 CC、NRMSD、ANMBD、AARD 和 SS 等 5 个指标作为性能指标。表 2.7 展示了 11 个 GCMs 和 5 个指标间建立的支付矩阵，权重值通过熵权法进行计算。研究所用的归一化方法（Type 3）可见 Raju 和 Nagesh Kumar（2014b）。

表 2.7　　　　　　　　　　所选 GCMs 对应的性能指标值

GCMs	CC	NRMSD	ANMBD	AARD	SS
BCCR	0.7751	0.7960	0.2744	1.7127	0.7717
ECHAM	0.7866	0.7573	0.1619	1.8639	0.6833
GFDL2.0	0.7868	0.8286	0.4157	0.8080	0.8150
GFDL2.1	0.7395	0.7871	0.1551	1.2731	0.8350
GISS	0.8275	0.8221	0.4786	0.7539	0.7783
IPSL	0.4740	1.2539	0.7082	1.0124	0.6583
MIROC3	0.8416	0.6224	0.0613	1.3811	0.8567
CGCM2	0.7708	0.9386	0.4985	0.6556	0.7550
PCMI	0.3553	1.1779	0.4899	1.6149	0.6283
HADCM3	0.8018	0.8793	0.5092	0.8002	0.8100
HADGEM1	0.8064	0.9422	0.5686	0.7010	0.7883

　　算例求解： 利用 Type 3 归一化方法（表 2.5）。支付矩阵转换值可见表 2.8。

表 2.8		所选 GCMs 性能指标值的数值转换			
GCMs	CC	NRMSD[a]	ANMBD[a]	AARD[a]	SS
BCCR	0.7751	−0.7960	−0.2744	−1.7127	0.7717
ECHAM	0.7866	−0.7573	−0.1619	−1.8639	0.6833
GFDL2.0	0.7868	−0.8286	−0.4157	−0.8080	0.8150
GFDL2.1	0.7395	−0.7871	−0.1551	−1.2731	0.8350
GISS	0.8275	−0.8221	−0.4786	−0.7539	0.7783
IPSL	0.4740	−1.2539	−0.7082	−1.0124	0.6583
MIROC3	0.8416	−0.6224	−0.0613	−1.3811	0.8567
CGCM2	0.7708	−0.9386	−0.4985	−0.6556	0.7550
PCMI	0.3553	−1.1779	−0.4899	−1.6149	0.6283
HADCM3	0.8018	−0.8793	−0.5092	−0.8002	0.8100
HADGEM1	0.8064	−0.9422	−0.5686	−0.7010	0.7883

a 指 NRMSD、ANMBD、AARD 存在最小值，在最小值前加负号用来表示指标的最大值，如－最小值＝最大值。

指标的熵值、分化度和权重可见表 2.9。

表 2.9		各指标的熵值、分化度、权重			
指标 j 的特征	CC	NRMSD	ANMBD	AARD	SS
熵值 En_j（表 2.6 中第 2 步）	0.9896	0.9922	0.9416	0.9719	0.9982
分化度 Dd_j（表 2.6 中第 3 步）	0.0104	0.0078	0.0584	0.0281	0.0018
权重 r_j（表 2.6 中第 4 步）	0.0976	0.0732	0.5484	0.2639	0.0169

2.4.2.2　等级评定法

等级评定法有利于将指标在数值尺度上实现评级。但是，在指标评定时，单一专家打分和数值所选尺度都可能存在主观性（Raju 和 Nagesh Kumar，2014a）。

2.4.3　确定情景下多准则决策方法

多种 MCDM 方法可以用来对 GCMs 进行排序。但是，本小节只介绍几种典型的 MCDM 方法。多种 MCDM 方法的详细介绍可参见 Raju 和 Nagesh Kumar（2014a）。

2.4.3.1　均衡规划法（Compromise Programming，CP）

该方法是基于距离测量 L_p 度量所建立的（Raju 和 Nagesh Kumar，2014a）。对均衡规划法（CP）的描述见表 2.10。

表 2.10 均 衡 规 划 法

步骤	说 明	数 学 表 达
1	如果需要先对支付矩阵归一化	选择合适的归一化方法（第 2.4.1 节）
2	计算可用的 GCMs 的每个指标 j 的理想值	k_j^* $j=1,2,\cdots,J$，J 为指标个数
3	计算每个 GCM a 的 L_p 度量值	$L_{pa} = \left[\sum\limits_{j=1}^{J} r_j^p \mid k_j^* - k_j(a) \mid^p \right]^{\frac{1}{p}}$ $k_j(a)$ 为 GCM a 指标 j 的值；r_j 为指标 j 的权重，p 为参数（$p=1,2,\cdots,\infty$）
4	根据 L_{pa} 值评定 GCMs	L_{pa} 越小表明 GCM 越适合

算例问题 2.3：在参数 $p=2$ 的情况下，基于表 2.11 中所示的支付矩阵，采用均衡规划法计算 GCMs 的 L_p 度量值和相应的排序模式。利用 SS、CC 和 NRMSD 3 个性能指标对所选 CMIP5（Coupled Model Intercomparison Project 5）的 36 个 GCMs 的最高温度进行评估，36 个 GCMs 分别为 ACCESS1.0、ACCESS1.3、BCC - CSM1.1、BCC - CSM1.1 - m、BNU - ESM、CCSM4、CESM1 - BGC、CESM1 - CAM5、CESM1 - FAST CHEM、CESM1 - WACCM、CNRM - CM5、CSIRO - Mk3.6、CanESM2、FGOALS - s2、FIO - ESM、GFDL - CM3、GFDL - ESM2G、GFDL - ESM2M、GISS - E2 - H、GISS - E2 - R - CC、GISS - E2 - R、HadCM3、HadGEM2 - AO、INM - CM4、IPSL - CM5A - LR、IPSL - CM5A - MR、IPSL - CM5B - LR、MIROC4h、MIROC5、MIROC - ESM - CHEM、MIROC - ESM、MPI - ESM - LR、MPI - ESM - MR、MPI - ESM - P、MRI - CGCM3、NorESM1 - M。结果显示，SS、CC 和 NRMSD 指标的权重值分别为 0.0483、0.0435 和 0.9083（Raju 等，2017）。

算例求解：以 ACCESS1.0 气候模式的计算为例。其 SS、CC 和 NRMSD 指标值分别为 0.8280、0.9269、－0.1664；理想值分别为 0.9378、0.9875、－0.1104（表 2.10 中第 2 步）；权重值分别为 0.0483、0.0435、0.9083。由此，理想求解方案中 ACCESS1.0 的 L_p 度量值为

$$\sqrt{\begin{array}{c}[0.0483 \times (0.9378-0.8280)]^2 + [0.0435 \times (0.9875-0.9269)]^2 + \\ [0.9083 \times (-0.1104+0.1664)]^2\end{array}} = 0.0512$$

同理，可以计算出每个 GCM 的度量值，在理想解（表 2.10 中第 4 步）中，最小 L_p 度量值对应的 GCM 就是最适合气候模式。表 2.11 中的第 5 列和第 6 列分别是 GCMs 的 L_p 度量值和相对应的排序序号。结果显示：

（1）L_p 度量值最低排序为 1，L_p 度量值最高排序为 36。排序越靠前，GCM 性能越好，即排序为 1 的 GCM 是最优的，排序为 2 的 GCM 次之，以此

类推。排序最靠后的 GCM 是当前研究区域内最不适合的。

（2）36 个结果中，L_p 度量值的范围在 0.0009（排序为 1）～0.5340 之间。

（3）排序前 3 的气候模式依次为 CNRM - CM5、MIROC - ESM - CHEM 和 FGOALS - s2，其 L_p 度量值分别为 0.0009、0.0191 和 0.0237。这 3 种气候模式可以用来开展降尺度和适用性研究（表 2.11）。

（4）气候模式 GFDL - ESM2G 和 HadCM3 的 L_p 度量值分别为 0.3133 和 0.5340，分别排序第 35 和 36 位（表 2.11），因此，这两种气候模式最不合适（Raju 等，2017）。

表 2.11　所选 GCMs 的指标值（输入）、度量值以及排序（输出）结果

GCMs （1）	SS （2）	CC （3）	NRMSD[a] （4）	L_p 度量值 （5）	排序 （6）
ACCESS1.0	0.8280	0.9269	−0.1664	0.0512	6
ACCESS1.3	0.8036	0.8699	−0.2907	0.1640	30
BCC - CSM1.1	0.9230	0.9110	−0.2933	0.1662	31
BCC - CSM1.1 - m	0.9093	0.9267	−0.1835	0.0665	10
BNU - ESM	0.8166	0.9731	−0.2621	0.1380	25
CCSM4	0.8326	0.9738	−0.2025	0.0838	18
CESM1 - BGC	0.8519	0.9755	−0.1753	0.0591	9
CESM1 - CAM5	0.8715	0.9647	−0.1893	0.0717	12
CESM1 - FAST CHEM	0.8405	0.9730	−0.2004	0.0819	17
CESM1 - WACCM	0.7304	0.9250	−0.2713	0.1466	27
CNRM - CM5	0.9218	0.9772	−0.1104	0.0009	1
CSIRO - Mk3.6	0.8160	0.9081	−0.2474	0.1246	24
CanESM2	0.8007	0.9360	−0.1910	0.0736	13
FGOALS - s2	0.9378	0.9875	−0.1364	0.0237	3
FIO - ESM	0.8660	0.9216	−0.2874	0.1609	29
GFDL - CM3	0.8264	0.9210	−0.3898	0.2539	34
GFDL - ESM2G	0.7614	0.9428	−0.4552	0.3133	35
GFDL - ESM2M	0.8895	0.9425	−0.3555	0.2226	33
GISS - E2 - H	0.6387	0.8448	−0.1698	0.0562	7
GISS - E2 - R - CC	0.7172	0.8151	−0.1994	0.0819	16
GISS - E2 - R	0.6283	0.8036	−0.1976	0.0810	15
HadCM3	0.9078	0.5585	−0.6980	0.5340	36
HadGEM2 - AO	0.8928	0.9455	−0.1952	0.0771	14

GCMs（1）	SS（2）	CC（3）	NRMSD[a]（4）	L_p 度量值（5）	排序（6）
INM - CM4	0.9050	0.9054	−0.2813	0.1553	28
IPSL - CM5A - LR	0.7442	0.9132	−0.1736	0.0582	8
IPSL - CM5A - MR	0.7374	0.9242	−0.3548	0.2222	32
IPSL - CM5B - LR	0.7801	0.8562	−0.2184	0.0985	19
MIROC4h	0.8852	0.9704	−0.1880	0.0706	11
MIROC5	0.9052	0.9031	−0.1625	0.0475	5
MIROC - ESM - CHEM	0.9002	0.9789	−0.1313	0.0191	2
MIROC - ESM	0.8968	0.9749	−0.1417	0.0285	4
MPI - ESM - LR	0.8245	0.9573	−0.2286	0.1075	20
MPI - ESM - MR	0.8812	0.9356	−0.2310	0.1096	21
MPI - ESM - P	0.8350	0.9634	−0.2400	0.1179	22
MRI - CGCM3	0.7919	0.8674	−0.2460	0.1235	23
NorESM1 - M	0.8199	0.9822	−0.2623	0.1381	26
最大值	0.9378	0.9875	−0.1104		

a　最小 NRMSD 是可取的。在指标值前加负号表示最大化，例如，−最小值＝最大值。

2.4.3.2　合作博弈理论（cooperative game theory，CGT）

合作博弈理论是一种距离度量法，如，与"负理想解"间距离尽可能"远"的方法是合适的方案（Gershon 和 Duckstein，1983；Raju 和 Nagesh Kumar，2014a）。该方法的详细描述见表 2.12。

表 2.12　　　　　　　　　　　CGT　法　描　述

步骤	说　明	数　学　表　达
1	如果需要先对支付矩阵归一化	选择合适的归一化方法（第 2.4.1 节）
2	计算可用 GCMs 的每个指标 j 的负理想值	k_j^* $j=1,2,\cdots,J$，J 为指标个数
3	计算每个 GCM a 的几何距离	$D_a = \prod_{j=1}^{J} \| k_j(a) - k_j^{**} \|^{r_j}$ $k_j(a)$ 为 GCM a 指标 j 的值；r_j 为指标 j 的权重
4	根据 D_a 值评定 GCMs	D_a 越大表明 GCM 越合适

算例问题 2.4：基于表 2.11 中的支付矩阵数据，通过 CGT 法对算例问题 2.3 进行计算。

算例求解：以 ACCESS1.0 气候模式的计算为例。其 SS、CC 和 NRMSD 指标值分别为 0.8280、0.9269、−0.1664；非理想值分别为 0.6283、0.5585、−0.698（表 2.12 中第 2 步）；权重值分别为 0.0483、0.0435、

0.9083。非理想解中 ACCESS 1.0 的几何距离 D_a 值（表 2.12 中第 3 步）为

$$\prod_{j=1}^{3} \mid (0.828-0.6283)^{0.0483} \times (0.9269-0.5585)^{0.0435}$$
$$\times (-0.1664-(-0.698))^{0.9083} \mid$$

ACCESS 1.0 的几何距离 $D_a = 0.9251 \times 0.9574 \times 0.5633 = 0.4989$。

同理，计算其他 GCMs 的 D_a 值。D_a 值越大，GCM 越适合（表 2.12 中第 4 步）。所选 GCMs 的 D_a 值及其对应排序可见表 2.13。结果显示：

（1）最大 D_a 值排序为 1，最小 D_a 值排序为 36，排序越靠前，GCM 性能越好，即排序为 1 的 GCM 最优，排序为 2 的 GCM 次之，以此类推。排序最靠后的 GCM 是当前研究区域内最不适合的。

（2）36 个结果中，D_a 值的范围在 0.0000（排序为 1）～0.5599 之间。

（3）排序前 3 的气候模式依次为 CNRM-CM5、MIROC-ESM-CHEM 和 FGOALS-s2，其 D_a 值分别为 0.5599、0.5399 和 0.5393。这 3 种气候模式可以用来开展降尺度和适用性研究（表 2.13）。

（4）气候模式 GISS-E2-R 和 HadCM3 的 D_a 值均为 0，分别排序第 35 和 36 位。

表 2.13　CGT 法计算所选 GCMs 的 D_a 值及其对应排序

GCMs	D_a 值	排序	GCM	D_a 值	排序
ACCESS1.0	0.4990	6	GISS-E2-H	0.4254	22
ACCESS1.3	0.3865	30	GISS-E2-R-CC	0.4457	18
BCC-CSM1.1	0.3961	28	GISS-E2-R	0.0000	35
BCC-CSM1.1-m	0.4924	8	HadCM3	0.0000	36
BNU-ESM	0.4176	25	HadGEM2-AO	0.4819	11
CCSM4	0.4711	15	INM-CM4	0.4053	26
CESM1-BGC	0.4968	7	IPSL-CM5A-LR	0.4793	12
CESM1-CAM5	0.4861	10	IPSL-CM5A-MR	0.3256	32
CESM1-FAST CHEM	0.4737	14	IPSL-CM5B-LR	0.4443	19
CESM1-WACCM	0.3956	29	MIROC4h	0.4888	9
CNRM-CM5	0.5599	1	MIROC5	0.5088	5
CSIRO-Mk3.6	0.4272	21	MIROC-ESM-CHEM	0.5399	2
CanESM2	0.4751	13	MIROC-ESM	0.5303	4
FGOALS-s2	0.5393	3	MPI-ESM-LR	0.4468	17
FIO-ESM	0.3977	27	MPI-ESM-MR	0.4491	16
GFDL-CM3	0.3038	33	MPI-ESM-P	0.4383	20
GFDL-ESM2G	0.2406	34	MRI-CGCM3	0.4232	23
GFDL-ESM2M	0.3397	31	NorESM1-M	0.4182	24

2.4.3.3 逼近理想解排序法（Technique for Order Preference by Similarity to an Ideal Solution，TOPSIS）

逼近理想解排序法是一种理想解和负理想解间距离量度的方法（Opricovic 和 Tzeng，2004；Raju 和 Nagesh Kumar，2014a，2015a），对于该方法的描述见 。

表 2.14 TOPSIS 法 描 述

步骤	说 明	数 学 表 达
1	如果需要先对支付矩阵归一化	选择合适的归一化方法（第 2.4.1 节）
2	计算可用的 GCMs 的每个指标 j 的理想解和负理想解	k_j^*，k_j^{**} $j=1,2,\cdots,J$，J 为指标个数
3	计算每个 GCM a 的理想解的距离测度	$DS_a^+ = \sqrt{\sum_{j=1}^{J} r_j [k_j(a) - k_j^*]^2}$
4	计算每个 GCM a 的负理想解的距离测度	$DS_a^- = \sqrt{\sum_{j=1}^{J} r_j [k_j(a) - k_j^{**}]^2}$
5	相对近似度 CR_a	$CR_a = \dfrac{DS_a^-}{(DS_a^- + DS_a^+)}$
6	根据 CR_a 值评定 GCMs	CR_a 越大表明 GCM 越适合

算例问题 2.5：利用 SS 性能指标对所选 CMIP3 中的 11 个 GCMs 的降雨（PR）在不同气压等级的 3 个温度值（如 500mb、700mb、850mb 分别记为 T500、T700、T800）进行评估，所选 CMIP3 中的 11 个 GCMs 分别为 BC-CR-BCCM2.0、INGV-ECHAM4、GFDL2.0、GFDL2.1、GISS、IPSL-CM4、MIROC3、MRI-CGCM2、NCAR-PCMI、UKMO-HADCM3 和 UKMO-HADGEM1。SPR、ST500、ST700 和 ST850 等技术评分指标的权重均为 0.25，通过 TOPSIS 法计算 GCMs 排序，为了便于计算，对 GCMs 名称进行缩写：BCCR、ECHAM、GFDL2.0、GFDL2.1、GISS、IPSL、MIROC3、CGCM2、PCMI、HADCM3 和 HADGEM1（Raju 和 Nagesh Kumar，2015a）。假设每个指标的理想解为 1，负理想解为 0，结果见表 2.15。

表 2.15 所选 GCMs 技术评分值

GCM	SPR	ST500	ST700	ST850
BCCR	0.7717	0.5533	0.2583	0.33
ECHAM	0.6833	0.3483	0.28	0.3917
GFDL2.0	0.815	0.5533	0.4	0.4183
GFDL2.1	0.835	0.5533	0.2633	0.3783

GCM	SPR	ST500	ST700	ST850
GISS	0.7783	0.2833	0.2033	0.315
IPSL	0.6583	0.2833	0.2017	0.4167
MIROC3	0.8567	0.3583	0.3867	0.38
CGCM2	0.755	0.4517	0.2367	0.525
PCMI	0.6283	0.3217	0.1783	0.3367
HADCM3	0.81	0.3483	0.41	0.41
HADGEM1	0.7883	0.285	0.2067	0.3983

算例求解： 以 BCCR – BCCM2.0 气候模式的计算为例。其 SPR、ST500、ST700 和 ST850 的指标值分别为 0.7717、0.5533、0.2583、0.3300；理想值均为 1（表 2.14 中第 2 步）；负理想值均为 0（表 2.14 中第 2 步）；权重值均为 0.25。

由此，BCCR 理想解的距离测度，即 BCCR 的 DS^+ 为（表 2.14 中第 3步）

$$0.25 \times \sqrt{\begin{array}{l}(0.7717-1.00)^2+(0.5533-1.00)^2+(0.2583-1.00)^2+ \\ (0.3300-1.00)^2\end{array}} = 0.2796$$

BCCR 负理想解的距离测度，即 BCCR 的 DS^- 为（表 2.14 中第 4 步）

$$0.25 \times \sqrt{\begin{array}{l}(0.7717-0.00)^2+(0.5533-0.00)^2+(0.2583-0.00)^2+ \\ (0.3300-0.00)^2\end{array}} = 0.2595$$

BCCR 的相对近似度，即 BCCR 的 CR_a 为（表 2.14 中第 5 步）

$$\frac{DS^-_{BCCR}}{DS^-_{BCCR}+DS^+_{BCCR}} = \frac{0.2595}{0.2595+0.2796} = 0.4814$$

同理，可以计算出其他 GCMs 的相对近似度 CR_a，相对近似度 CR_a 越大，则 GCM 就越合适（表 2.14 中第 6 步）。所选 11 个 GCMs 的 DS_a^+、DS_a^-、CR_a 以及对应排序结果可见表 2.16。结果显示：

（1）排序前 3 的气候模式依次为 GFDL2.0、GFDL2.1 和 MIROC3，其 CR_a 值分别为 0.5420、0.5063 和 0.4961（表 2.16）。

（2）IPSL 和 PCMI 的 CR_a 值分别为 0.4022 和 0.3800，分别排在第 10 和第 11（表 2.16）。

2.4.3.4 加权平均法（weighted average technique，WAT）

加权平均法是一种功能相关性方法（Raju 和 Nagesh Kumar，2014a）。该方法的描述可见表 2.17。

表 2.16　　　　TOPSIS 法计算所选 GCMs 的 DS_a^+、DS_a^-、CR_a 值
以及对应排序结果

GCM	DS_a^+	DS_a^-	CR_a	排序
BCCR	0.2796	0.2595	0.4814	6
ECHAM	0.2972	0.2264	0.4324	8
GFDL2.0	0.2414	0.2856	0.542	1
GFDL2.1	0.2688	0.2757	0.5063	2
GISS	0.3228	0.2273	0.4132	9
IPSL	0.317	0.2133	0.4022	10
MIROC3	0.273	0.2688	0.4961	3
CGCM2	0.2703	0.2629	0.4931	5
PCMI	0.3272	0.2005	0.38	11
HADCM3	0.2689	0.2638	0.4952	4
HADGEM1	0.311	0.2377	0.4332	7

表 2.17　　　　　　　　　加 权 平 均 法 描 述

步骤	说　明	数　学　表　达
1	如果需要先对支付矩阵归一化	选择合适的归一化方法（第 2.4.1 节）
2	计算每个 GCM a 的效用	$$V_a = \left[\sum_{j=1}^{J} r_j k_j \right]$$ $k_j(a)$ 为 GCM a 指标 j 的值；r_j 为指标 j 的权重
3	根据 V_a 值评定 GCMs	V_a 越大表明 GCM 越适合

算例问题 2.6：基于表 2.11 中的支付矩阵数据，通过加权平均法对算例问题 2.3 进行计算。以 ACCESS1.0 气候模式的计算为例。其 SS、CC 和 NRMSD 指标值分别为 0.8280、0.9269、−0.1664；权重值分别为 0.0483、0.0435、0.9083。ACCESS1.0 的加权平均值 V 为（表 2.17 中第 2 步）

$$V = 0.8280 \times 0.0483 + 0.9269 \times 0.0435 + (-0.1664) \times 0.9083 = -0.0708$$

同理，可以计算其他 GCMs 的加权平均值，加权平均值 V_a 越大，GCM 越合适（表 2.17 中第 3 步）。所选 GCMs 的加权平均值及其对应排序可见表 2.18。

2.4.3.5　偏好顺序结果评价法（Preference Ranking Organization Method of Enrichment Evaluation，PROMETHEE - 2）

PROMETHEE - 2 法是一种基于偏好函数概念的方法（Pomerol 和 Romero，2000；Raju 和 Nagesh Kumar，2014a，b；Brans 等，1986）。偏好函数 $Pr_j(a, b)$ 需根据 GCMs 参数 a、b 的评估值 $k_j(a)$、$k_j(b)$ 的成对差异来

表 2.18　　加权平均法计算所选 GCMs 的 V_a 值以及对应排序结果

GCMs	V_a	排序	GCMs	V_a	排序
ACCESS1.0	-0.0708	6	GISS – E2 – H	-0.0866	11
ACCESS1.3	-0.1873	31	GISS – E2 – R – CC	-0.1110	17
BCC – CSM1.1	-0.1821	30	GISS – E2 – R	-0.1141	18
BCC – CSM1.1 – m	-0.0824	9	HadCM3	-0.5658	36
BNU – ESM	-0.1562	26	HadGEM2 – AO	-0.0930	13
CCSM4	-0.1013	16	INM – CM4	-0.1724	28
CESM1 – BGC	-0.0756	7	IPSL – CM5A – LR	-0.0820	8
CESM1 – CAM5	-0.0878	12	IPSL – CM5A – MR	-0.2464	33
CESM1 – FAST CHEM	-0.0991	15	IPSL – CM5B – LR	-0.1234	19
CESM1 – WACCM	-0.1709	27	MIROC4h	-0.0857	10
CNRM – CM5	-0.0132	1	MIROC5	-0.0645	5
CSIRO – Mk3.6	-0.1458	23	MIROC – ESM – CHEM	-0.0332	2
CanESM2	-0.0941	14	MIROC – ESM	-0.0429	4
FGOALS – s2	-0.0356	3	MPI – ESM – LR	-0.1261	20
FIO – ESM	-0.1791	29	MPI – ESM – MR	-0.1265	21
GFDL – CM3	-0.2740	34	MPI – ESM – P	-0.1357	22
GFDL – ESM2G	-0.3356	35	MRI – CGCM3	-0.1474	24
GFDL – ESM2M	-0.2389	32	NorESM1 – M	-0.1559	25

选择指标函数及相对应参数。如无差异偏好阈值 y_j 和 z_j 有 6 种指标函数准则，见图 2.2。对该方法的描述见表 2.19。

表 2.19　　　　　　　　　　**PROMETHEE – 2 法描述**

步骤	说　　明	数　学　表　达
1	确定多指标偏好指数	$\pi(a,b) = \dfrac{\sum\limits_{j=1}^{J} r_j Pr_j(a,b)}{\sum\limits_{j=1}^{J} r_j}$
2	计算在 T 个 GCMs 中 GCM a 的级别高于指数（T 是 GCM 的个数）	$\phi^+(a) = \dfrac{\sum\limits_{A} \pi(a,b)}{T-1}$
3	计算在 T 个 GCMs 中 GCM a 的级别高于指数	$\phi^-(a) = \dfrac{\sum\limits_{A} \pi(b,a)}{T-1}$
4	计算 T 个 GCMs 中 GCM a 的净排序	$\phi(a) = \phi^+(a) - \phi^-(a)$
5	根据 $\phi(a)$ 值评定 GCMs	$\phi(a)$ 越大表明 GCM 越适合

常见的指标函数类型		各种指标函数的偏好函数值
1	常用型	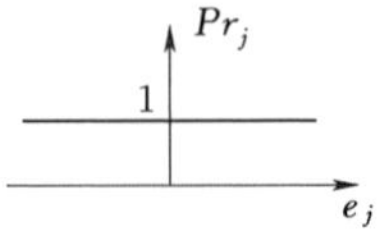	$Pr_j = \begin{bmatrix} 0 & , & e_j \leqslant 0 \\ 1 & , & e_j > 0 \end{bmatrix}$
2	拟准则型	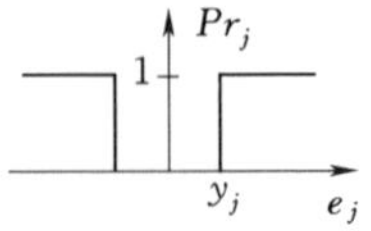	$Pr_j = \begin{bmatrix} 0 & , & e_j \leqslant y_j \\ 1 & , & e_j > y_j \end{bmatrix}$
3	具有差异区间的线性偏好型	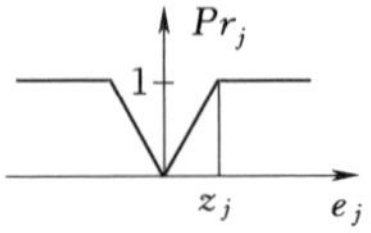	$Pr_j = \begin{bmatrix} \dfrac{e_j}{z_j} & , & e_j \leqslant z_j \\ 1 & , & e_j > z_j \end{bmatrix}$
4	分级型	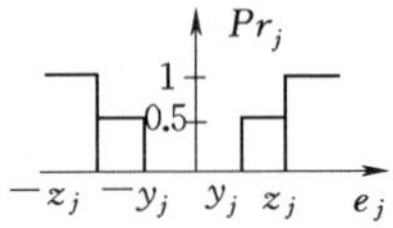	$Pr_j = \begin{bmatrix} 0 & , & e_j \leqslant y_j \\ 0.5 & , & y_j < e_j \leqslant z_j \\ 1 & , & e_j > z_j \end{bmatrix}$
5	具有无差异区间的线性偏好型	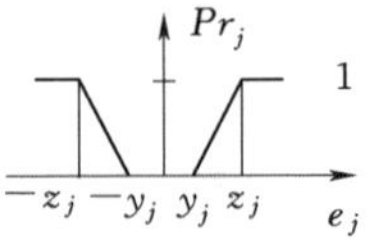	$Pr_j = \begin{bmatrix} 0 & , & e_j \leqslant y_j \\ \dfrac{(e_j - y_j)}{(z_j - y_j)} & , & y_j < e_j \leqslant z_j \\ 1 & , & e_j > z_j \end{bmatrix}$
6	高斯型	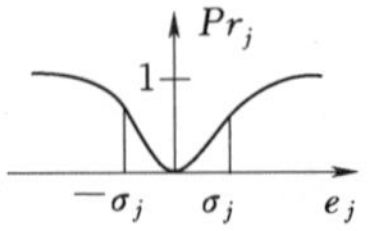	$Pr_j = \left[1 - e^{\frac{-e_j^2}{2\sigma_j^2}} \right]$

图 2.2　PROMETHEE - 2 法各类指标函数类型及相关偏好函数值

算例问题 2.7：基于表 2.20 中 GCMs 与指标间的支付矩阵，利用 CC、NRMSD、ANMBD、AARD 和 SS 等性能指标对所选 CMIP3 中的 11 个 GCMs 的降雨进行评估，所选 CMIP3 中的 11 个 GCMs 分别为 BCCR - BCCM2.0、INGV - ECHAM4、GFDL2.0、GFDL2.1、GISS、IPSL - CM4、MIROC3、MRI - CGCM2、NCAR - PCMI、UKMO - HADCM3 和 UKMO - HADGEM1。通过熵权法获得的 CC、NRMSD、ANMBD、AARD 和 SS 等性能指标的权重分别为 0.0976、0.0729、0.5481、0.2640 和 0.0174。利用 PROMETHEE - 2 法对所选 GCMs 进行排序计算，为了便于计算，对 GCMs 名称进行缩写：BC-CR、ECHAM、GFDL2.0、GFDL2.1、GISS、IPSL、MIROC3、CGCM2、PCMI、HADCM3 和 HADGEM1 (Raju and Nagesh Kumar，2015a)。假定每个指标均采用常用的偏好函数。

表 2.20   所选 GCMs 的性能指标值

GCM	CC	NRMSD[a]	ANMBD[a]	AARD[a]	SS
BCCR	0.7751	0.796	0.2744	1.7127	0.7717
ECHAM	0.7866	0.7573	0.1619	1.8639	0.6833
GFDL2.0	0.7868	0.8286	0.4157	0.808	0.815
GFDL2.1	0.7395	0.7871	0.1551	1.2731	0.835
GISS	0.8275	0.8221	0.4786	0.7539	0.7783
IPSL	0.474	1.2539	0.7082	1.0124	0.6583
MIROC3	0.8416	0.6224	0.0613	1.3811	0.8567
CGCM2	0.7708	0.9386	0.4985	0.6556	0.755
PCMI	0.3553	1.1779	0.4899	1.6149	0.6283
HADCM3	0.8018	0.8793	0.5092	0.8002	0.81
HADGEM1	0.8064	0.9422	0.5686	0.701	0.7883

注 [a] 指 NRMSD、ANMBD、AARD 存在最小值。

案例求解：计算性能指标 CC 的 GCMs 值和偏好函数的成对差异。计算 CC、NRMSD、ANMBD、AARD 和 SS 等性能指标的 GCMs 值间的成对差异，如对于指标 CC 其对应成对差异值可见表 2.21，BCCR 和 GFDL2.0 间的成对差异值是 $0.7751-0.7868=-0.0117$〔表 2.22（a）〕，其常用指标函数下的偏好函数对应值为 0（因为 $-0.0117<0$），反之亦然。

表 2.21   所选 GCMs 的性能指标转换值

GCM	CC	NRMSD[a]	ANMBD[a]	AARD[a]	SS
BCCR	0.7751	-0.7960	-0.2744	-1.7127	0.7717
ECHAM	0.7866	-0.7573	-0.1619	-1.8639	0.6833
GFDL2.0	0.7868	-0.8286	-0.4157	-0.8080	0.815
GFDL2.1	0.7395	-0.7871	-0.1551	-1.2731	0.835
GISS	0.8275	-0.8221	-0.4786	-0.7539	0.7783
IPSL	0.474	-1.2539	-0.7082	-1.0124	0.6583
MIROC3	0.8416	-0.6224	-0.0613	-1.3811	0.8567
CGCM2	0.7708	-0.9386	-0.4985	-0.6556	0.755
PCMI	0.3553	-1.1779	-0.4899	-1.6149	0.6283
HADCM3	0.8018	-0.8793	-0.5092	-0.8002	0.81
HADGEM1	0.8064	-0.9422	-0.5686	-0.7010	0.7883

[a] 指 NRMSD、ANMBD、AARD 存在最小值，在最小值前加负号表示该指标最大值，如 -最小值=最大值。

对于指标 CC、BCCR 和 GFDL2.0 间的成对差异值为 0.0117〔表 2.22（a）〕，其常用指标函数下的偏好函数对应值为 1（因为 $0.0117>0$）〔表 2.23（a）〕，偏好函数矩阵元素就是 0 或者 1。同理，可以求出每个性能指

表 2.22　成 对 差 异 矩 阵

(a) 指标 CC 的成对差异矩阵

GCM	BCCR	ECHAM	GFDL2.0	GFDL2.1	GISS	IPSL	MIROC3	CGCM2	PCMI	HADCM3	HADGEM1
BCCR	0	−0.0115	−0.0117	−0.0356	0.0524	−0.3011	0.0665	0.0043	0.4198	−0.0267	0.0313
ECHAM	0.0115	0	−0.0002	0.0471	−0.0409	0.3126	−0.055	0.0158	0.4313	−0.0152	−0.0198
GFDL2.0	0.0117	0.0002	0	0.0473	−0.0407	0.3128	−0.0548	0.016	0.4315	−0.015	−0.0196
GFDL2.1	−0.0356	−0.0471	−0.0473	0	−0.088	0.2655	−0.1021	−0.0313	0.3842	−0.0623	−0.0669
GISS	0.0524	0.0409	0.0407	0.088	0	0.3535	−0.0141	0.0567	0.4722	0.0257	0.0211
IPSL	−0.3011	−0.3126	−0.3128	−0.2655	−0.3535	0	−0.3676	−0.2968	0.1187	−0.3278	−0.3324
MIROC3	0.0665	0.055	0.0548	0.1021	0.0141	0.3676	0	0.0708	0.4863	0.0398	0.0352
CGCM2	−0.0043	−0.0158	−0.016	0.0313	−0.0567	0.2968	−0.0708	0	0.4155	−0.031	−0.0356
PCMI	−0.4198	−0.4313	−0.4315	−0.3842	−0.4722	−0.1187	−0.4863	−0.4155	0	−0.4465	−0.4511
HADCM3	0.0267	0.0152	0.015	0.0623	0.0257	0.3278	0.0398	0.031	0.4465	0	−0.0046
HADGEM1	0.0313	0.0198	0.0196	0.0669	0.0211	0.3324	0.0352	0.0356	0.4511	0.0046	0

(b) 指标 NRMSD 的成对差异矩阵

GCM	BCCR	ECHAM	GFDL2.0	GFDL2.1	GISS	IPSL	MIROC3	CGCM2	PCMI	HADCM3	HADGEM1
BCCR	0	−0.0387	0.0326	−0.0089	0.0261	0.4579	0.1736	0.1426	0.3819	0.0833	0.1462
ECHAM	0.0387	0	0.0713	0.0298	0.0648	0.4966	−0.1349	0.1813	0.4206	0.122	0.1849
GFDL2.0	−0.0326	−0.0713	0	−0.0415	−0.0065	0.4253	−0.2062	0.11	0.3493	0.0507	0.1136
GFDL2.1	0.0089	0.0298	0.0415	0	0.335	0.4668	−0.1647	0.1515	0.3908	0.0922	0.1551
GISS	−0.0261	−0.0648	0.0065	−0.035	0	0.4318	−0.1997	0.1165	0.3558	0.0572	0.1201
IPSL	−0.4579	−0.4966	−0.4253	−0.4668	−0.4318	0	−0.6315	−0.3153	−0.076	−0.3746	−0.3117
MIROC3	0.1736	0.1349	0.2062	0.1647	0.1997	0.6315	0	0.3162	0.5555	0.2569	0.3198

续表

GCM	BCCR	ECHAM	GFDL2.0	GFDL2.1	GISS	IPSL	MIROC3	CGCM2	PCMI	HADCM3	HADGEM1
CGCM2	-0.1426	-0.1813	-0.11	-0.1515	-0.1165	0.3153	-0.3162	0	0.2393	-0.0593	0.0036

GCM	BCCR	ECHAM	GFDL2.0	GFDL2.1	GISS	IPSL	MIROC3	CGCM2	PCMI	HADCM3	HADGEM1
PCMI	-0.3819	-0.4206	-0.3493	-0.3908	-0.3558	0.076	-0.5555	-0.2393	0	-0.2986	-0.2357
HADCM3	-0.0833	-0.122	-0.0507	-0.0922	-0.0572	0.3746	-0.2569	0.0593	0.2986	0	0.0629
HADGEM1	-0.1462	-0.1849	-0.1136	-0.1551	-0.1201	0.3117	-0.3198	-0.0036	0.2357	-0.0629	0

(c) 指标 ANMBD 的成对差异矩阵

	BCCR	ECHAM	GFDL2.0	GFDL2.1	GISS	IPSL	MIROC3	CGCM2	PCMI	HADCM3	HADGEM1
BCCR	0	-0.1125	0.1413	-0.1193	0.2042	0.4338	-0.2131	0.2241	0.2155	0.2348	0.2942
ECHAM	0.1125	0	0.2538	-0.0068	0.3167	0.5463	-0.1006	0.3366	0.328	0.3473	0.4067
GFDL2.0	-0.1413	-0.2538	0	-0.2606	0.0629	0.2925	-0.3544	0.0828	0.0742	0.0935	0.1529
GFDL2.1	0.1193	0.0068	0.2606	0	0.3235	0.5531	-0.0938	0.3434	0.3348	0.3541	0.4135
GISS	-0.2042	-0.3167	-0.0629	-0.3235	0	0.2296	-0.4173	0.0199	0.0113	0.0306	0.09
IPSL	-0.4338	-0.5463	-0.2925	-0.5531	-0.2296	0	-0.6469	-0.2097	-0.2183	-0.199	-0.1396
MIROC3	0.2131	0.1006	0.3544	0.0938	0.4173	0.6469	0	0.4372	0.4286	0.4479	0.5073
CGCM2	-0.2241	-0.3366	-0.0828	-0.3434	-0.0199	0.2097	-0.4372	0	-0.0086	0.0107	0.0701
PCMI	-0.2155	-0.328	-0.0742	-0.3348	-0.0113	0.2183	-0.4286	0.0086	0	0.0193	0.0787
HADCM3	-0.2348	-0.3473	-0.0935	-0.3541	-0.0306	0.199	-0.4479	-0.0107	-0.0193	0	0.0594
HADGEM1	-0.2942	-0.4067	-0.1529	-0.4135	-0.09	0.1396	-0.5073	-0.0701	-0.0787	-0.0594	0

(d) 指标 AARD 的成对差异矩阵

	BCCR	ECHAM	GFDL2.0	GFDL2.1	GISS	IPSL	MIROC3	CGCM2	PCMI	HADCM3	HADGEM1
BCCR	0	0.1512	-0.9047	-0.4396	-0.9588	-0.7003	-0.3316	-1.0571	-0.0978	-0.9125	-1.0117
ECHAM	-0.1512	0	-1.0559	-0.5908	-1.11	-0.8515	-0.4828	-1.2083	-0.249	-1.0637	-1.1629

GCM	BCCR	ECHAM	GFDL2.0	GFDL2.1	GISS	IPSL	MIROC3	CGCM2	PCMI	HADCM3	HADGEM1
GFDL2.0	0.9047	1.0559	0	0.4651	-0.0541	0.2044	0.5731	-0.1524	0.8069	-0.0078	-0.107
GFDL2.1	0.4396	0.5908	-0.4651	0	-0.5192	-0.2607	0.108	-0.6175	0.3418	-0.4729	-0.5721
GISS	0.9588	1.11	0.0541	0.5192	0	0.2585	0.6272	-0.0983	0.861	0.0463	-0.0529
IPSL	0.7003	0.8515	-0.2044	0.2607	-0.2585	0	0.3687	-0.3568	0.6025	-0.2122	-0.3114
MIROC3	0.3316	0.4828	-0.5731	-0.108	-0.6272	-0.3687	0	-0.7255	0.2338	-0.5809	-0.6801
CGCM2	1.0571	1.2083	0.1524	0.6175	0.0983	0.3568	0.7255	0	0.9593	0.1446	0.0454
GCM	BCCR	ECHAM	GFDL2.0	GFDL2.1	GISS	IPSL	MIROC3	CGCM2	PCMI	HADCM3	HADGEM1
PCMI	0.0978	0.249	-0.8069	-0.3418	-0.861	-0.6025	-0.2338	-0.9593	0	-0.8147	-0.9139
HADCM3	0.9125	1.0637	0.0078	0.4729	-0.0463	0.2122	0.5809	-0.1446	0.8147	0	-0.0992
HADGEM1	1.0117	1.1629	0.107	0.5721	0.0529	0.3114	0.6801	-0.0454	0.9139	0.0992	0

(e) 指标 SS 的成对差异矩阵

	BCCR	ECHAM	GFDL2.0	GFDL2.1	GISS	IPSL	MIROC3	CGCM2	PCMI	HADCM3	HADGEM1
BCCR	0	0.0884	-0.0433	-0.0633	-0.0066	0.1134	-0.085	0.0167	0.1434	-0.0383	-0.0166
ECHAM	-0.0884	0	-0.1317	-0.1517	-0.095	0.025	-0.1734	-0.0717	0.055	-0.1267	-0.105
GFDL2.0	0.0433	0.1317	0	-0.02	0.0367	0.1567	-0.0417	0.06	0.1867	0.005	0.0267
GFDL2.1	0.0633	0.1517	0.02	0	0.0567	0.1767	-0.0217	0.08	0.2067	0.025	0.0467
GISS	0.0066	0.095	-0.0367	-0.0567	0	0.12	-0.0784	0.0233	0.15	-0.0317	-0.01
IPSL	-0.1134	-0.025	-0.1567	-0.1767	-0.12	0	-0.1984	-0.0967	0.03	-0.1517	-0.13
MIROC3	0.085	0.1734	0.0417	0.0217	0.0784	0.1984	0	0.1017	0.2284	0.0467	0.0684
CGCM2	-0.0167	0.0717	-0.06	-0.08	-0.0233	0.0967	-0.1017	0	0.1267	-0.055	-0.0333
PCMI	-0.1434	-0.055	-0.1867	-0.2067	-0.15	-0.03	-0.2284	-0.1267	0	-0.1817	-0.16
HADCM3	0.0383	0.1267	-0.005	-0.025	0.0317	0.1517	-0.0467	0.055	0.1817	0	0.0217

表 2.23　偏好函数矩阵

(a) 指标 CC 的偏好函数矩阵

GCM	BCCR	ECHAM	GFDL2.0	GFDL2.1	GISS	IPSL	MIROC3	CGCM2	PCMI	HADCM3	HADGEM1
BCCR	0	0	0	1	0	1	0	1	1	0	0
ECHAM	1	0	0	1	0	1	0	1	1	0	0
GFDL2.0	1	1	0	1	0	1	0	1	1	0	0
GFDL2.1	0	0	0	0	0	1	0	0	1	0	0
GISS	1	1	1	1	0	1	0	1	1	1	1
IPSL	0	0	0	0	0	0	0	0	1	0	0
MIROC3	1	1	0	1	1	1	0	0	1	1	1
CGCM2	0	0	0	1	0	1	0	0	0	0	0
PCMI	0	0	0	0	0	0	0	0	1	0	0
HADCM3	1	1	1	1	0	1	0	1	1	0	0
HADGEM1	1	1	1	1	1	1	1	1	1	1	0

(b) 指标 NRMSD 的偏好函数矩阵

GCM	BCCR	ECHAM	GFDL2.0	GFDL2.1	GISS	IPSL	MIROC3	CGCM2	PCMI	HADCM3	HADGEM1
BCCR	0	0	1	0	1	1	0	1	1	1	1
ECHAM	1	0	1	1	1	1	0	1	1	1	1
GFDL2.0	0	0	0	0	0	1	0	1	1	0	1
GFDL2.1	1	0	1	0	1	1	0	1	1	1	1
GISS	0	0	0	0	0	1	0	1	1	1	1
IPSL	0	0	0	0	0	0	0	1	0	0	0
MIROC3	1	1	1	1	1	1	0	1	1	1	1

续表

GCM	BCCR	ECHAM	GFDL2.0	GFDL2.1	GISS	IPSL	MIROC3	CGCM2	PCMI	HADCM3	HADGEM1
CGCM2	0	0	0	0	0	1	0	0	1	0	1
PCMI	0	0	0	0	0	1	0	0	0	0	0

GCM	BCCR	ECHAM	GFDL2.0	GFDL2.1	GISS	IPSL	MIROC3	CGCM2	PCMI	HADCM3	HADGEM1
HADCM3	0	0	0	0	0	1	0	1	1	0	1
HADGEM1	0	0	0	0	0	1	0	0	1	0	0

(c) 指标 ANMBD 的偏好函数矩阵

	BCCR	ECHAM	GFDL2.0	GFDL2.1	GISS	IPSL	MIROC3	CGCM2	PCMI	HADCM3	HADGEM1
BCCR	0	0	1	0	1	1	0	1	1	1	1
ECHAM	1	0	1	0	1	1	0	1	1	1	1
GFDL2.0	0	0	0	0	1	1	0	1	1	1	1
GFDL2.1	1	1	1	0	1	1	0	1	1	1	1
GISS	0	0	0	0	0	1	0	1	1	1	1
IPSL	0	0	0	0	0	0	0	0	0	0	0
MIROC3	1	1	1	1	1	1	0	1	1	1	1
CGCM2	0	0	0	0	0	1	0	0	0	1	1
PCMI	0	0	0	0	0	1	0	1	0	1	1
HADCM3	0	0	0	0	0	1	0	0	0	0	1
HADGEM1	0	0	0	0	0	0	0	0	0	0	0

(d) 指标 AARD 的偏好函数矩阵

	BCCR	ECHAM	GFDL2.0	GFDL2.1	GISS	IPSL	MIROC3	CGCM2	PCMI	HADCM3	HADGEM1
BCCR	0	1	0	0	0	0	0	0	0	0	0
ECHAM	0	0	0	0	0	0	0	0	0	0	0

续表

GCM	BCCR	ECHAM	GFDL2.0	GFDL2.1	GISS	IPSL	MIROC3	CGCM2	PCMI	HADCM3	HADGEM1
GFDL2.0	1	1	0	1	0	1	1	1	1	0	0
GFDL2.1	1	1	0	0	0	0	1	0	1	0	0
GISS	1	1	1	1	0	1	1	0	1	1	0
IPSL	1	1	0	1	0	0	1	0	1	0	0
MIROC3	1	1	0	0	0	0	0	0	1	0	0
CGCM2	1	1	1	1	1	1	1	0	1	1	1
PCMI	1	1	0	0	0	0	0	0	0	0	0

GCM	BCCR	ECHAM	GFDL2.0	GFDL2.1	GISS	IPSL	MIROC3	CGCM2	PCMI	HADCM3	HADGEM1
HADCM3	1	1	1	1	0	1	1	1	1	0	0
HADGEM1	1	1	1	1	0	0	1	0	1	1	0

(e) 指标 SS 的偏好函数矩阵

	BCCR	ECHAM	GFDL2.0	GFDL2.1	GISS	IPSL	MIROC3	CGCM2	PCMI	HADCM3	HADGEM1
BCCR	0	1	0	0	0	1	0	1	1	0	0
ECHAM	0	0	0	0	0	1	0	0	1	0	0
GFDL2.0	1	1	0	0	1	1	0	1	1	1	1
GFDL2.1	1	1	1	0	1	1	0	1	1	1	1
GISS	1	1	0	0	0	0	0	0	0	0	0
IPSL	0	0	0	0	0	0	0	0	0	0	0
MIROC3	1	1	1	1	1	1	0	1	1	1	1
CGCM2	0	1	0	0	0	1	0	0	1	0	0
PCMI	0	0	0	0	0	0	0	0	0	0	0
HADCM3	1	1	0	0	1	1	0	1	1	0	1
HADGEM1	1	1	0	0	1	1	0	1	1	0	0

表 2.24　多指标偏好函数值

GCM	BCCR	ECHAM	GFDL2.0	GFDL2.1	GISS	IPSL	MIROC3	CGCM2	PCMI	HADCM3	HADGEM1
BCCR	0.0000	0.2814	0.6210	0.0976	0.6210	0.7360	0.0000	0.7360	0.7360	0.6210	0.6210
ECHAM	0.7186	0.0000	0.6210	0.1705	0.6210	0.7360	0.0000	0.7186	0.7360	0.6210	0.6210
GFDL2.0	0.3790	0.3790	0.0000	0.3616	0.5655	1.0000	0.2640	0.7360	1.0000	0.6384	0.6384
GFDL2.1	0.9024	0.8295	0.6384	0.0000	0.6384	0.7360	0.2640	0.6384	1.0000	0.6384	0.6384
GISS	0.3790	0.3790	0.4345	0.3616	0.0000	1.0000	0.2640	0.7360	1.0000	0.9826	0.7186
IPSL	0.2640	0.2640	0.0000	0.2640	0.0000	0.0000	0.2640	0.0000	0.3790	0.0000	0.0000
MIROC3	1.0000	1.0000	0.7360	0.7360	0.7360	0.7360	0.0000	0.7360	1.0000	0.7360	0.7360
CGCM2	0.2640	0.2814	0.2640	0.3616	0.2640	1.0000	0.2640	0.0000	0.4519	0.8121	0.8850
PCMI	0.2640	0.2640	0.0000	0.0000	0.0000	0.6210	0.0000	0.5481	0.0000	0.5481	0.5481
HADCM3	0.3790	0.3790	0.3616	0.3616	0.0174	1.0000	0.2640	0.1879	0.4519	0.0000	0.6384
HADGEM1	0.3790	0.3790	0.3616	0.3616	0.2814	1.0000	0.2640	0.1150	0.4519	0.3616	0.0000

标的成对差异函数值。CC、NRMSD、ANMBD、AARD 和 SS 等性能指标的成对差异矩阵和偏好函数值可见表 2.22（a）～（e）。成对 GCMs（ECHAM，BCCR）间的多指标偏好指数 π（ECHAM，BCCR）的计算步骤如下所述（表 2.19 中第 1 步）。

ECHAM、BCCR 两者间指标 CC、NRMSD、ANMBD、AARD 和 SS 的偏好函数值分别为 1、1、1、0 和 0，其对应权重值分别为 0.0976、0.0729、0.5481、0.2640 和 0.0174。由此，成对 GCMs（ECHAM，BCCR）间的多指标偏好函数值为

$$\frac{0.0976\times1+0.0729\times1+0.5481\times1+0.2640\times0+0.0174\times0}{0.0976+0.0729+0.5481+0.2640+0.0174}=\frac{0.7186}{1}=0.7186$$

计算 BCCR 的 ϕ^+（表 2.19 中第 2 步）：

$$\phi^+=\frac{\begin{array}{c}0+0.2814+0.6210+0.0976+0.6210+0.7360+0\\+0.7360+0.7360+0.6210+0.6210\end{array}}{10}=0.5071$$

计算 BCCR 的 ϕ^-（表 2.19 中第 3 步）：

$$\phi^-=\frac{\begin{array}{c}0+0.7186+0.3790+0.9024+0.3790+0.2640+1+\\0.2640+0.2640+0.3790+0.3790\end{array}}{10}=0.4929$$

所有可能的指标配对结果见表 2.24。

计算 BCCR 的净 ϕ（表 2.19 中第 4 步），净 $\phi=\phi^+-\phi^-=0.5071-0.4929=0.0142$。GCMs 的 ϕ^+、ϕ^-、净 ϕ 值及其对应排序见表 2.25。净 ϕ 值越大，GCM 越合适（表 2.19 中第 5 步）。结果显示：

表 2.25 　　　　　GCMs ϕ^+、ϕ^-、净 ϕ 值及其对应排序结果

GCM	ϕ^+	ϕ^-	净 ϕ	排序
BCCR	0.5071	0.4929	0.0142	6
ECHAM	0.5564	0.4436	0.1127	5
GFDL2.0	0.5962	0.4038	0.1924	4
GFDL2.1	0.6924	0.3076	0.3848	2
GISS	0.6255	0.3745	0.2511	3
IPSL	0.1435	0.8565	−0.7130	11
MIROC3	0.8152	0.1848	0.6304	1
CGCM2	0.4848	0.5152	−0.0304	7
PCMI	0.2793	0.7207	−0.4413	10
HADCM3	0.4041	0.5959	−0.1918	8
HADGEM1	0.3955	0.6045	−0.2090	9

（1）排序前两位的气候模式为 MIROC3 和 GFDL2.1，其净 ϕ 值分别为 0.6304 和 0.3848。

（2）IPSL 气候模式的净 ϕ 值为 -0.7130，排在末位（Raju 和 Nagesh Kumar，2014b）。

2.4.4　模糊多目标决策法

归插值、均化、近似会造成指标值不确定性增加，为了降低不确定性，可以对指标值进行模糊逻辑处理，即通过对 TOPSIS 法的扩展，提出了模糊 TOPSIS 法。对于该方法的描述见表 2.26（Opricovic 和 Tzeng，2004；Raju 和 Nagesh Kumar，2014a，2015b）。

表 2.26　模糊 TOPSIS 法描述

步骤	说明	数　学　表　达
1	输入支付矩阵和隶属度函数，确定三角形隶属函数：$\widetilde{Y}_{ij}(p_{ij}, q_{ij}, s_{ij})$。其中 p、q、s 分别为低、中、高程度值	支付矩阵将由选择的隶属函数决定 典型三角形隶属函数
2	计算可用 GCMs 的每个指标 j 的理想解和负理想解	元素 (p_j^*, q_j^*, s_j^*) 的理想解记为 $\widetilde{Y}_j^*$，元素 $(p_j^{**}, q_j^{**}, s_j^{**})$ 负理想解记为 $\widetilde{Y}_j^{**}$　$j=1,2,\cdots,J$，J 为指标个数
3	计算每个 GCM a 的理想解的距离测度	$DS_a^+ = \sum_{j=1}^{J} d(\widetilde{Y}_{aj}, \widetilde{Y}_j^*) = \sqrt{\dfrac{(p_{aj}-p_j^*)^2 + (q_{aj}-q_j^*)^2 + (s_{aj}-s_j^*)^2}{3}}$
4	计算每个 GCM a 的负理想解的距离测度	$DS_a^- = \sum_{j=1}^{J} d(\widetilde{Y}_{aj}, \widetilde{Y}_j^{**}) = \sqrt{\dfrac{(p_{aj}-p_j^{**})^2 + (q_{aj}-q_j^{**})^2 + (s_{aj}-s_j^{**})^2}{3}}$
5	相对近似度 CR_a	$CR_a = \dfrac{DS_a^-}{(DS_a^- + DS_a^+)}$
6	根据 CR_a 值评定 GCMs	CR_a 越大表明 GCM 越适合

案例问题 2.8：选择 CC、NRMSD 和 SS 作为性能指标，采用表 2.27 显示的 11 个 GCMs 模式来分析降雨变量，支付矩阵同样见表 2.27。通过模糊 TOPSIS 法对 GCMs 进行排序计算，假定指标权重相同，CC，NRMSD，SS 的理想解为（1,1,1），而其负理想解为（0,0,0）（Raju 和 Nagesh Kumar，2015b）。

表 2.27　　　　　　　　　　　所选 GCMs 得到的指标值

GCM	CC			NRMSD			SS		
	p_{ij}	q_{ij}	s_{ij}	p_{ij}	q_{ij}	s_{ij}	p_{ij}	q_{ij}	s_{ij}
UKMO – HAD GEM1	0.649	0.806	0.964	0.390	0.466	0.578	0.714	0.788	0.863
GISS	0.670	0.828	0.985	0.436	0.534	0.687	0.704	0.778	0.853
GFDL2.0	0.629	0.787	0.945	0.433	0.529	0.680	0.741	0.815	0.889
BCCR – BCCM 2.0	0.617	0.775	0.933	0.448	0.551	0.717	0.697	0.772	0.846
IPSL – CM4	0.316	0.474	0.632	0.305	0.350	0.410	0.584	0.658	0.733
UKMO – HADCM3	0.644	0.802	0.960	0.413	0.499	0.631	0.736	0.810	0.884
GFDL2.1	0.582	0.74	0.897	0.452	0.557	0.727	0.761	0.835	0.909
INGV – ECHAM 4	0.629	0.787	0.944	0.466	0.579	0.765	0.609	0.683	0.758
MIROC3	0.684	0.842	0.999	0.544	0.705	1.000	0.782	0.857	0.931
MRI – CGCM2	0.613	0.771	0.929	0.391	0.467	0.581	0.681	0.755	0.829
NCAR – PCM1	0.198	0.355	0.513	0.322	0.372	0.441	0.554	0.628	0.703

案例求解：以 GISS 气候模式的计算为例。三角性隶属函数中 CC、NRMSD 和 SS 值分别为（0.670，0.828，0.985），（0.436，0.534，0.687）和（0.704，0.778，0.853）；其 CC、NRMSD 和 SS 的理想解均为（1,1,1），负理想解均为（0,0,0）。

（1）GISS 气候模式理想解的距离测度为（表 2.26 第 3 步）

$$DS_{GISS}^{+} = \sqrt{\frac{(p_{aj}-p_j^*)^2+(q_{aj}-q_j^*)^2+(s_{aj}-s_j^*)^2}{3}}$$

$$= \sqrt{\frac{(0.670-1)^2+(0.828-1)^2+(0.985-1)^2}{3}} \text{（相关系数）}$$

$$+ \sqrt{\frac{(0.436-1)^2+(0.534-1)^2+(0.687-1)^2}{3}} \text{（标准化均方根偏差）}$$

$$+ \sqrt{\frac{(0.704-1)^2+(0.778-1)^2+(0.853-1)^2}{3}} \text{（技术评分）}$$

（2）GISS 气候模式负理想解的距离测度为（表 2.26 第 4 步）

$$DS_{\text{GISS}}^{+} = \sqrt{\dfrac{(p_{aj}-p_j^{**})^2+(q_{aj}-q_j^{**})^2+(s_{aj}-s_j^{**})^2}{3}}$$

$$= \sqrt{\dfrac{(0.670-0)^2+(0.828-0)^2+(0.985-0)^2}{3}}\quad(\text{相关系数})$$

$$+\sqrt{\dfrac{(0.436-0)^2+(0.534-0)^2+(0.687-0)^2}{3}}\quad(\text{标准化均方根偏差})$$

$$+\sqrt{\dfrac{(0.704-0)^2+(0.778-0)^2+(0.853-0)^2}{3}}\quad(\text{技术评分})$$

$$=0.8376+0.5619+0.7807=2.0802$$

（3）GISS 气候模式的相对近似度为（表 2.26 第 5 步）

$$CR_{\text{GISS}} = \frac{DS_{\text{GISS}}^{-}}{DS_{\text{GISS}}^{-}+DS_{\text{GISS}}^{+}} = \frac{2.1802}{2.1802+0.9043}=0.7068$$

所选 11 个 GCMs 的 DS_a^{+}、DS_a^{-}、CR_a 及其排序结果见表 2.28。结果显示：

（1）MIROC3 气候模式排序第 1，其 DS_a^{+}、DS_a^{-}、CR_a 值分别为 0.6732、2.4833、0.7867、GFDL2.1 候模式排序第 2，其 DS_a^{+}、DS_a^{-}、CR_a 值分别为 0.9024、2.1776、0.7070；GISS 气候模式排序第 3，其 DS_a^{+}、DS_a^{-}、CR_a 值分别为 0.9043、2.1802、0.7068。

（2）排序第 2 的 GFDL2.1 模式和排序第 3 的 GISS 模式的相对近似度差值仅为 0.0002。

表 2.28　　　　　　所选 GCMs 的 DS_a^{+}，DS_a^{-}，CR_a 及其排序结果

GCM 模式	DS_a^{+}	DS_a^{-}	CR_a	排序
UKMO - HADGEM1	0.9804	2.0914	0.6808	7
GISS	0.9043	2.1802	0.7068	3
GFDL2.0	0.9076	2.1714	0.7052	4
BCCR - BCCM 2.0	0.9378	2.1424	0.6955	6
IPSL - CM 4	1.5351	1.5100	0.4959	10
UKMO - HADCM3	0.9296	2.1466	0.6978	5
GFDL2.1	0.9024	2.1776	0.7070	2
INGV - ECHAM 4	0.9869	2.0989	0.6802	8
MIROC3	0.6732	2.4833	0.7867	1
MRI - CGCM2	1.0413	2.0251	0.6604	9
NCAR - PCMI	1.6576	1.3906	0.4562	11

2.4.5 Spearman 秩相关系数法

Spearman 秩相关系数法是通过相关系数（R）测算秩之间相关性的方法（Gibbons，1971）。对于该方法的描述见表 2.29。

表 2.29   Spearman 秩相关系数法描述

说 明	数 学 表 达
Spearman 秩相关系数	$$R = 1 - \frac{6\sum\limits_{a=1}^{T} e_a^2}{T(T^2-1)}$$ e_a 是同个 GCMa 的秩之间的差异；T 是 GCMs 的个数；R 的范围是 $-1 \sim 1$

算例问题 2.9：表 2.30 显示了通过均衡规划法和 TOPSIS 法所计算的 11 个 GCMs 排序结果，计算 Spearman 秩相关系数（R）。

表 2.30   均衡规划法和 TOPSIS 法计算的 GCMs 排序结果

GCM	均衡规划法	TOPSIS 法	GCM	均衡规划法	TOPSIS 法
1	6	8	7	1	1
2	5	7	8	7	9
3	4	4	9	10	10
4	2	3	10	8	5
5	3	2	11	9	6
6	11	11			

算例求解：

e_a 的值为 -2，-2，0，-1，1，0，0，-2，0，3，3。

e_a^2 的值为 4，4，0，1，1，0，0，4，0，9，9。

$\sum e_a^2$ 的值为 32（表 2.29，第 1 步）。

因此，Spearman 秩相关系数为（表 2.29，第 1 步）

$$R = 1 - \frac{6 \times 32}{11 \times (11^2 - 1)} = 0.8545$$

2.4.6 群决策法

群决策法是将个体排名集合成一个单一群体偏好的过程。该方法的描述见表 2.31（Morais 和 Almeida，2012；Raju 等，2017）。

表 2.31　　　　　　　**所选 GCMs 的强度、弱度和净强度计算过程**

步骤	说　明	数　学　表　达
1	顺序划分	按照降序排列，分成上、下两部分：当 GCMs 为偶数个时，$X=T/2$；当 GCMs 为奇数个时，$X=T/2+1$，$Y=X+1$，T 是 GCMs 的个数。GCMs 的排序是从 1 到 X，再从 X 到最后
2	计算每个 GCM a 的强度值	$$ST_a = \sum_{k=1}^{m}\sum_{z}^{X}(X-z+1)q_{az}^{k}\quad \forall a,k\quad \forall z=1,\cdots,x$$ 如果 GCM a 在 z 位置，它的排序不是 k 就是 0，$q_{az}^{k}=1$。a 对应于 GC-Ms 的上部分，z 的位置是在从开始到第 X 位的上部分位（$z=1,\cdots,x$），k 代表排序（$k=1,2,\cdots,m$）
3	计算每个 GCM a 的弱度值	$$WE_a = \sum_{k=1}^{m}\sum_{z}^{X}(z-Y+1)q_{az}^{k}\quad \forall a,k\quad \forall z=y,\cdots,T$$ 如果 GCM a 在 z 位置，其 MCDM 法排序不是 k 就是 0，$q_{az}^{k}=1$。a 对应于 GCMs 的下部分，z 的位置是在从开始到第 Y 位的下部分位
4	计算每个 GCM a 的净强度值	$NS_a = ST_a - WE_a$
5	根据 NS_a 值评定 GCMs	NR_a 越大表明 GCM 越适合

算例问题 2.10：利用 CP、TOPSIS、WA 和 PROMETHEE 等 4 种多准则决策法（MCDM）对 20 个 GCMs（用 G1～G20 表示，见表 2.32）进行排序，进而从强度和弱度两方面计算 GCMs 的群决策排序（Raju 等，2017）。

表 2.32　　　　　　　**CP、TOPSIS、WA 和 PROMETHEE 排序结果**

GCMs	CP	TOPSIS	WA	PROMETHEE
G1	9	9	9	4
G2	7	7	7	9
G3	12	12	12	8
G4	2	2	2	5
G5	6	6	5	14
G6	13	13	13	15
G7	5	5	6	12
G8	1	1	1	6
G9	8	8	8	1
G10	11	11	11	13
G11	16	16	16	16
G12	9	9	9	4

GCMs	CP	TOPSIS	WA	PROMETHEE
G13	10	10	10	2
G14	15	15	15	7
G15	4	4	4	3
G16	11	11	11	13
G17	9	9	9	4
G18	14	14	14	11
G19	14	14	14	11
G20	3	3	3	10

算例求解：按等级降序排列的 GCMs 见表 2.33。此处，$X = T/2$，T 是 GCMs 的个数。X 是 10（X 可以根据决策者固定任意值），由此，排序为 1～10 的 GCMs 组成上半部分。

表 2.33   **GCMs 降 序 排 列**

排序	CP	TOPSIS	WA	PROMETHEE
1	G8	G8	G8	G9
2	G4	G4	G4	G13
3	G20	G20	G20	G15
4	G15	G15	G15	G1、G12、G17
5	G7	G7	G5	G4
6	G5	G5	G7	G8
7	G2	G2	G2	G14
8	G9	G9	G9	G3
9	G1、G12、G17	G1、G12、G17	G1、G12、G17	G2
10	G13	G13	G13	G20
11	G10、G16	G10、G16	G10、G16	G18、G19
12	G3	G3	G3	G7
13	G6	G6	G6	G10、G16
14	G18、G19	G18、G19	G18、G19	G5
15	G14	G14	G14	G6
16	G11	G11	G11	G11

GCM 强度可以表示为 GCM 位置计数的总和（表 2.31，第 2 步）。例如，对气候模式 G5 的强度作如下解释（表 2.34）：在 WA 方法中，G5 排在第

5 （$z=5$），意味着 $q_{az}^k=1$，$X-z+1=10-5+1=6$；在 CP 和 TOPSIS 方法中，G5 排第 6，$q_{az}^k=1$，$X-z+1=10-6+1=5$，即 G5 在上部分中位居第 5 位和第 6 位。根据表 2.31 中的第 2 步，气候模式 G5 的强度值为 $6\times1+5\times2=16$（表 2.34）。

表 2.34　　　　　气候模式 G5 的强度计算结果（$X=10$）

排序 /z	q_{az}^k				$X-z+1$	强度值 $(ST_a)=(X-z+1)q_{az}^k$
	CP	TOPSIS	WA	PROMETHEE		
1	0	0	0	0	$10-1+1=10$	0
2	0	0	0	0	$10-2+1=9$	0
3	0	0	0	0	$10-3+1=8$	0
4	0	0	0	0	$10-4+1=7$	0
5	0	0	1	0	$10-5+1=6$	$6\times1=6$
6	1	1	0	0	$10-6+1=5$	$5\times2=10$
7	0	0	0	0	$10-7+1=4$	0
8	0	0	0	0	$10-8+1=3$	0
9	0	0	0	0	$10-9+1=2$	0
10	0	0	0	0	$10-10+1=1$	0
G5 的强度值总和						16

同理，对下半部分气候模式的弱度进行计算（表 2.31，第 3 步）。在 PROMETHEE 方法中，G5 是位于第 14 位（$z=14$），意味着 $q_{az}^k=1$，$z-Y+1=14-11+1=4$。因此，气候模式 G5 的弱度值为 $4\times1=4$（表 2.35）。

表 2.35　　　　　气候模式 G5 的弱度计算结果（$X=10$）

排序 /j	q_{az}^k				$X-z+1$	弱度值 $(ST_a)=(X-z+1)\times q_{az}^k$
	CP	TOPSIS	WA	PROMETHEE		
11	0	0	0	0	$11-11+1=1$	0
12	0	0	0	0	$12-11+1=2$	0
13	0	0	0	0	$13-11+1=3$	0
14	0	0	0	1	$14-11+1=4$	0
15	0	0	0	0	$15-11+1=5$	$6\times1=6$
16	0	0	0	0	$16-11+1=6$	0
气候模式 G5 弱度值总和						4

气候模式 G5 的净强度为 $16-4=12$（表 2.31，第 4 步）。其他 GCMs 的强度值、弱度值和净强度值计算结果可见表 2.36。由此，G8、G4、G15、

G20 的净强度值分别为 35、33、29、25，依次排序第 1 到第 4 位。G11 的净强度值为－24，排在末位。GCM 的净强度值越高，说明 GCM 越合适。

表 2.36　　　　　　GCMs 强度值、弱度值和净强度值计算结果

GCMs	强度值（ST_a）	总和	弱度值（WE_a）	总和	$NS_a = ST_a - WE_a$	排序
G1	10(0)+9(0)+8(0)+7(1)+6(0)+5(0)+4(0)+3(0)+2(1+1+1)+1(0)	13	1(0)+2(0)+3(0)+4(0)+5(0)+6(0)+7(0)+8(0)+9(0)+10(0)	0	13	8
G2	10(0)+9(0)+8(0)+7(0)+6(0)+5(0)+4(1+1+1)+3(0)+2(1)+1(0)	14	1(0)+2(0)+3(0)+4(0)+5(0)+6(0)+7(0)+8(0)+9(0)+10(0)	0	14	7
G3	10(0)+9(0)+8(0)+7(0)+6(0)+5(0)+4(0)+3(1)+2(0)+1(0)	3	1(0)+2(1+1+1)+3(0)+4(0)+5(0)+6(0)+7(0)+8(0)+9(0)+10(0)	6	－3	10
G4	10(0)+9(1+1+1)+8(0)+7(0)+6(1)+5(0)+4(0)+3(0)+2(0)+1(0)	33	1(0)+2(0)+3(0)+4(0)+5(0)+6(0)+7(0)+8(0)+9(0)+10(0)	0	33	2
G5	10(0)+9(0)+8(0)+7(0)+6(1)+5(1+1)+4(0)+3(0)+2(0)+1(0)	16	16 1(0)+2(0)+3(0)+4(1)+5(0)+6(0)+7(0)+8(0)+9(0)+10(0)	4	12	9
G6	10(0)+9(0)+8(0)+7(0)+6(0)+5(0)+4(0)+3(0)+2(0)+1(0)	0	1(0)+2(0)+3(1+1+1)+4(0)+5(1)+6(0)+7(0)+8(0)+9(0)+10(0)	14	－14	14
G7	10(0)+9(0)+8(0)+7(0)+6(2)+5(1)+4(0)+3(0)+2(0)+1(0)	17	1(0)+2(1)+3(0)+4(0)+5(0)+6(0)+7(0)+8(0)+9(0)+10(0)	2	15	6
G8	10(1+1+1)+9(0)+8(0)+7(0)+6(0)+5(1)+4(0)+3(0)+2(0)+1(0)	35	35 1(0)+2(0)+3(0)+4(0)+5(0)+6(0)+7(0)+8(0)+9(0)+10(0)	0	35	1
G9	10(1)+9(0)+8(0)+7(0)+6(0)+5(0)+4(0)+3(1+1+1)+2(0)+1(0)	19	1(0)+2(0)+3(0)+4(0)+5(0)+6(0)+7(0)+8(0)+9(0)+10(0)	0	19	5

GCMs	强度值（ST_a）	总和	弱度值（WE_a）	总和	$NS_a = ST_a - WE_a$	排序
G10	10(0)+9(0)+8(0)+7(0)+6(0)+5(0)+4(0)+3(0)+2(0)+1(0)	0	1(1)+2(0)+3(1)+4(0)+5(0)+6(0)+7(0)+8(0)+9(0)+10(0)	6	−6	11
G11	10(0)+9(0)+8(0)+7(0)+6(0)+5(0)+4(0)+3(0)+2(0)+1(0)	0	1(0)+2(0)+3(0)+4(0)+5(0)+6(1+1+1+1)+7(0)+8(0)+9(0)+10(0)	24	−24	15
G12	G12 10(0)+9(0)+8(0)+7(1)+6(0)+5(0)+4(0)+3(1+1+1)+2(0)+1(0)	13	1(0)+2(0)+3(0)+4(0)+5(0)+6(0)+7(0)+8(0)+9(0)+10(0)	0	13	8
G13	10(0)+9(1)+8(0)+7(0)+6(0)+5(0)+4(0)+3(0)+2(0)+1(1+1+1)	12	1(0)+2(0)+3(0)+4(0)+5(0)+6(0)+7(0)+8(0)+9(0)+10(0)	0	12	9
G14	10(0)+9(0)+8(0)+7(0)+6(0)+5(0)+4(1)+3(0)+2(0)+1(0)	4	1(0)+2(0)+3(0)+4(0)+5(1+1+1)+6(0)+7(0)+8(0)+9(0)+10(0)	15	−11	12
G15	10(0)+9(0)+8(0)+7(1+1+1)+6(0)+5(0)+4(0)+3(0)+2(0)+1(0)	29	1(0)+2(0)+3(0)+4(0)+5(0)+6(0)+7(0)+8(0)+9(0)+10(0)	0	29	3
G16	10(0)+9(0)+8(0)+7(0)+6(0)+5(0)+4(0)+3(0)+2(0)+1(0)	0	1(3)+2(0)+3(1)+4(0)+5(0)+6(0)+7(0)+8(0)+9(0)+10(0)	6	−6	11
G17	10(0)+9(0)+8(0)+7(1)+6(0)+5(0)+4(0)+3(0)+2(0)+1(1+1+1)+1(0)	13	1(0)+2(0)+3(0)+4(0)+5(0)+6(0)+7(0)+8(0)+9(0)+10(0)	0	13	8
G18	10(0)+9(0)+8(0)+7(0)+6(0)+5(0)+4(0)+3(0)+2(0)+1(0)	0	1(1)+2(0)+3(0)+4(1+1+1)+5(0)+6(0)+7(0)+8(0)+9(0)+10(0)	13	−13	13

续表

GCMs	强度值（ST_a）	总和	弱度值（WE_a）	总和	$NS_a = ST_a - WE_a$	排序
G19	$10(0)+9(0)+8$ $(0)+7(0)+6(0)+5$ $(0)+4(0)+3(0)+2$ $(0)+1(0)$	0	$1(1)+2(0)+3(0)+4$ $(1+1+1)+5(0)+6$ $(0)+7(0)+8(0)+9$ $(0)+10(0)$	13	-13	13
G20	$10(0)+9(0)+8$ $(1+1+1)+7(0)+6$ $(0)+5(0)+4(0)+3$ $(0)+2(0)+1(1)$	25	$1(0)+2(0)+3(0)+4$ $(0)+5(0)+6(0)+7$ $(0)+8(0)+9(0)+10(0)$	0	25	4

注 3（1）表示 3 和 1 的乘积。

许多学者通过 MCDM 法、熵权法、群决策法以及 Spearman 秩相关法探究了 GCM 选取和性能指标权重计算等各方面问题（Anandhi 等，2011；Johnson 等，2011；Taylor 等，2012；Fu 等，2013；Su 等，2013；Perkins 等，2013；Raju 和 Nagesh Kumar，2014a，b，2015a，b，2016；Raju 等，2017；Hughes 等，2014）。

2.4.7 GCMs 集成

对未来气候展开预测有助于减轻气候变化影响，促进气候变化适应性的提升。GCMs 通常用于气候预测，但使用单个 GCM 或单一情景得到的输出结果会导致各种不确定性的出现。依据不确定性结果制定的管理策略无法达成一致，因为其只能反映所涉风险的部分评估结果。

因此，需要对气候预测中存在的不确定性进行评估，以便获取质量更高、数量更多的气候变化信息。采用多个 GCM 和多个排放情景集成的方式来缓解气候模式中潜在的不确定性，该方式被称为多模式集成（multi model ensemble，MME）。气候模式的集成过程可以通过对 GCMs 模拟的历史气候数据采用简单的算术平均来实现，也可以对模式的性能进行加权处理。集成后的气候模式更为可靠，即它们能够更为真实地反映出当前的气候变化，并通过考虑性能量度来比较 GCM 模拟和观测结果的差距。性能最优的气候模式可以用来进行集成。

本章讨论了气候模式、GCMs 性能评估、MCDM 方法等内容。下一章将对各种降尺度技术进行讨论。

参考软件（信息截至 2016 年 12 月 30 日）：

读者可以通过确定本书中各个章节讨论的算法结构，利用计算语言进行编程。为了便于理解，我们为读者提供以下软件信息。

偏好顺序结果评价法（PROMETHEE）：PROMETHEE 1.4 可视化软件：http：//www. promethee – gaia. net/software. html。

Spearman 秩 相 关 系 数 法：SPSS（统计软件包）（http：//www03. ibm. com/software/products/en/spss – statistics）。

复习与练习题

2.1　可用的气候模式有哪些不同类型？

2.2　什么是一维辐射传输模型？

2.3　什么是全球气候模式或大气环流模型？它们的目的是什么？

2.4　徐研究员对 GCMs 有什么看法？

2.5　什么是海气耦合 GCM？

2.6　GCMs 的各类组成部分是什么？

2.7　在处理 GCMs 和相关方面时所涉及的各种不确定性是什么？

2.8　RCP 和 SDSM 的扩展是什么？

2.9　SDSM 的用途是什么？

2.10　性能指标的意义是什么？作为性能指标最主要的要求是什么？

2.11　可用的性能指标有什么？

2.12　区别技术得分、相关系数、标准化均方根偏差和纳什系数。

2.13　说出 3 个偏差/误差相关的性能度量。

2.14　GCMs 的局限性是什么？为了 GCMs 的有效利用，如何处理这些问题？

2.15　研究员 Pierce 和他的团队针对气候模式提出了什么问题？

2.16　什么是温室气体（GHG）？温室气体的变化如何归因于自然和人为因素？

2.17　请列出 4 位对 GCMs 评估做出重大贡献的研究人员。

2.18　用 GCMs 2、3、6、7、8、10、11、12.3、16.3、17.2、18.3、18.7 和 19.1 模拟的降雨数据以及 11.2、15.8、13.2、17.2、19.3、8.2、6.7、17.3、16.2、9.3、12.1、13.2 和 23.1 观测的降雨数据，计算其偏差平方和、均方根偏差、Pearson 相关系数、标准化均方根偏差、绝对标准化均方根偏差、平均绝对相对偏差、技能得分和纳什效率。计算技术得分时使用 4 个容量。详细讨论其结果。

2.19　GCM 模拟的相对湿度为 0.34、0.56、0.32、0.23、0.14、0.10 和 0.23，而观测数据的相对湿度为 0.23、0.45、0.42、0.76、0.33、0.12 和 0.32。计算技术得分、归一化均方根偏差和相关系数。

2.20 选择最佳 GCM 的程序步骤是什么？

2.21 区分均衡规划和合作博弈论。它们是如何有效地对 GCMs 进行排序的？

2.22 如何在群体决策中计算每个 GCM 的优劣？

2.23 指标权重如何影响 GCMs 的排名？是否需要对不同的指标设置不同的权重？

2.24 用熵权法求解算例问题 2.2，用表 2.7 的数据，并且只用 CC、ANMBD、AARD 和 NRMSD 方法分析。

2.25 用均衡规划法求解算例问题 2.3，用表 2.11 的数据，假定所有指标的权重相等。

2.26 用合作博弈论求解算例问题 2.3，用表 2.11 的数据，假定所有指标的权重相等。

2.27 用 TOPSIS 法求解算例问题 2.5，用表 2.15 的数据，假定指标的权重分别为 0.2、0.2、0.5、0.1。

2.28 用加权平均法求解算例问题 2.3，用表 2.11 的数据，假定所有指标的权重相等。

2.29 用 PROMETHEE 法求解算例问题 2.7，用表 2.20 的数据，假定所有指标的权重相等。假定：（a）常用指标；（b）准-指标的无差别值为 0.2。

2.30 用模糊 TOPSIS 法求解算例问题 2.8，用表 2.27 的数据，假定指标 CC、NRMSD、SS 的权重分别为 (0.1,0.1,0.1)(0.2,0.2,0.2)(0.3,0.3,0.3)。

2.31 对 CMIP3 环境下的 9 个 GCMs 分别进行 C1 和 C2 的分析。支付矩阵为梯形隶属函数（9 个 GCMs 与 2 个指标），见表 2.37。使用模糊 TOPSIS 对 GCMs 进行排序。假设指标权重相等。取 C_1、C_2 的理想值为 (1,1,1,1)，而取 C1、C2 的负理想值为 (0,0,0,0)。

表 2.37   9 个 GCMs 的数据矩阵和聚类的随机分配

GCMs	C_1	C_2
(1)	(2)	(3)
A1	(0.2, 0.3, 0.4, 0.5)	(0.4, 0.55, 0.66, 0.88)
A2	(0.5, 0.6, 0.7, 0.8)	(0.3, 0.5, 0.6, 0.8)
A3	(0.3, 0.6, 0.9, 1.0)	(0.2, 0.4, 0.6, 0.8)
A4	(0.6, 0.7, 0.8, 0.9)	(0.1, 0.2, 0.4, 0.8)
A5	(0.5, 0.7, 0.8, 0.9)	(0.4, 0.6, 0.8, 1)
A6	(0.2, 0.4, 0.6, 0.8)	(0.22, 0.44, 0.66, 0.88)

续表

GCMs	C_1	C_2
A7	(0.2, 0.3, 0.5, 0.8)	(0.44, 0.8, 0.9, 1)
A8	(0.2, 0.4, 0.8, 1.0)	(0.11, 0.44, 0.8, 0.9)
A9	(0.1, 0.4, 0.7, 0.9)	(0.3, 0.5, 0.9, 1)

提示：两个梯形模糊数间的距离为

$$\sqrt{\frac{(p_{aj}-p_j)^2+(q_{aj}-q_j)^2+(s_{ia}-s_j)^2+(t_{ia}-t_j)^2}{4}}$$

其中，p、q、s、t 是梯形模糊数的要素。

2.32　用 Spearman 秩相关系数法求解并例问题 2.9，基于表 2.30 数据，分析前 6 个 GCMs。

2.33　用群决策法求解并例问题 2.10。仅将 CP 和 PROMETHEE 算法的排序用于群决策计算。基于表 2.32 数据，分析前 10 个 GCMs。计算每个 GCM 的强度值、弱度值和净强度值。

思考题

2.34　为什么在命名全球气候模式时要在气候之前加上"全球"这个词？

2.35　为什么在命名大气循环模型时，要在大气后面加"循环"这个词？

2.36　列举 GCMs 改进过程中的各种准则。

2.37　如果给定的数据不精确，则预期计算的性能度量可能不准确。遇到这种情况如何解决？

2.38　在你看来，是否可以开发其他的性能量度？详细讨论本章中提到的现有性能度量方法的局限性和可能的改进方向。

2.39　列出 CMIP3 和 CMIP5 下的可用 GCMs。

2.40　CP 和 TOPSIS 方法有什么相似之处？PROMETHEE–2 和 CP 法有什么关系吗？

2.41　在均衡规划中，不同的 P 值对排序模式有何不同？从数学层面进行讨论。

2.42　理想值和负理想值如何影响结果？是否需要对指标值进行归一化？

2.43　Spearman 秩相关系数与 MCDM 法有何相关？在当前情况下的解释是否相同？

2.44　群决策与 Spearman 秩相关系数之间是否存在关系？

2.45　有可能将熵的输出与参考权重估计的评价技术联系起来吗？

2.46 如果 MCDM 技术不是同等重要的，那么群决策将会产生何种影响？如何在群决策分析中考虑这一点？

参考文献

Anandhi A, Frei A, Pradhanang S M, et al, 2011. AR4 climate model performance in simulating snow water equivalent over Catskill Mountain Watersheds, New York, USA. Hydrol Process 25: 3302 - 3311.

Bogardi J J, Nachtnebel H P (eds), 1994. Multicriteria decision analysis in water resources management. In: International hydrological programme, UNESCO, Paris.

Brans J P, Vincke P, Mareschal B, 1986. How to select and how to rank projects: the PROMETHEE method. Eur J Oper Res 24: 228 - 238.

Duckstein L, Tecle A, Nachnebel H P, et al, 1989. Multicriterion analysis of hydropower operation. J Energy Eng 115 (3): 132 - 153.

Fu G, Zhao F L, Charles S P, et al, 2013. Score - based method for assessing the performance of GCMs: a case study of Southeastern Australia. J Geophys Res Atmos 118: 4154 - 4167.

Gershon M, Duckstein L, 1983. Multiobjective approaches to river Basin planning. J Water Res Plann Manage 109 (1): 13 - 28. ASCE.

Gibbons J D, 1971. Nonparametric statistical inference. McGraw - Hill, New York.

Gleckler P J, Taylor K E, Doutriaux C, 2008. Performance metrics for climate models. J Geophys Res 113: D06104.

Goudie A, Cuff D J, 2001. Encyclopedia of global change: environmental change and human society. Oxford University Press.

Helsel D R, Hirsch R M, 2002. Statistical methods in water resources, U. S. geological survey techniques of water resources investigations, Book 4, Chapter A3.

Hughes D A, Mantel S, Mohobane T, 2014. An assessment of the skill of downscaled GCM outputs in simulating historical patterns of rainfall variability in South Africa. Hydrol Res 45 (1): 134 - 147.

Johnson F M, Sharma A, 2009. Measurement of GCM skill in predicting variables relevant for hydro climatological assessments. J Clim 22: 4373 - 4382.

Johnson F, Westra S, Sharma A, et al, 2011. An assessment of GCM skill in simulating persistence across multiple time scales. J Clim 24: 3609 - 3623.

Kendal M G, Henderson - Sellers A, 2013. A climate modelling primer. Wiley.

Legates D R, McCabe G J, 1999. Evaluating the use of goodness - of - fit measures in hydrologic and hydroclimatic model validation. Water Resour Res 35 (1): 233 - 241.

Macadam I, Pitman A J, Whetton P H, et al, 2010. Ranking climate models by performance using actual values and anomalies: implications for climate change impact assessments. Geophys Res Lett 37: L16704.

Maximo C C, McAvaney B J, Pitman A J, et al, 2008. Ranking the AR4 climate models over the Murray - Darling Basin using simulated maximum temperature minimum temperature and precipitation. Int J Climatol 28: 1097 – 1112.

Morais D C，Almeida A T，2012. Group decision making on water resources based on analysis of individual rankings. Omega 40: 42 – 52.

Mujumdar P P，Nagesh Kumar D，2012. Floods in a changing climate: hydrologic modeling. International hydrology series. Cambridge University Press.

Nash J E，Sutcliffe J V，1970. River flow forecasting through conceptual models part I—a discussion of principles. J Hydrol 10 (3): 282 – 290.

Ojha R，Kumar D N，Sharma A，et al，2014. Assessing GCM convergence for the Indian region using the variable convergence score. J Hydrol Eng 19 (6): 1237 – 1246.

Opricovic S，Tzeng G H，2004. Compromise solution by MCDM methods: a comparative analysis of VIKOR and TOPSIS. Eur J Oper Res 156: 445 – 455.

Perkins S E，Pitman A J，Sissonb S A，2013. Systematic differences in future 20 year temperature extremes in AR4 model projections over Australia as a function of model skill. Int J Climatol 33: 1153 – 1167.

Pierce D W，Barnett T P，Santer B D，et al，2009. Selecting global climate models for regional climate change studies. Proc Natl Acad Sci USA 106: 8441 – 8446.

Pomerol J C，Romero S B，2000. Multicriterion decision in management: principles and practice. Kluwer Academic，Netherlands.

Raje D，Mujumdar P P，2010. Constraining uncertainty in regional hydrologic impacts of climate change: nonstationarity in downscaling. Water Resour Res 46: W07543.

Raju K S，Nagesh Kumar D，2014a. Multicriterion analysis in engineering and management. Prentice Hall of India，New Delhi.

Raju K S，Nagesh Kumar D，2014b. Ranking of global climatic models for India using multicriterion analysis. Clim Res 60: 103 – 117.

Raju K S，Nagesh Kumar D，2015a. Ranking general circulation models for India using TOPSIS. J Water Clim Change 6 (2): 288 – 299.

Raju K S，Nagesh Kumar D，2015b. Fuzzy approach to rank global climate models. In: Volume 415 of the series advances in intelligent systems and computing. Springer，pp. 53 – 61.

Raju K S，Nagesh Kumar D，2016. Selection of global climate models for India using cluster analysis. J Water Clim Change 7 (4): 764 – 774.

Raju K S，Sonali P，Nagesh Kumar D，2017. Ranking of CMIP5 – based global climate models for India using compromise programming. Theor Appl Climatol 128 (3): 563 – 574. doi: 10. 1007/s00704 – 015 – 1721 – 6.

Semenov M，Stratonovitch P，2010. Use of multi – model ensembles from global climate models for assessment of climate change impacts. Clim Res 41: 1 – 14.

Sonali P，Nagesh Kumar D，2013. Review of trend detection methods and their application to detect temperature changes in India. J Hydrol 476: 212 – 227.

Su F，Duan X，Chen D，et al，2013. Evaluation of the global climate models in the CMIP5 over the Tibetan Plateau. J Clim 26: 3187 – 3208.

Taylor K E，Stouffer R J，Meehl G A，2012. An overview of CMIP5 and the experiment design. Bull Am Meteorol Soc 93: 485 – 498.

Wilby R L, Dawson C W, Barrow E M, 2002. SDSM—a decision support tool for the assessment of regional climate change impacts. Environ Model Softw 17: 147 – 159.

Wilby R L, Troni J, Biot Y, et al, 2009. Review of climate risk information for adaptation and development planning. Int J Climatol 29: 1193 – 1215.

Wilks D S, 2011. Statistical methods in the atmospheric sciences. International geophysics series. Academic Press, San Diego.

Xu C Y, 1999. Climate change and hydrologic models: a review of existing gaps and recent research developments. Water Resour Manage 13: 369 – 382.

扩展阅读文献

Knutti R, Abramowitz G, Collins M, et al, 2010. Good practice guidance paper on assessing and combining multi model climate projections. In: Stocker TF, Qin D, Plattner GK, Tignor M, Midgley PM (eds) Meeting report of the intergovernmental panel on climate change expert meeting on assessing and combining multi model climate projections. IPCC Working Group I Technical Support Unit, University of Bern, Bern, Switzerland.

Meehl G A, Stocker T F, Collins W D, et al, 2007. Global climate projections. In: Solomon S, Qin D, Manning M, Chen Z, Marquis M, Averyt KB, Tignor M, Miller HL (eds) Climate change 2007: the physical science basis. Contribution of working group I to the fourth assessment report of the intergovernmental panel on climate change. Cambridge University Press, Cambridge, pp 747 – 846.

Murphy J, 2004. Quantification of modeling uncertainties in a large ensemble of climate change simulations. Nature 430: 768 – 772.

Perkins S E, Pitman A J, Holbrook N J, et al, 2007. Evaluation of the AR4 climate models'simulated daily maximum temperature, minimum temperature and precipitation over Australia using probability density functions. J Clim 20: 4356 – 4376.

Randall D A, Wood R A, Bony S, et al, 2007. Climate models and their evaluation. In: Solomon S, Qin D, Manning M, Chen Z, Marquis M, Averyt KB, Tignor M, Miller HL (eds) Climate change 2007: the physical science basis. Contribution of working group I to the fourth assessment report of the IPCC. Cambridge University Press, Cambridge, UK.

第 3 章

气候模拟中的降尺度方法

　　降尺度方法能够对全球气候模式（GCM）的输出变量进行插值，以满足水文模型和区域尺度的要求。本章对统计降尺度方法进行了详细的讨论，这种方法有助于将 GCM 模拟出的大尺度气候变量与预测因子之间的统计关系转换为区域尺度上的变量与预测因子之间的统计关系。降尺度方法包括线性和非线性回归、人工神经网络、统计降尺度模型（SDSM）、转换因子、最小二乘法和标准支持向量机。本章详细讨论了关于人工神经网络的预处理、权重、时差、激励函数、训练、学习率、动量因子、权值更新过程和挑战等信息，并对统计降尺度模型、回归与天气生成器的耦合、转换因子、支持向量机做了简要介绍。嵌套偏差校正方法也是本章的一部分内容，它解决了预先指定的多个时间尺度之间的偏差问题。本章内容可以让读者深入了解不同统计降尺度方法的异同。

　　关键词：人工神经网络，转换因子，降尺度，嵌套偏差修正，SDSM，支持向量机

3.1　引言

　　由粗网格分辨率发展而来的全球气候模式（GCM）的精度，随着更精细的时空尺度的增加而降低，这使得它们无法复制亚网格尺度特征。但是，亚网格尺度的特征对水文学家和水资源规划者来说很重要。降尺度方法可以对全球气候模式（GCM）的输出变量进行插值，以满足水文模型或区域尺度的要求（Wang 等，2004；Mujumdar and Nagesh Kumar，2012）。因此，产生了两种降尺度方法：动力降尺度和统计降尺度。在动力降尺度方法中，将区域气候模型集成到全球气候模型中，根据用户的选择来获取输出变量，这一过程计

算量很大。统计降尺度主要利用统计关系和相关关系，根据用户的选择来获得输出变量，相对于动力降尺度这种方法更加容易和灵活。本章详细讨论了统计降尺度方法，更详细的内容可以参考以下文献：Fowler 等（2007）、Sylwia 和 Emilie（2014）。

3.2 统计降尺度

统计降尺度方法有助于将 GCM 模拟出的大尺度气候变量与预测因子之间的统计关系转换为区域尺度上的变量与预测因子之间的统计关系。预测得到的水文变量称为预报量，在模型中作为输入变量的气候变量称为预报因子（Karl 等，1990；Wigley 等，1990）。天气生成器（Wilby 等，2004；Wilby 和 Dawson，2007）、天气类型/天气分类方案（Wilby 等，2004）和转换函数法（Wilby 和 Dawson，2007）就属于统计降尺度方法。线性/非线性回归、人工神经网络、变动因子、最小二乘法和标准支持向量机都属于转换函数法，也是本章内容的焦点。

3.2.1 多元回归法

回归是研究因变量 y 和自变量 x 的数量关系的一种统计方法。有很多类型的回归方法值得研究。将因变量与多个自变量进行关联的一种回归模型被称为多元回归模型。多元线性回归模型的数学表达式（Wilby 等，2004；Milton 和 Arnold，2007；Anandhi 等，2008）为

$$y_0 = b_0 + b_1 x_1 + b_2 x_2 + \cdots + b_n x_n + e \tag{3.1}$$

式中：b_1、b_2、$\cdots$、b_n 为数据 x_1、x_2、$\cdots$、x_n 的系数；b_0 为常数；e 为随机误差。

其他形式的回归是多元非线性回归模型，其输入和输出之间的关系是非线性的。

不同类型的回归方程可以表示如下：

（1）一元线性回归：

$$y = b_0 + b_1 x_1 \tag{3.2}$$

$$b_1 = \frac{n \sum xy - \sum x \sum y}{n \sum x^2 - (\sum x)^2}; b_0 = \overline{y} - b_1 \overline{x} \tag{3.3}$$

$$S_{xx} = \frac{n \sum x^2 - (\sum x)^2}{n}; S_{yy} = \frac{n \sum y^2 - (\sum y)^2}{n}; S_{xy} = \frac{n \sum xy - \sum x \sum y}{n} \tag{3.4}$$

x 和 y 之间的估计相关系数为

$$R = \frac{S_{xy}}{\sqrt{S_{xx} S_{yy}}} \tag{3.5}$$

式中：$\bar{x}$、$\bar{y}$ 为 x、y 实测值的均值；n 为实测值的数量；S 为标准差。

（2）多项式回归：

$$y = b_0 + b_1 x_1 + b_2 x^2 \tag{3.6}$$

未知数 b_0、b_1 和 b_n 需要通过以下 3 个方程求得

$$n b_0 + b_1 \sum_{i=1}^{n} x_i + b_2 \sum_{i=1}^{n} x^2 = \sum_{i=1}^{n} y_i \tag{3.7}$$

$$b_0 \sum_{i=1}^{n} x_i + b_1 \sum_{i=1}^{n} x_i^2 + b_2 \sum_{i=1}^{n} x_i^3 = \sum_{i=1}^{n} x_i y_i \tag{3.8}$$

$$b_0 \sum_{i=1}^{n} x_i^2 + b_1 \sum_{i=1}^{n} x_i^3 + b_2 \sum_{i=1}^{n} x_i^4 = \sum_{i=1}^{n} x_i^2 y_i \tag{3.9}$$

（3）多元回归模型：$y = b_0 + b_1 x_1 + b_2 x_2$（两个自变量），未知数 b_0、b_1 和 b_2 需要通过以下 3 个方程求得

$$n b_0 + b_1 \sum_{i=1}^{n} x_{1i} + b_2 \sum_{i=1}^{n} x_{2i} = \sum_{i=1}^{n} y_i \tag{3.10}$$

$$b_0 \sum_{i=1}^{n} x_{1i} + b_1 \sum_{i=1}^{n} x_{1i}^2 + b_2 \sum_{i=1}^{n} x_{1i} x_{2i} = \sum_{i=1}^{n} x_{i1} y_i \tag{3.11}$$

$$b_0 \sum_{i=1}^{n} x_{2i} + b_1 \sum_{i=1}^{n} x_{2i} x_{1i} + b_2 \sum_{i=1}^{n} x_{2i}^2 = \sum_{i=1}^{n} x_{2i} y_i \tag{3.12}$$

有关回归的详细内容可以参考文献 Milton 和 Arnold（2007）。

算例问题 3.1：印度气象局（India Meteorological Department，IMD）生成的最高温度（单位：℃）数据依赖于美国国家环境预测中心（National Centers for Environmental Prediction，NCEP）提供的参数个数。这其中最显著的是 P5_U（500hPa 高度的纬向速度分量，m/s）和 P5_V（500hPa 高度的经向速度分量，m/s）。表 3.1 中已经列出相关数据。需要建立：（a）预报量（温度）和预报因子（500hPa 高度的纬向速度分量，m/s）之间的线性关系；（b）预报量（温度）和预报因子（500hPa 高度的纬向速度分量，m/s）之间的多项式关系；（c）预报量（温度）和预报因子（500hPa 高度的纬向和经向速度分量，m/s）之间的多元线性关系。

算例求解：

（a）预报量（温度）和预报因子（500hPa 高度的纬向速度分量，m/s）之间的线性关系可以表示成 $y = b_0 + b_1 x_1$（表 3.2）。

$$\sum x = 7.9808; \sum y = 792.2191$$

$$\sum x^2 = 3.4202; \sum y^2 = 25341.90; \sum xy = 253.49$$

$$\bar{x} = 0.3192; \bar{y} = 31.688$$

表 3.1 最高温度与速度分量数据

数据集序号	P5_U/(m/s)	P5_V/(m/s)	最高温度/℃
1	0.0866	0.0006	29.2900
2	0.1498	0.8393	32.8321
3	0.4612	0.2654	35.7261
4	0.2085	0.4358	37.4637
5	0.2741	0.4124	35.4984
6	0.1776	0.4254	34.7860
7	0.2575	0.6898	29.8706
8	0.3961	0.3365	30.8523
9	0.1344	0.8079	30.5450
10	0.4620	0.6341	30.8277
11	0.3486	0.5329	29.0377
12	0.5922	0.5403	26.6316
13	0.4589	0.6936	28.4584
14	0.7945	0.2295	31.6171
15	0.2470	0.5656	34.1303
16	0.3151	0.0797	36.3697
17	0.4231	0.1995	38.2229
18	0.6213	0.1268	32.1490
19	0.1849	0.1248	30.4881
20	0.2417	0.6392	29.6145
21	0.3178	0.2921	30.8463
22	0.5320	0.4352	31.1348
23	0.0423	0.1007	29.5313
24	0.2335	0.0754	27.7787
25	0.0201	0.6405	28.5168

$$b_1 = \frac{n\sum xy - [(\sum x)(\sum y)]}{n\sum x^2 - (\sum x)^2} = \frac{25 \times 253.49 - 7.9808 \times 792.2191}{25 \times 3.4202 - 7.9808 \times 7.9808} = 0.674$$

$$b_0 = \overline{y} - b_1\overline{x} = 31.688 - 0.674 \times 0.3192 = 31.47$$

$$S_{xx} = \frac{[n\sum x^2 - (\sum x)^2]}{n} = \frac{25 \times 3.4202 - 7.9808 \times 7.9808}{25} = 0.8724$$

$$S_{yy} = \frac{[n\sum y^2 - (\sum y)^2]}{n} = \frac{25 \times 25341.90 - 792.2191 \times 792.2191}{25} = 237.45$$

$$S_{xy} = \frac{\left[n\sum xy - \left(\sum x\right)\left(\sum y\right)\right]}{n} = \frac{25 \times 253.49 - 7.9808 \times 792.2191}{25} = 0.5883$$

表 3.2 情景（a）中计算得到的不同中间变量

数据集序号	P5_U/(m/s)(x)	最高温度/℃	x^2	y^2	xy
1	0.0866	29.2900	0.0075	857.9041	2.5365
2	0.1498	32.8321	0.0224	1077.9468	4.9182
3	0.4612	35.7261	0.2127	1276.3542	16.4769
4	0.2085	37.4637	0.0435	1403.5288	7.8112
5	0.2741	35.4984	0.0751	1260.1364	9.7301
6	0.1776	34.7860	0.0315	1210.0658	6.1780
7	0.2575	29.8706	0.0663	892.2527	7.6917
8	0.3961	30.8523	0.1569	951.8644	12.2206
9	0.1344	30.5450	0.0181	932.9970	4.1052
10	0.4620	30.8277	0.2134	950.3471	14.2424
11	0.3486	29.0377	0.1215	843.1880	10.1225
12	0.5922	26.6316	0.3507	709.2421	15.7712
13	0.4589	28.4584	0.2106	809.8805	13.0596
14	0.7945	31.6171	0.6312	999.6410	25.1198
15	0.2470	34.1303	0.0610	1164.8774	8.4302
16	0.3151	36.3697	0.0993	1322.7551	11.4601
17	0.4231	38.2229	0.1790	1460.9901	16.1721
18	0.6213	32.1490	0.3860	1033.5582	19.9742
19	0.1849	30.4881	0.0342	929.5242	5.6372
20	0.2417	29.6145	0.0584	877.0186	7.1578
21	0.3178	30.8463	0.1010	951.4942	9.8030
22	0.5320	31.1348	0.2830	969.3758	16.5637
23	0.0423	29.5313	0.0018	872.0977	1.2492
24	0.2335	27.7787	0.0545	771.6562	6.4863
25	0.0201	28.5168	0.0004	813.2079	0.5732

相关系数 $R = \frac{S_{xy}}{\sqrt{S_{xx}S_{yy}}} = \frac{0.5883}{\sqrt{0.8724 \times 237.45}} = 0.0408$（非常低），最理想的值是 1。其回归方程为

$$y = 31.47 + 0.674x \tag{3.13}$$

（b）预报量（温度）和预报因子（500hPa 高度的纬向速度分量，m/s）

之间的线性关系可以表示成 $y = b_0 + b_1 x_1 + b_2 x^2$（表 3.3），数据集个数 n 为 25。

表 3.3　　　　情景（b）中计算得到的不同中间变量

数据集序号	P5_U/(m/s)(x)	最高温度/℃(y)	x^2	x^3	x^4	xy	$x^2 y$
1	0.0866	29.2900	0.0075	0.0006	0.0001	2.5365	0.2197
2	0.1498	32.8321	0.0224	0.0034	0.0005	4.9182	0.7368
3	0.4612	35.7261	0.2127	0.0981	0.0452	16.4769	7.5991
4	0.2085	37.4637	0.0435	0.0091	0.0019	7.8112	1.6286
5	0.2741	35.4984	0.0751	0.0206	0.0056	9.7301	2.6670
6	0.1776	34.7860	0.0315	0.0056	0.0010	6.1780	1.0972
7	0.2575	29.8706	0.0663	0.0171	0.0044	7.6917	1.9806
8	0.3961	30.8523	0.1569	0.0621	0.0246	12.2206	4.8406
9	0.1344	30.5450	0.0181	0.0024	0.0003	4.1052	0.5517
10	0.4620	30.8277	0.2134	0.0986	0.0456	14.2424	6.5800
11	0.3486	29.0377	0.1215	0.0424	0.0148	10.1225	3.5287
12	0.5922	26.6316	0.3507	0.2077	0.1230	15.7712	9.3397
13	0.4589	28.4584	0.2106	0.0966	0.0443	13.0596	5.9930
14	0.7945	31.6171	0.6312	0.5015	0.3985	25.1198	19.9577
15	0.2470	34.1303	0.0610	0.0151	0.0037	8.4302	2.0823
16	0.3151	36.3697	0.0993	0.0313	0.0099	11.4601	3.6111
17	0.4231	38.2229	0.1790	0.0757	0.0320	16.1721	6.8424
18	0.6213	32.1490	0.3860	0.2398	0.1490	19.9742	12.4100
19	0.1849	30.4881	0.0342	0.0063	0.0012	5.6372	1.0423
20	0.2417	29.6145	0.0584	0.0141	0.0034	7.1578	1.7300
21	0.3178	30.8463	0.1010	0.0321	0.0102	9.8030	3.1154
22	0.5320	31.1348	0.2830	0.1506	0.0801	16.5637	8.8119
23	0.0423	29.5313	0.0018	0.0001	0.0000	1.2492	0.0528
24	0.2335	27.7787	0.0545	0.0127	0.0030	6.4863	1.5146
25	0.0201	28.5168	0.0004	0.0000	0.0000	0.5732	0.0115
总和	7.9808	792.2191	3.4202	1.7436	1.0022	253.491	107.9448

$\sum x = 7.9808; \sum y = 792.2191; \sum x^2 = 3.4202; \sum x^3 = 1.7436; \sum x^4 = 1.0022$

$\sum xy = 253.49; \sum x^2 y = 107.9448$

$$nb_0 + b_1 \sum_{i=1}^{n} x_i + b_2 \sum_{i=1}^{n} x_i^2 = \sum_{i=1}^{n} y_i$$

$$b_0 \sum_{i=1}^{n} x_i + b_1 \sum_{i=1}^{n} x_i^2 + b_2 \sum_{i=1}^{n} x_i^3 = \sum_{i=1}^{n} x_i y_i$$

$$b_0 \sum_{i=1}^{n} x_i^2 + b_1 \sum_{i=1}^{n} x_i^3 + b_2 \sum_{i=1}^{n} x_i^4 = \sum_{i=1}^{n} x_i^2 y_i$$

$$25b_0 + 7.9808b_1 + 3.4202b_2 = 792.2181 \tag{3.14}$$

$$7.9808b_0 + 3.4202b_1 + 1.7436b_2 = 253.49 \tag{3.15}$$

$$3.4202b_0 + 1.7436b_1 + 1.0022b_2 = 107.9448 \tag{3.16}$$

解联立方程，得到

$$b_0 = 29.59; b_1 = 14.49; b_2 = -18.49$$

$$y = b_0 + b_1 x_1 + b_2 x^2 = 29.59 + 14.49x - 18.49x^2 \tag{3.17}$$

（c）预报量（温度）和预报因子（500hPa 高度的纬向和经向速度分量，m/s）之间的多元线性关系可以写成 $y = b_0 + b_1 x_1 + b_2 x_2$（表 3.4）。

表 3.4　　　　　情景（c）中计算得到的不同中间变量

数据集序号	P5_U/(m/s) (x_{i1})	P5_V/(m/s) (x_{2i})	最高温度/℃ (y_i)	$x_{i1}x_{2i}$	$x_{i1}y_i$	x_{i1}^2	x_{2i}^2	$x_{2i}y_i$
1	0.0866	0.0006	29.2900	0.0001	2.5365	0.0075	0.0000	0.0176
2	0.1498	0.8393	32.8321	0.1257	4.9182	0.0224	0.7044	27.5560
3	0.4612	0.2654	35.7261	0.1224	16.4769	0.2127	0.0704	9.4817
4	0.2085	0.4358	37.4637	0.0909	7.8112	0.0435	0.1899	16.3267
5	0.2741	0.4124	35.4984	0.1130	9.7301	0.0751	0.1701	14.6395
6	0.1776	0.4254	34.7860	0.0756	6.1780	0.0315	0.1810	14.7980
7	0.2575	0.6898	29.8706	0.1776	7.6917	0.0663	0.4758	20.6047
8	0.3961	0.3365	30.8523	0.1333	12.2206	0.1569	0.1132	10.3818
9	0.1344	0.8079	30.5450	0.1086	4.1052	0.0181	0.6527	24.6773
10	0.4620	0.6341	30.8277	0.2930	14.2424	0.2134	0.4021	19.5478
11	0.3486	0.5329	29.0377	0.1858	10.1225	0.1215	0.2840	15.4742
12	0.5922	0.5403	26.6316	0.3200	15.7712	0.3507	0.2919	14.3891
13	0.4589	0.6936	28.4584	0.3183	13.0596	0.2106	0.4811	19.7387
14	0.7945	0.2295	31.6171	0.1823	25.1198	0.6312	0.0527	7.2561
15	0.2470	0.5656	34.1303	0.1397	8.4302	0.0610	0.3199	19.3041
16	0.3151	0.0797	36.3697	0.0251	11.4601	0.0993	0.0064	2.8987
17	0.4231	0.1995	38.2229	0.0844	16.1721	0.1790	0.0398	7.6255

续表

数据集序号	P5_U/(m/s) (x_{i1})	P5_V/(m/s) (x_{2i})	最高温度/℃ (y_i)	$x_{i1}x_{2i}$	$x_{i1}y_i$	x_{i1}^2	x_{2i}^2	$x_{2i}y_i$
18	0.6213	0.1268	32.1490	0.0788	19.9742	0.3860	0.0161	4.0765
19	0.1849	0.1248	30.4881	0.0231	5.6372	0.0342	0.0156	3.8049
20	0.2417	0.6392	29.6145	0.1545	7.1578	0.0584	0.4086	18.9296
21	0.3178	0.2921	30.8463	0.0928	9.8030	0.1010	0.0853	9.0102
22	0.5320	0.4352	31.1348	0.2315	16.5637	0.2830	0.1894	13.5499
23	0.0423	0.1007	29.5313	0.0043	1.2492	0.0018	0.0101	2.9738
24	0.2335	0.0754	27.7787	0.0176	6.4863	0.0545	0.0057	2.0945
25	0.0201	0.6405	28.5168	0.0129	0.5732	0.0004	0.4102	18.2650
总和	7.9607	9.4825	763.702	3.0982	252.9178	3.4198	5.1662	299.1569

$$nb_0 + b_1 \sum_{i=1}^n x_{1i} + b_2 \sum_{i=1}^n x_{2i} = \sum_{i=1}^n y_i$$

$$b_0 \sum_{i=1}^n x_{1i} + b_1 \sum_{i=1}^n x_{1i}^2 + b_2 \sum_{i=1}^n x_{1i}x_{2i} = \sum_{i=1}^n x_{i1}y_i$$

$$b_0 \sum_{i=1}^n x_{2i} + b_1 \sum_{i=1}^n x_{2i}x_{1i} + b_2 \sum_{i=1}^n x_{2i}^2 = \sum_{i=1}^n x_{2i}y_i$$

$$25b_0 + 7.9607b_1 + 9.4825b_2 = 763.702 \tag{3.18}$$

$$7.9607b_0 + 3.4198b_1 + 3.0982b_2 = 252.9178 \tag{3.19}$$

$$9.4825b_0 + 3.0982b_1 + 5.1662b_2 = 299.1569 \tag{3.20}$$

联立式（3.18）～式（3.20），得到

$$b_0 = 25.11; b_1 = 10.51; b_2 = 5.52$$

$$y = b_0 + b_1 x_{1i} + b_2 x_{2i} = 25.11 + 10.51 x_{1i} + 5.52 x_{2i} \tag{3.21}$$

在本节中讨论了多元线性回归，类似的研究也可以扩展到多元非线性回归。

3.2.2 人工神经网络

人工神经网络（Artificial Neural Network，ANN），因其能够有效地建立输入变量和输出变量之间的非线性关系而逐渐被人们所熟悉。在本章中，简要介绍了反向传播的前向类神经网络（Feed Forward with Back Propagation，FFBP）。从数学层面上讲，神经网络由大量神经元构成，包括输入变量、隐藏层数（至少 1 层，根据所选问题，它可以扩展到任意数目）、输出变量。每一层神经元从上一层获得输入变量。每一层神经元的输出变量为下一层提供信息或者输出网络。图 3.1 体现了 3 层神经网络结构。要注意的是，输入层包括了

神经元 a、b、c，隐藏层（这里只有 1 层）包括神经元 d、e、f、g，而输出层包括神经元 h。神经元又称为节点。连接神经元之间的线代表权重。

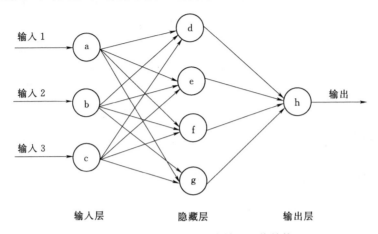

图 3.1　反向传播的前向类神经网络结构

下面介绍一些与 FFBP 相关的术语定义，以更有效地理解这些方法（Rumelhart 和 McClelland，1986；ASCE Task Committee on Application of Artificial Neural Networks in Hydrology，2000；Nagesh Kumar，2004；Ross，2011）。

预处理：将数据应用到神经网络之前的一个处理过程。

权重：每一个连接都有一个强度，这个强度用权重来表示，变化范围为（$-\infty$，∞），并且在训练的过程中不断更新这个权重。

期：迭代，并且通过迭代不断地改变网络中的权重。

激励函数：通过接收到的总输入模拟一个节点或神经元的输出。S 形函数（Sigmoid function）是一种经常被用到的激励函数，特点是非递减、有界、单调，是梯度非线性曲面。S 形函数的数学表达式如下：

$$f(t)=\frac{1}{1+e^{\sum -r_i x_i}}\tag{3.22}$$

式中：r_i、x_i 分别为权重和相应的输入值。

激励函数的选择对输出结果很重要。其他形式的激励函数有两极 S 形函数和双曲正切函数。

训练：通过这个过程，网络连接的强度或权重可以得到不断的更新。换而言之，训练或者学习的过程是为了优选权重以减少误差。误差值是网络输出层预测的模拟值和实测值（目标值）之间的平方差［式（3.23）］：

$$E=\sum (O-P)^2\tag{3.23}$$

式中：P、O 分别为人工神经网络模拟的输出值和实测值（目标值）。

类似的分析也可用于从训练中获得的最优权重进行交叉训练、测试和验证。

学习率：可以增加训练过程中获得全局最优值的概率，而不是陷入可能导致错误输出的局部极小值。学习率的值为 0~1。学习率越低，网络学习和理解得就越慢，相反，学习率高的权重和目标函数则更为发散。

动量因子：可以减小权重的波动，进而提高训练过程。

反向传播的前向类神经网络包括两个阶段（Rumelhart and McClelland 1986；ASCE Task Committee on Application of Artificial Neural Networks in Hydrology，2000）：前向阶段和反向阶段。第一阶段与前向移动或通过有关，其中输入值的影响向前传输达到最后一层，也就是输出层。在第二阶段中，随着权重逐渐发生变化，误差［式（3.23），根据一元或多元输出决定］反向传播到第一层或输入层。在初始训练时，权重是随机产生的。在整个过程中权重会不断地变化，最终得到最小的误差。

权重的调整过程如下：

在第 n 期训练中的权重变化＝－学习率×与权重相关的误差变化率＋动量率×第 $n-1$ 期训练中的权重变化，在数学上，可以表示如下：

$$\Delta r_{ij}(n) = -L_r \frac{\partial E}{\partial r_{ij}} + M_r \Delta r_{ij}(n-1) \tag{3.24}$$

式中：L_r、M_r 分别为学习率和动量率；$\Delta r_{ij}(n)$、$\Delta r_{ij}(n-1)$ 分别为在第 n 期和第 $n-1$ 期训练中，节点 i 和节点 j 之间权重的增量。

$$r_{ij}(\text{new}) = r_{ij}(\text{old}) + \Delta r_{ij} \tag{3.25}$$

这个过程对于确定最终的权重是很有必要的，当达到容错范围内，或者尽管期数很少，但是已经达到期望的数量就会终止。

建立输入和输出之间的关系，并不断调整这种关系有助于取得更好的结果。但是，像隐藏层和相应的神经元，动量率和学习率的初始化，权重以及范围的初始化，为获得更好的兼容性以规范化的形式缩放参数，合理的好的训练，这些巨大的难题都要谨慎处理。另外，输入和输出参数的数量还需要进行有效地选择。较少的输入和较多的输出，并且没有实际意义、与所选的问题不相关，可能就不会得到预期的结果，反之亦然。在这种情况下，输出值就没有任何用。

算例问题 3.2：选择 3 种不同规模降水作为输入条件，每个降水规模产生的径流量均为 0.6996。通过反向传播的人工神经网络，建立输入和输出之间的关系。我们在这里介绍 3 层网络。输入层代表降水量，包含 3 个节点（命名为 a、b、c），隐藏层包含 4 个节点（命名为 d、e、f、g），输出层代表径流量，包含 1 个节点（命名为 h）。图 3.1 显示了人工神经网络的结构。权重用 r

表示。表 3.5 列出了从输入层到隐藏层以及从隐藏层到输出层的初始权重值。假设学习率为 0.4。选择 S 形函数作为激励函数。在输出节点估算误差值，并更新权重。计算一个训练期。

　　算例求解：输入变量 x_1、x_2、x_3 值为 1、2、3；实测值 O 为 0.6996。

　　（1）第一个训练期。

　　1）从第二层预测输出量：

$$O_d = \frac{1}{1 + e^{-(r_{ad}x_1 + r_{bd}x_2 + r_{cd}x_3)}} = \frac{1}{1 + e^{-(0.03 \times 1 + 0.04 \times 2 + 0.05 \times 3)}} = \frac{1}{1 + e^{-0.26}} = 0.5646$$

$$O_e = \frac{1}{1 + e^{-(r_{ae}x_1 + r_{be}x_2 + r_{ce}x_3)}} = \frac{1}{1 + e^{-(0.13 \times 1 + 0.07 \times 2 + 0.03 \times 3)}} = \frac{1}{1 + e^{-0.36}} = 0.5890$$

$$O_f = \frac{1}{1 + e^{-(r_{af}x_1 + r_{bf}x_2 + r_{cf}x_3)}} = \frac{1}{1 + e^{-(0.12 \times 1 + 0.06 \times 2 + 0.09 \times 3)}} = \frac{1}{1 + e^{-0.51}} = 0.6248$$

$$O_g = \frac{1}{1 + e^{-(r_{ag}x_1 + r_{bg}x_2 + r_{cg}x_3)}} = \frac{1}{1 + e^{-(0.08 \times 1 + 0.06 \times 2 + 0.05 \times 3)}} = \frac{1}{1 + e^{-0.35}} = 0.5866$$

表 3.5　　　　　　　　　　　　节点的赋值和假设的权重

起始节点	到达节点	权重标记	假设权重
a	d	r_{ad}	0.03
b	d	r_{bd}	0.04
c	d	r_{cd}	0.05
a	e	r_{ae}	0.13
b	e	r_{be}	0.07
c	e	r_{ce}	0.03
a	f	r_{af}	0.12
b	f	r_{bf}	0.06
c	f	r_{cf}	0.09
a	g	r_{ag}	0.08
b	g	r_{bg}	0.06
c	g	r_{cg}	0.05
d	h	r_{dh}	0.22
e	h	r_{eh}	0.24
f	h	r_{fh}	0.11
g	h	r_{gh}	0.12

　　2）从第三层预测输出量：

$$O_h = \frac{1}{1 + e^{-(r_{dh}O_d + r_{eh}O_e + r_{fh}O_f + r_{gh}O_g)}}$$

$$= \frac{1}{1+e^{-(0.22 \times 0.5646 + 0.24 \times 0.5890 + 0.11 \times 0.6248 + 0.12 \times 0.5866)}}$$

$$= \frac{1}{1+e^{-0.4047}} = 0.5998$$

3）误差 E_h ＝实测径流量－预测径流量＝0.6996－0.5998＝0.0998

4）误差的分布如下：

$$E_{j-1} = O_n(1-O_n)\sum r_{nj}E_j [如果 j=h, j-1=d, e, f, g]$$

给第二层的要素赋误差值：

$$E_d = O_d(1-O_d)(r_{dh} * E_h)$$
$$= 0.5646(1-0.5646) \times (0.22 \times 0.0988) = 0.00539$$

$$E_e = O_e(1-O_e)(r_{eh}E_h)$$
$$= 0.5890(1-0.5890) \times (0.24 \times 0.0998) = 0.005798$$

$$E_f = O_f(1-O_f)(r_{fh}E_h)$$
$$= 0.6248 \times (1-0.6248) \times (0.11 \times 0.0998) = 0.00257$$

$$E_g = O_g(1-O_g)(r_{gh}E_h)$$
$$= 0.5866 \times (1-0.5866) \times (0.12 \times 0.0998) = 0.0029$$

利用下列方程，根据网络中所有要素的相关误差更新权重。

$$r_{jk}^i(\text{new}) = r_{jk}^i(\text{old}) + L_r E_k^{i+1} \times x_{jk}$$

式中：r_{jk}^i 为第 i 层中第 j 个神经元到第 $i+1$ 层中第 k 个神经元的权重；L_r 为学习率（0.4）；E_k^{i+1} 为第 $i+1$ 层中第 k 个神经元的误差；x_{jk} 为从第 i 层第 j 个神经元的到第 $i+1$ 层第 k 个神经元的输入。

表 3.6 列出了更新后连接第一层和第二层神经元的权重，表 3.7 列出了更新后连接第二层和第三层神经元的权重。

（2）第二个训练期：

$$O_d=0.5720, O_e=0.5969, O_f=0.6282, O_g=0.6254, O_h=0.6154$$

表 3.6　　　　　更新后连接第一层和第二层神经元的权重

更新后的权重标记	更新后的方程	替代数据	更新后的权重
$r_{\text{ad.new}}$	$r_{\text{ad.old}} + L_r E_d x_1$	$0.03 \times 0.4 \times 0.0053 \times 1$	0.0321
$r_{\text{bd.new}}$	$r_{\text{bd.old}} + L_r E_d x_2$	$0.04 + 0.4 \times 0.0053 \times 2$	0.0443
$r_{\text{cd.new}}$	$r_{\text{cd.old}} + L_r E_d x_3$	$0.05 + 0.4 \times 0.0053 \times 3$	0.0565
$r_{\text{ae.new}}$	$r_{\text{ae.old}} + L_r E_e x_1$	$0.13 + 0.4 \times 0.00579 \times 1$	0.1323
$r_{\text{be.new}}$	$r_{\text{be.old}} + L_r E_e x_2$	$0.07 + 0.4 \times 0.00579 \times 2$	0.0746
$r_{\text{ce.new}}$	$r_{\text{ce.old}} + L_r E_e x_3$	$0.03 + 0.4 \times 0.005798 \times 3$	0.0369
$r_{\text{af.new}}$	$r_{\text{af.old}} + L_r E_f x_1$	$0.12 + 0.4 \times 0.00257 \times 1$	0.1210

更新后的权重标记	更新后的方程	替代数据	更新后的权重
$r_{bf,new}$	$r_{bf,old}+L_r E_f x_2$	$0.06+0.4\times0.00257\times2$	0.0620
$r_{cf,new}$	$r_{cf,old}+L_r E_f x_3$	$0.09+0.4\times0.00257\times3$	0.0931
$r_{ag,new}$	$r_{ag,old}+L_r E_g x_1$	$0.08+0.4\times0.00290\times1$	0.0812
$r_{bg,new}$	$r_{bg,old}+L_r E_g x_2$	$0.06+0.4\times0.00290\times2$	0.0623
$r_{cg,new}$	$r_{cg,old}+L_r E_g x_3$	$0.05+0.4\times0.00290\times3$	0.0535

表 3.7　　　　　　　　更新后连接第二层和第三层神经元的权重

更新后的权重标记	更新后的方程	替代数据	更新后的权重
$r_{dh,new}$	$r_{dh,old}+L_r E_h E_d$	$0.22+0.4\times0.0998\times0.5646$	0.2425
$r_{eh,new}$	$r_{eh,old}+L_r E_h E_e$	$0.24+0.4\times0.0998\times0.5890$	0.2635
$r_{fh,new}$	$r_{fh,old}+L_r E_h E_f$	$0.11+0.4\times0.0998\times0.6248$	0.1349
$r_{gh,new}$	$r_{gh,old}+L_r E_h E_g$	$0.12+0.4\times0.0998\times0.5866$	0.1434

误差 E＝实测径流量－预测径流量＝$0.6996-0.6154=0.0842$

这个过程一直持续到训练期数全部完成，或者误差达到了终止条件（尽管期数比较少）。

算例问题 3.3：3 种不同规模的降水输入，0.8，0.4，0.3 个单位产生相当于 1 个单位的径流量。通过反向传播的人工神经网络，建立输入和输出之间的关系。我们在这里介绍三层网络。输入层代表降水量，包含 3 个节点（命名为 1、2、3），隐藏层包含 3 个节点（命名为 4、5、6），输出层代表径流量，包含一个节点（命名为 7）。权重用 r 表示。表 3.8 列出了从输入层到隐藏层以及从隐藏层到输出层的权重初始值。假设学习率为 0.45。选择 S 形函数作为激励函数。在输出节点估算误差值，然后更新权重。计算一个训练期。

算例求解：输入变量据 x_1、x_2、x_3 为 0.8、0.4、0.3；O 的实测值为 1.0。

1）从第二层预测输出量：

$$O_4=\frac{1}{1+e^{-(r_{14}x_1+r_{24}x_2+r_{34}x_3)}}=\frac{1}{1+e^{-(0.45\times0.8+0.55\times0.4+0.87\times0.3)}}=\frac{1}{1+e^{-0.841}}=0.6987$$

$$O_5=\frac{1}{1+e^{-(r_{15}x_1+r_{25}x_2+r_{35}x_3)}}=\frac{1}{1+e^{-(0.57\times0.8+0.62\times0.4+0.92\times0.3)}}=\frac{1}{1+e^{-0.98}}=0.7271$$

$$O_6=\frac{1}{1+e^{-(r_{16}x_1+r_{26}\times x_2+r_{36}\times x_3)}}=\frac{1}{1+e^{-(0.73\times0.8+0.88\times0.4+0.94\times0.3)}}=\frac{1}{1+e^{-1.218}}=0.7717$$

表 3.8　　　　　　　　　　　节点的赋值和假设的权重

起始节点	到达节点	权重标记	假设的权重
1	4	r_{14}	0.45
2	4	r_{24}	0.55
3	4	r_{34}	0.87
1	5	r_{15}	0.57
2	5	r_{25}	0.62
3	5	r_{35}	0.92
1	6	r_{16}	0.73
2	6	r_{26}	0.88
3	6	r_{36}	0.94
4	7	r_{47}	0.8
5	7	r_{57}	0.9
6	7	r_{67}	1.0

2）从第三层预测输出量：

$$O_7 = \frac{1}{1+e^{-(r_{47}O_4+r_{57}O_5+r_{67}O_6)}} = \frac{1}{1+e^{-(0.8\times0.6987+0.90\times0.7271+1.0\times0.7717)}}$$

$$= \frac{1}{1+e^{-1.985}} = 0.8792$$

3）误差 E_7＝实测径流量－预测径流量＝$1-0.8792=0.1208$

4）误差的分布如下：

$$E_{j-1} = O_n(1-O_n)\sum r_{nj}E_j（如果 j=h, j-1=4,5,6）$$

给第二层的要素赋误差值：

$$E_4 = O_4(1-O_4)(r_{47}E_7)$$
$$= 0.6987(1-0.6987)\times(0.80\times0.1208) = 0.0203$$

$$E_5 = O_5(1-O_5)(r_{57}E_7)$$
$$= 0.7271(1-0.7271)\times(0.90\times0.1208) = 0.0215$$

$$E_6 = O_6(1-O_6)(r_{67}E_7)$$
$$= 0.7717\times(1-0.7717)\times(1.0\times0.1208) = 0.0212$$

利用下列方程，根据网络中所有要素的相关误差更新权重：

$$r_{jk}^i(\text{new}) = r_{jk}^i(\text{old}) + L_r E_k^{i+1} x_{jk}$$

式中：r_{jk}^i 为第 i 层中第 j 个神经元到第 $i+1$ 层中第 k 个神经元的权重；L_r 为学习率（0.45）；E_k^{i+1} 为第 $i+1$ 层中第 k 个神经元的误差；x_{jk} 代表从第 i 层第 j 个神经元到第 $i+1$ 层第 k 个神经元的输入。

表 3.9 列出了更新后的权重。

表 3.9　　　　　　　　　　更 新 后 的 权 重

起始节点	到达节点	更新后的权重标记	替代数据	更新后的权重
1	4	$r_{14.new}$	$0.45+0.45\times0.0203\times0.8$	0.4573
2	4	$r_{24.new}$	$0.55+0.45\times0.0215\times0.4$	0.5536
3	4	$r_{34.new}$	$0.87+0.45\times0.0212\times0.3$	0.8728
1	5	$r_{15.new}$	$0.57+0.45\times0.0203\times0.8$	0.5773
2	5	$r_{25.new}$	$0.62+0.45\times0.0215\times0.4$	0.6227
3	5	$r_{35.new}$	$0.92+0.45\times0.0212\times0.3$	0.9228
1	6	$r_{16.new}$	$0.73+0.45\times0.0203\times0.8$	0.7373
2	6	$r_{26.new}$	$0.88+0.45\times0.0215\times0.4$	0.8838
3	6	$r_{36.new}$	$0.94+0.45\times0.0212\times0.3$	0.9425
4	7	$r_{47.new}$	$0.8+0.45\times0.1208\times0.6987$	0.8379
5	7	$r_{57.new}$	$0.9+0.45\times0.1208\times0.7271$	0.9395
6	7	$r_{67.new}$	$1.0+0.45\times0.1208\times0.7717$	1.0419

在更新权重后，输出结果为 0.8886，误差为 $1-0.8886=0.1114$，这个值要小于之前的数值（0.1208）。但是，这个过程可以持续到误差达到容错范围内。

3.2.3　统计降尺度模型

统计降尺度模型（SDSM）是回归和条件天气生成器的一个结合。SDSM 软件有效地解决了日气象数据序列的降尺度问题。校准模型选项可以利用预报因子和预报量数据来构建回归模型。回归方程的系数采用单纯形算法来确定。筛选选项有助于保留相关的预测因子，SDSM 具有在规定时间内处理 12 个预测因子的功能。很多学者建议增强筛选预测因子的程序。SDSM 的主要特点（Wilby 等，2002；Wilby 和 Dawson，2007，2013）如下：

（1）质量控制可以识别错误数据、缺测数据和异常值。

（2）转换功能可以将选择的数据进行转换。

（3）筛选变量可以用来选择相关的降尺度因子变量。

（4）模型的校准可以建立预报量和一系列预测因子之间的关系。

（5）可以定义模型结构：如月、季度或者年尺度的子模型。

（6）有条件或无条件下的数据处理。

（7）气象和情景生成器可以用 NCEP 再分析/实测数据合成一系列的日气象数据，以及用气候模拟大气因子变量而不是实测因子。

3.2.4　转换因子法

转换因子法是另外一种简单但是可以有效地达到降尺度目的的方法。具体如下（Hay 等，2000；Anandhi 等，2011；Sylwia 和 Emilie，2014）：

（1）GCM 模拟基准值 GCMBL（20C3M）和未来气候值 GCMFC 的平均值的算法：

$$AVGCMBL = \frac{\sum GCMBL_i}{NBL} \tag{3.26}$$

$$AVGCMFC = \frac{\sum GCMFC_i}{NFC} \tag{3.27}$$

式中：AVGCMBL、AVGCMFC 为 GCM 基准值和未来值的平均值；NBL、NFC 为在基准情景和未来情景下的值的数量。

例如，对于 1991—2010 年间，在月时间尺度上 NBL 的值是 20，也就是，3 月的数值有 20 个。同样的，对于 2021—2050 年间，在月时间尺度上，NFL 的值是 30。

（2）在这里，我们研究了两种类型的转换因子法，分别为累积转换因子法和乘法转换因子法，其表达式如下：

$$CF_{additive} = AVGCMFC - ACGCMBL \tag{3.28}$$

$$CF_{multiplica} = \frac{AVGCMFC}{AVGCMBL} \tag{3.29}$$

（3）采用 $CF_{additive}$ 和 $CF_{multiplica}$ 估算区域尺度上的未来值：

$$LSCF_{additive,j} = LOBS_j + CF_{additive} \tag{3.30}$$

$$LSCF_{multiplica,j} = LOBS_j CF_{multiplica} \tag{3.31}$$

式中：$LOBS_j$ 为在任一地点上，第 j 时间尺度上，气候变量的实测数值；$LSCF_{additive}$、$LSCF_{multiplica}$ 分别为在未来情景下，采用累积转换因子法和乘法转换因子法获得的数值。

算例问题 3.4： 表 3.10（第 2 列）列出了从印度气象局（India Meteorological Department）获得的印度某地 1971—1995 年 1 月的气温数据（单位：℃）。第 4 列中列出了从 ACCESS1.3 获取的相应历史（基准期）气温数据（20C3M）（单位：K）。第 6 列中列出了从 ACCESS1.3 获取的 2021—2045 年间的未来气温数据（单位：K）。利用转换因子法可以计算 2021—2045 年间的当地气温数据（单位：℃）。

算例求解： 第 2 列中的当地气温数据（单位：℃）转换为开氏度（第 3 列）。NBL 和 NFC＝基准情景和未来情景下的数值的数量＝25。基准数据的平均值（第 4 列中数据的平均值）＝ $AVGCMBL = \dfrac{\sum GCMBL_i}{NBL} = \dfrac{7754}{25} = 310.16$。

表 3.10　温度信息和速度分量数据表

年份	IMD当地温度 /℃	IMD当地温度 /K	历史20C3M ACCESS 1.3 /K	年份	2021—2045年 ACCESS 1.3 /K	2021—2045年当地温度变化因素递增 /K	2021—2045年当地温度变化因素递增 /K	2021—2045年当地温度变化因素累乘 /K	2021—2045年当地温度变化因素累乘 /K
(1)	(2)	(3)	(4)	(5)	(6)	(7)	(8)	(9)	(10)
1971	29	302	300	2021	327	308.24	35.24	308.04	35.04
1972	32	305	303	2022	323	311.24	38.24	311.10	38.10
1973	35	308	309	2023	319	314.24	41.24	314.16	41.16
1974	37	310	312	2024	315	316.24	43.24	316.20	43.20
1975	35	308	297	2025	299	314.24	41.24	314.16	41.16
1976	34	307	298	2026	327	313.24	40.24	313.14	40.14
1977	29	302	283	2027	288	308.24	35.24	308.04	35.04
1978	30	303	292	2028	297	309.24	36.24	309.06	36.06
1979	31	304	284	2029	328	310.24	37.24	310.08	37.08
1980	30	303	279	2030	291	309.24	36.24	309.06	36.06
1981	29	302	291	2031	295	308.24	35.24	308.04	35.04
1982	26	299	292	2032	298	305.24	32.24	304.98	31.98
1983	28	301	301	2033	305	307.24	34.24	307.02	34.02
1984	31	304	302	2034	306	310.24	37.24	310.08	37.08
1985	34	307	317	2035	319	313.24	40.24	313.14	40.14
1986	36	309	321	2036	311	315.24	42.24	315.18	42.18
1987	38	311	326	2037	338	317.24	44.24	317.22	44.22
1988	32	305	328	2038	332	311.24	38.24	311.10	38.10
1989	30	303	329	2039	335	309.24	36.24	309.06	36.06
1990	29	302	331	2040	338	308.24	35.24	308.04	35.04
1991	30	303	342	2041	321	309.24	36.24	309.06	36.06
1992	31	304	352	2042	322	310.24	37.24	310.08	37.08
1993	29	302	312	2043	324	308.24	35.24	308.04	35.04
1994	27	300	325	2044	325	306.24	33.24	306.00	33.00
1995	28	301	328	2045	327	307.24	34.24	307.02	34.02

未来序列的数据平均值（第 6 列中数据的平均值）＝AVGCMFC＝

$$\frac{\sum GCMFC_i}{NFC}=\frac{7910}{25}=316.4。$$

在累积情景下的转换因子数值＝$CF_{additive}$＝316.4－310.16＝6.24

在乘法情景下的转换因子数值＝$CF_{multiplicative}$＝$\dfrac{AVGCMFC}{AVGCMBL}$＝$\dfrac{316.40}{310.16}$＝1.02

$$LSCF_{additive,j}=LOBS_j+CF_{additive}$$
$$LSCF_{multiplica,j}=LOBS_jCF_{multiplica}$$

例如，采用累积转换因子法和乘法转换因子法得到的区域尺度上 2021 年的气温分别为

$LSCF_{2021additive}$＝302K（1971 年的当地实测气温）＋6.24＝308.24K 或者 35.24℃

$LSCF_{2021multiplica}$＝302K（1971 年的当地实测气温）×1.02＝308.04K 或者 35.04℃

表 3.10 列出了采用累积（第 7 和 8 列中的数据）和乘法（第 9 和 10 列中的数据）转换因子法得到的区域尺度上 2021—2045 年的变量值。

3.2.5　支持向量机

传统的神经网络模型大多利用经验风险最小化原则，使得训练误差最小化，然而支持向量机（Support Vector Machine，SVM）采用结构风险最小化原则，试图通过在训练误差和机器容量之间建立一个适当的平衡，来最小化泛化误差的上限（即机器学习任何没有错误的训练集的能力）。传统的神经网络模型往往得到的是局部最优解，而 SVM 可以保证得到全局最优解（Haykin，2003；Anandhi 等，2008，2009；Anandhi，2010）。而且，传统的人工神经网络在模型结构上有相当大的主观性，而 SVM 的学习算法可以自行决定模型结构（隐藏单元的数量）。此外，传统的 ANN 模型并不重视泛化性能，而 SVM 试图在严格的理论设置中解决这个问题。SVM 的灵活性是通过使用核函数来提供的，该函数隐性地将数据映射到一个更高、可能无限大的维度空间。在更高维的特征空间里，线性解对应的是低维度特征空间里的非线性解。这使得 SVM 成为解决各种非线性水文问题的一个合理选择（Vapnik，1995，1998；Schölkopf 等，1998；Suykens，2001；Sastry，2003）。

最小二乘 SVM 相对于标准的 SVM 有计算上的优势（Suykens，2001；Tripathi 等，2006；Anandhi 等，2008）。假设一个包含 N 个模式的有限训练样本 $\{(x_i,y_i),i=1,\cdots,N\}$，这里的 x_i 代表 n 维空间里第 i 个模式（即 $x_i=[x_{1i},\cdots,x_{ni}]\in R^n$），构成对 LS–SVM 的输入。而 $y_i\in R$ 是所需模型相应的

输出值。进而，通过一系列可能的映射 $x \mapsto f(x, w)$ 定义学习机，其中，$f(\cdot)$ 是一个确定性函数，对于给定的输入模式 X 和调整参数 $W(w \in R^n)$，总是得到相同的输出结果。在学习机的训练阶段，涉及调整参数 w。这些参数是通过最小化成本函数 $\psi_L(w, e)$ 来估计的。

$$\psi_L(w, e) = \frac{1}{2} w^T w + \frac{1}{2} C \sum_{i=1}^{N} e_i^2 \qquad (3.32)$$

受到平等约束：

$$y_i - \hat{y}_i = e_i, i = 1, \cdots, N \qquad (3.33)$$

$$\hat{y}_i = w^T \phi(x) + b \qquad (3.34)$$

式中：C 为一个正实数常数；$\hat{y}_i$ 为模型的实际输出值。

成本函数的第一项表示权重衰减或模型复杂性。它是用来规范化权重的大小以及惩罚大权重的。这有助于提高泛化性能。成本函数的第二项代表惩罚函数。

考虑拉格朗日函数可以得到最优化问题的解：

$$L(w, b, e, \alpha) = \frac{1}{2} w^T w + \frac{1}{2} C \sum_{i=1}^{N} e_i^2 - \sum_{i=1}^{N} \alpha_i \{\hat{y}_i + e_i - y_i\} \qquad (3.35)$$

式中：α_i 为拉格朗日乘数；b 为式（3.34）中定义的偏差项。

下面给出了最优化的条件：

$$\left. \begin{array}{l} \dfrac{\partial L}{\partial w} = w - \displaystyle\sum_{i=1}^{N} \alpha_i \phi(x_i) = 0 \\[2mm] \dfrac{\partial L}{\partial b} = \displaystyle\sum_{i=1}^{N} \alpha_i = 0 \\[2mm] \dfrac{\partial L}{\partial e_i} = \alpha_i - C e_i = 0 \\[2mm] \dfrac{\partial L}{\partial \alpha_i} = \hat{y}_i + e_i - y_i = 0 \end{array} \right\} \qquad (3.36)$$

上述最优性条件可表示为消除 w 和 e_i 后的下列线性方程组的解。

$$\begin{bmatrix} 0 & \vec{1}^T \\ \vec{1} & \Omega + C^{-1}I \end{bmatrix} \begin{bmatrix} b \\ \alpha \end{bmatrix} = \begin{bmatrix} 0 \\ y \end{bmatrix} \qquad (3.37)$$

其中，$y = \begin{bmatrix} y_1 \\ y_2 \\ \vdots \\ y_N \end{bmatrix}$；$\vec{1} = \begin{bmatrix} 1 \\ 1 \\ \vdots \\ 1 \end{bmatrix}_{N \times 1}$；$\alpha = \begin{bmatrix} \alpha_1 \\ \alpha_2 \\ \vdots \\ \alpha_N \end{bmatrix}$；$I = \begin{bmatrix} 1 & 0 & \cdots & 0 \\ 0 & 1 & \cdots & 0 \\ \vdots & \vdots & \ddots & \vdots \\ 0 & 0 & \cdots & 1 \end{bmatrix}_{N \times N}$

在式（3.37）中，Ω 可以从 Mercer 定理的应用中得到。

$$\Omega_{i,j} = K(x_i, x_j) = \phi(x_i)^T \phi(x_j), \forall i, j \qquad (3.38)$$

式中：$\phi(\cdot)$ 为非线性转换函数，这种函数可以将一个最初的低维度空间中非线性问题转换成一个高维度特征空间里的线性问题。

用于函数估计的最小二乘 SVM 如下：

$$f(x)=\sum \alpha_i^* K(x_i,x)+b^* \tag{3.39}$$

式中：α_i^*、b^* 为式（3.37）的解；$K(x_i, x)$ 为根据 Mercer 定理定义的内积核函数（Courant 和 Hilbert，1970；Mercer，1909）；b^* 为偏差。

3.3 多点降尺度

本章讨论的降尺度方法适用于单一位置。但是，多点降尺度是利用多变量多元线性回归（Jeong 等，2012）、多点多变量统计降尺度（Khalili 等，2013）、修正的马尔可夫模型-核密度估计（MMM－KDE）、模型框架（Mehrotra 和 Sharma，2010；Mehrotra 等，2013）或者针对多点降尺度的支持向量机（Srinivas 等，2014）。研究人员也可以参考文献 Nagesh Kumar 等（2000）、Wilby 等（2004）、Tripathi 等（2006）、Anandhi 等（2008，2012）、Johnson 和 Sharma（2012）获得更多关于多点降尺度的信息。

3.4 嵌套偏差校正

嵌套偏差校正（Johnson 和 Sharma，2011，2012）是一种可以弥补 GCM 预测降水量数据存在的缺点的方法。它纠正了在多种时间尺度上 GCM 输出的系统性偏差（例如平均值、标准差、滞后相关性，等等），并且可以把 GCM 的输出值直接应用在水文研究上。当与空间分解相结合时，偏差校正方法就可以提供更适合水文研究的模型输入（Hashino 等，2007；Johnson 和 Sharma，2009，2011，2012；Mehrotra 和 Sharma，2010；Mehrotra 等，2013）。在本研究中，采用了 Johnson 和 Sharma（2011，2012）提出的方法，并规定在不同时间尺度上忽略滞后——自相关统计量的偏差。

嵌套偏差校正法代表了一个嵌套过程，它解决了预先指定的多时间尺度上存在的偏差，如下（$y_{i,k}$ 代表第 k 年第 i 月的一个变量）：

（1）减去模型月平均值（$\mu_{\mathrm{mod},i}$），然后除以标准差（$\sigma_{\mathrm{mod},i}$）进行标准化，得到标准化后的变量 $y'_{i,k}$：

$$y'_{i,k}=\frac{y_{i,k}-\mu_{\mathrm{mod},i}}{\sigma_{\mathrm{mod},i}} \tag{3.40}$$

（2）加入再分析数据的平均值（$\mu_{\mathrm{obs},i}$）和标准差（$\sigma_{\mathrm{obs},i}$）可以得到一组转换后的月尺度上的时间序列 $y^*_{i,k}$：

$$y_{i,k}^* = y_{i,k}' \sigma_{\text{obs},i} + \mu_{\text{obs},i} \tag{3.41}$$

（3）将转换后的月时间序列（$y_{i,k}^*$）集成到年尺度 z_k 上，然后在年尺度上，重复标准化和转换过程。

（4）将年时间序列转换成 z_k^*，以显示实测年数据的平均值和标准差。

在上述步骤后，月时间尺度上的原始 GCM 模拟可以采用 NBC 转换成

$$Y_{i,k} = y_{i,k} \left[\frac{y_{i,k}^*}{y_{i,k}}\right] \left[\frac{z_k^*}{z_k}\right] \tag{3.42}$$

式中：$Y_{i,k}$ 为 NBC 转换后的变量。

利用转换公式（3.42），月尺度和年尺度上的校正可以应用于月时间序列而且可以一步校正（Srikanthan，2009）。在式（3.42）中，$\left[\dfrac{y_{i,k}^*}{y_{i,k}}\right]\left[\dfrac{z_k^*}{z_k}\right]$ 是一个权重因子，也就是第 k 年第 i 月的月校正值和初始 GCM 值的比率，乘以年校正值与第 k 年的 GCM 降水总量的比率。上述方程可以用于转换当前气候的GCM 模拟值。

本章讨论了不同的降尺度方法，包括嵌套偏差校正，这对于气候模拟情景非常有用。下一章讨论不同的统计和最优化方法。

软件（2016 年 12 月 30 日获得的信息）：

多元线性/非线性回归：Statistics and Machine Learning Tool Box of MATLAB。

SPSS。

MINITAB；Statistical Analysis System（SAS）。

XLSTAT。

人工神经网络：Neural Network Tool Box of MATLAB。

Statistical Package for Social Sciences。

MINITAB。

读者也可以通过相关链接查看相关的软件。

统计降尺度模型：读者可以在网上注册，然后下载软件。也可以发邮件（R. L. Wilby@lboro. ac. uk）咨询。

支持向量机：Statistics and Machine Learning Tool Box of MATLAB。

读者也可以通过相关链接获取与 SVM 相关的软件。

复习与练习题

3.1 降尺度的目的是什么？降尺度方法有哪些？

3.2 不同的统计降尺度方法有哪些？

3.3 统计和动力降尺度方法的不同点有哪些？

3.4 不同类型的回归有哪些？可根据什么区分它们？

3.5 回归和人工神经网络的计算步骤是什么？

3.6 ANN 中激励函数和期的目的是什么？

3.7 ANN 的训练和学习的不同点是什么？

3.8 ANN 中动量因子的目的是什么？

3.9 ANN 中调整权重的步骤是什么？

3.10 从印度气象局获得的最高温度（以℃为单位）数据取决于美国国家环境预测中心（National Centers for Environmental Prediction，NCEP）提供的参数数量。其中值得注意的是，P5_U（500hPa 高度的纬向速度分量，m/s）、P5_V（500hPa 高度的经向速度分量，m/s）。数据见表 3.1。建立预报量（温度）与预报因子（500hPa 高度的经向速度分量，m/s）之间的线性关系、预报量（温度）与预报因子（500hPa 高度的经向速度分量，m/s）之间的多项式关系。仅取 15 个数据集进行评估。

3.11 利用表 3.5 中的数据求解与人工神经网络相关的算例问题 3.2。在隐藏层仅考虑 3 个节点（d，e，f）。$x_1 = 0.8$，$x_2 = 1.6$，$x_3 = 2.4$，O 的实测值为 0.7。

3.12 求解与转换因子法相关的算例问题 3.4。以 1971—1985 年基准期，2021—2035 年为未来预测期重新求解算例问题数据，数据见表 3.10。

3.13 支持向量机和神经网络之间的不同点有哪些？

3.14 什么是 SDSM？它的目的是什么？

3.15 什么是转换因子法？利用转换因子法进行降尺度的计算步骤是什么？

3.16 什么是多点降尺度？它的优点是什么？这种方法涉及的相关内容有什么？

3.17 预报量和预报因子之间的区别是什么？

3.18 嵌套偏差校正的目的是什么？在降尺度上的有效性有哪些？

思考题

3.19 是否存在这样的可能性：回归的输出值可以是人工神经网络的输入值，反之亦然？如果是的话，如何让这些方法相互融合在一起？举例说明这些方法如何有助于建立具有实际意义的气候模型。

3.20 讨论回归方法的局限性。

3.21 说出其他回归类型的方法。

3.22　是否有可能将多元线性回归与支持向量机关联起来？

3.23　说出将统计方法应用于气候模拟领域的 6 个研究学者的姓名。说出应用的方法和应用案例。

3.24　说出可用于回归、人工神经网络的相关软件名称。说明软件的主要特点。

3.25　将 GCM 的输出结果应用于影响评估的局限性有哪些？

3.26　SDSM 与其他统计降尺度方法的区别是什么？

3.27　你认为，哪种降尺度方法适合水资源规划？证明并讨论。

3.28　在降尺度时如何解决极端事件？讨论统计和动力降尺度在这方面的适用性。

参考文献

Anandhi A，2010. Assessing impact of climate change on season length in Karnataka for IPCC scenarios. J Earth Syst Sci 119 (4)：447 - 460.

Anandhi A，Srinivas V V，Nanjundiah R S，et al，2008. Downscaling precipitation to river basin in India for IPCC SRES scenarios using support vector machine. Int J Climatol 28 (3)：401 - 420.

Anandhi A，Srinivas V V，Kumar D N，et al，2009. Role of predictors in downscaling surface temperature to river basin in India for IPCC SRES scenarios using support vector machine. Int J Climatol 29 (4)：583 - 603.

Anandhi A，Frei A，Pierson D C，et al，2011. Examination of change factor methodologies for climate change impact assessment. Water Resour Res 47：W03501.

Anandhi A，Srinivas V V，Nagesh Kumar D，et al，2012. Daily relative humidity projections in an indian river basin for IPCC SRES scenarios. Theoret Appl Climatol 108：85 - 104.

ASCE Task Committee on Application of Artificial Neural Networks in Hydrology，2000. Artificial neural networks in hydrology 1：preliminary concepts. J Hydrol Eng 5 (2)：115 - 123.

Courant R，Hilbert D，1970. Methods of mathematical physics, vol I，II. Wiley Interscience, New York，USA.

Fowler H J，Blenkinsop S，Tebaldi C，2007. Linking climate change modelling to impacts studies：recent advances in downscaling techniques for hydrological modelling. Int J Climatol 27 (12)：1547 - 1578.

Hashino T，Bradley A A，Schwartz S S，2007. Evaluation of bias - correction methods for ensemble streamflow forecasts. Hydrol Earth Syst Sci 11：939 - 950.

Hay L E，Wilby R L，Leavesley G H，2000. A comparison of delta change and downscaled GCM scenarios for three mountainous basins in the United States. J Am Water Resour Assoc 36 (2)：387 - 397.

Haykin S, 2003. Neural networks: a comprehensive foundation. Pearson Education, Singapore.

Jeong D I, St - Hilaire A, Ouarda T B M J, et al, 2012. A multivariate multi - site statistical downscaling model for daily maximum and minimum temperatures. Climate Res 54: 129 - 148.

Johnson F, Sharma A, 2009. Measurement of GCM skill in predicting variables relevant for hydro climatological assessments. J Clim 22: 4373 - 4382.

Johnson F, Sharma A, 2011. Accounting for interannual variability: a comparison of options for water resources climate change impact assessments. Water Resour Res 47: W04508.

Johnson F, Sharma A, 2012. A nesting model for bias correction of variability at multiple time scales in general circulation model precipitation simulations. Water Resour Res 48: W01504.

Karl T, Wang W, Schlesinger M, et al, 1990. A method of relating general circulation model simulated climate to the observed local climate part I: seasonal statistics. J Clim 3: 1053 - 1079.

Khalili M, Nguyenb V T V, Gachonc P, 2013. A statistical approach to multi - site multivariate downscaling of daily extreme temperature series. Int J Climatol 33 (1): 15 - 32.

Mercer J, 1909. Functions of positive and negative type and their connection with the theory of integral equations. Philos Trans R Soc A 209: 415 - 446.

Mehrotra R, Sharma A, 2010. Development and application of a multisite rainfall stochastic downscaling framework for climate change impact assessment. Water Resour Res 46: W07526.

Mehrotra R, Sharma A, Nagesh Kumar D, et al, 2013. Assessing future rainfall projections using multiple GCMs and a multi - site stochastic downscaling model. J Hydrol 488: 84 - 100.

Milton J S, Arnold J C, 2007. Introduction to probability and statistics. Tata McGraw Hill.

Mujumdar PP, Nagesh Kumar D (2012). Floods in a changing climate: hydrologic modeling. International hydrology series. Cambridge University Press, Cambridge.

Nagesh Kumar D, Lall U, Peterson M R, 2000. Multi - site disaggregation of monthly to daily streamflow. Water Resour Res 36 (7): 1823 - 1833.

Nagesh Kumar D, 2004. ANN applications in hydrology - merits and demerits. In: Srinivasa Raju K, Sarkar AK, Dash M (eds) Integrated water resources planning and management. Jain Brothers, New Delhi, pp. 31 - 42.

Ross T J, 2011. Fuzzy logic with engineering applications. Wiley.

Rumelhart D, McClelland J, 1986. Parallel distributed processing. MIT Press, Cambridge, Mass.

Sastry P, 2003. An introduction to support vector machines. In: Computing and information sciences: recent trends. Narosa Publishing House, New Delhi.

Schölkopf B, Burges C, Smola A, 1998. Advances in kernel methods—support vector learning. MIT Press.

Srikanthan R, 2009. A nested multisite daily rainfall stochastic generation model. J Hydrol

371：142 - 153.

Srinivas V V, Basu B, Nagesh Kumar D, et al, 2014. Multi - site downscaling of maximum and minimum daily temperature using support vector machine. Int J Climatol 34：1538 - 1560.

Suykens J A K, 2001. Nonlinear modelling and support vector machines. In：Proceedings of IEEE instrumentation and measurement technology conference, Budapest, Hungary, pp 287 - 294.

Sylwia T, Emilie S, 2014. A review of downscaling methods for climate change projections. In：African and latin american resilience to climate change (ARCC). USAID Accessed 31 Jan 2017).

Tripathi S, Srinivas V V, Nanjundiah R S, 2006. Downscaling of precipitation for climate change scenarios：a support vector machine approach. J Hydrol 330：621 - 640.

Vapnik V, 1995. The nature of statistical learning theory. Springer, New York.

Vapnik V, 1998. Statistical learning theory. Wiley, New York.

Wang Y, Leung L R, McGregor J L, et al, 2004. Regional climate modeling：progress challenges, and prospects. J Meteorol Soc Jpn 82：1599 - 1628.

Wigley T, Jones P, Briffa K, et al, 1990. Obtaining subgrid scale information from coarse - resolution general circulation model output. J Geophys Res - Atmosp 95：1943 - 1953.

Wilby R L, Dawson C W, Barrow E M, 2002. SDSM—a decision support tool for the assessment of regional climate change impacts. Environ Model Softw 17 (2)：147 - 159.

Wilby R L, Charles S P, Zorita E, et al, 2004. The guidelines for use of climate scenarios developed from statistical downscaling methods：supporting material of the intergovernmental panel on climate change (IPCC), prepared on behalf of task group on data and scenario support for impacts and climate analysis (TGICA). www. ipcc - data. org/guidelines/dgm _ no2 _ v1 _ 09 _ 2004. pdf. Accessed 31 Jan 2017.

Wilby R L, Dawson C W, 2007. SDSM 4. 2：a decision support tool for the assessment of regional climate change impacts—user manual. Accessed 31 Jan 2017.

Wilby R L, Dawson C W, 2013. The statistical downscaling model (SDSM)：insights from one decade of application. Int J Climatol 33 (7)：1707 - 1719.

扩展阅读文献

Benestad R E, 2008. Empirical - statistical downscaling. World Scientific Publishing Co., Pte. Ltd, Singapore.

Bishop C M, 1995. Neural networks for pattern recognition. Oxford University Press, New York.

Burden FR, Winkler D A, 2015. Relevance vector machines：sparse classification methods for QSAR. J Chem Inf Model 55 (8)：1529 - 1534.

Flood I, Kartam N, 1994. Neural networks in civil engineering. I：principles and understandings. J Comput Civil Eng 8 (2)：131 - 148.

Hastie T, Tibshirani, 2011. The elements of statistical learning：data mining, inference, and prediction. Series in Statistics. Springer.

Helsel D R，Hirsch R M，2002. Statistical methods in water resources techniques of water resources investigations，book 4，chapter A3，US Geological Survey，p. 522.

Rojas R，1996. Neural networks：a systematic introduction. Springer，Berlin.

Wilks D S，1999. Multi - site downscaling of daily precipitation with a stochastic weather generator. Climate Res 11：125 - 136.

第 4 章

气候模拟中的统计分析与优化技术

本章描述了数据压缩方法，即聚类和模糊聚类分析、基于 Kohonen 神经网络的 GCM 聚类分析和基于正交变换的主成分分析，该方法可以将一组可能相关的实测数据转化为一组线性不相关的变量。F 统计检验可以作为寻找最优聚类的基础，本章对该方法也进行了讨论。还对趋势检验法（Kendall 秩相关系数和转向点检验）从数学层面进行了简要介绍，这些方法用于确定水文或者气候数据的质量。另外，从数字层面对优化算法（即线性与非线性规划，遗传算法）进行了详细论述。

关键词：聚类，数据压缩技术，模糊，遗传算法，Kohonen 神经网络，线性，非线性，优化，主成分分析，趋势检验

4.1 引言

由于统计和最优化方法可以有效地分析数据，因此在气候模拟领域变得越来越重要。本章讨论了数据压缩方法，包括聚类和模糊聚类分析、Kohonen 神经网络（KNN）、主成分分析（PCA）、趋势检验和最优化方法。

4.2 数据压缩方法

结合 GCM 对数据压缩方法进行解释，具体如下。

4.2.1 聚类分析

K 均值算法用于对 GCM 进行聚类。进行 K 均值聚类分析的步骤见图 4.1（Jain 和 Dubes，1988；Raju 和 Nagesh Kumar，2014；Bezdek，1981）。

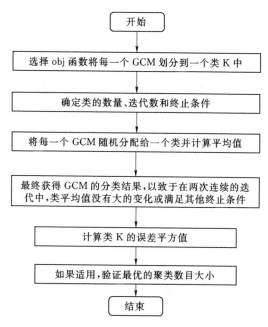

图 4.1　K 均值聚类分析的流程图

算例问题 4.1：基于 3 种指标对 9 个 GCM 进行了评价，见表 4.1。利用 K 均值算法对 GCM 进行聚类。假设类的数目是 3。

算例求解：

目标：根据 3 个指标 C1、C2 和 C3 把 A1～A9 分成类 G1、G2、G3。

初始迭代类的数目是 3。初始条件下，将每一个 GCM 随机分配给每一个类，见表 4.1 的第 5 列。

解析每个类中的 GCMs（G1 中有 3 个 GCM，G2 中有 2 个 GCM，G3 中有 4 个 GCM），计算每一类的平均值，结果见表 4.2。

表 4.3 的第 2 列对应于每一个 GCM 到 G1 的欧式距离（误差），第 3 列是每一个 GCM 到 G2 的距离。这一过程一直持续到最后选择的类。例如，GCM A1（表 4.1）和 G1（表 4.2）之间的距离计算方法如下（表 4.3）：

$$\sqrt{(20-33.33)^2+(30-53.33)^2+(50-40)^2}=28.67$$

表 4.1　　9 个 GCM 以及随机分配的类数组

GCM	C1	C2	C3	随机分配的类初始迭代
(1)	(2)	(3)	(4)	(5)
A1	20	30	50	G1
A2	60	70	40	G1

GCM	C1	C2	C3	随机分配的类初始迭代
A3	20	60	30	G1
A4	20	70	32	G2
A5	30	42	22	G2
A6	72	43	31	G3
A7	22	11	12	G3
A8	16	18	21	G3
A9	21	17	19	G3

表 4.2 初始迭代中基于随机分配的类 G1、G2、G3 的平均值

类	C1	C2	C3	备注
G1	33.33 (20+60+20)/3	53.33 (30+70+60)/3	40.00 (50+40+30)/3	A1、A2、A3 的平均值 (G1)
G2	25.00 (20+30)/2	56.00 (70+42)/2	27.00 (32+22)/2	A4、A5 的平均值 (G2)
G3	32.75 (72+22+16+21)/4	22.25 (43+11+18+17)/4	20.75 (31+12+21+19)/4	A6、A7、A8、A9 的 平均值（G3）

表 4.3 初始迭代中每一个 GCM 到平均值的欧式距离

GCM	G1	G2	G3	第 2、3、4 列的最小值	初始迭代中根据最小值分配的类
(1)	(2)	(3)	(4)	(5)	
A1	28.67 (1)	35.07 (0)	32.84 (0)	28.67	G1
A2	31.45 (1)	39.87 (0)	58.25 (0)	31.45	G1
A3	17.95 (0)	7.07 (1)	40.90 (0)	7.07	G2
A4	22.79 (0)	15.68 (1)	50.69 (0)	15.68	G2
A5	21.53 (0)	15.68 (1)	19.98 (0)	15.68	G2
A6	41.02 (1)	48.93 (0)	45.57 (0)	41.02	G1
A7	52.01 (0)	47.53 (0)	17.85 (1)	17.85	G3
A8	43.70 (0)	39.51 (0)	17.28 (1)	17.28	G3
A9	43.74 (0)	40.01 (0)	12.99 (1)	12.99	G3

（1）迭代 1：

根据最短欧式距离，将 A1～A9 分配给类 G1～G3 [表 4.3，第（6）列]。A1 到 G1 的距离 28.67，到 G2 的距离是 35.07，到 G3 的距离是 32.84，由于 A1 到 G1 的距离最短，所以将 A1 分配给 G1。对于其他的 GCM，也可以进行

类似的推断。

同时，需要注意的是，定义对象 A1、A2、A6 在 G1 中为 1，在 G2、G3 中为 0。在表 4.3 中，第（2）与第（3）列的括号中列出了每一个 GCM 所定义的对象（1 或 0）。对于其他的 GCM，也可以进行类似的推断（表 4.3）。

（2）迭代 2：

表 4.4 和表 4.5 分别列出了平均值和欧式距离。从中可以看出，A2、A6 分到了 G1；A1、A3、A4、A5 分到了 G2；A7、A8、A9 分到了 G3［表 4.5 的第（6）列］。

表 4.4 迭代 1 中基于随机分配的类 G1、G2、G3 的平均值

	C1	C2	C3	备注
G1	50.67	47.67	40.33	A1、A2、A6 的平均值（G1）
G2	23.33	57.33	28.00	A3、A4、A5 的平均值（G2）
G3	19.67	15.33	17.33	A7、A8、A9 的平均值（G3）

表 4.5 迭代 1 中每一个 GCM 到平均值的欧式距离

GCM	G1	G2	G3	第（2）、（3）、（4）列中的最小值	根据最小值进行分类，进入迭代 2
（1）	（2）	（3）	（4）	（5）	（6）
A1	36.69 (0)	35.25 (1)	35.81 (0)	35.25	G2
A2	24.21 (1)	40.61 (0)	71.62 (0)	24.21	G1
A3	34.63 (0)	4.71 (1)	46.43 (0)	4.71	G2
A4	38.84 (0)	13.70 (1)	56.60 (0)	13.70	G2
A5	28.20 (0)	17.76 (1)	28.98 (0)	17.76	G2
A6	23.75 (1)	50.82 (0)	60.75 (0)	23.75	G1
A7	54.49 (0)	49.04 (0)	7.26 (1)	7.26	G3
A8	49.55 (0)	40.62 (0)	5.83 (1)	5.83	G3
A9	47.70 (0)	41.39 (0)	2.71 (1)	2.71	G3

（3）迭代 3：

表 4.6 列出了聚类 G1、G2、G3 的平均值。从中可以看出，A2、A6 分到了 G1；A1、A3、A4、A5 分到了 G2；A7、A8、A9 分到了 G3（表 4.7）。与迭代 2 相比，GCM 的分类没有变化。最终的 GCM 分类结果见表 4.8。

确定一组数据集的最优聚类数，对于做出有效决策是非常重要的，其中值得注意的方法是 Davies - Bouldin 和 Dunn 指标（Davies 和 Bouldin，1979；Dunn，1974；Raju 和 Nagesh Kumar，2014），以及 F 统计检验（Burn，

1989)。在 4.1.5 节中简述了 F 统计检验，关于 Davies–Bouldin 和 Dunn 指标的内容可以参考 Davies 和 Bouldin（1979）、Dunn（1974）、Raju 和 Nagesh Kumar（2014）。

表 4.6   迭代 2 中根据所分配的聚类 G1、G2、G3 的平均值

	C1	C2	C3	备　注
G1	66.00	56.50	35.50	A2、A6 的平均值（G1）
G2	22.50	50.50	33.50	A1、A3、A4、A5 的平均值（G2）
G3	19.67	15.33	17.33	A7、A8、A9 的平均值（G3）

表 4.7   迭代 2 中每一个 GCM 到平均值的欧氏距离

GCM	G1	G2	G3	第(2)、(3)、(4)列的最小值	根据最小值进行分类，进入迭代 2
(1)	(2)	(3)	(4)	(5)	(6)
A1	55.03 (0)	26.43 (1)	35.81 (0)	26.43	G2
A2	15.44 (1)	42.76 (0)	71.62 (0)	15.44	G1
A3	46.46 (0)	10.43 (1)	46.43 (0)	10.43	G2
A4	48.07 (0)	19.72 (1)	56.60 (0)	19.72	G2
A5	41.09 (0)	16.15 (1)	28.98 (0)	16.15	G2
A6	15.44 (1)	50.13 (0)	60.75 (0)	15.44	G1
A7	67.52 (0)	44.97 (0)	7.26 (1)	7.26	G3
A8	64.75 (0)	35.42 (0)	5.83 (1)	5.83	G3
A9	62.11 (0)	36.53 (0)	2.71 (1)	2.71	G3

表 4.8   9 个 GCM 以及分配的类数组

GCM	C1	C2	C3	随机分类	最终分类
A1	20	30	50	G1	G2
A2	60	70	40	G1	G1
A3	20	60	30	G1	G2
A4	20	70	32	G2	G2
A5	30	42	22	G2	G2
A6	72	43	31	G3	G1
A7	22	11	12	G3	G3
A8	16	18	21	G3	G3
A9	21	17	19	G3	G3

4.2.2 模糊聚类分析

除了每一个数据集在某种程度上（0～1 不等）属于一个聚类，模糊聚类分析的步骤与聚类分析的部分一样。图 4.2 显示了进行模糊聚类分析的步骤和过程（Ross，2011；Bezdek，1981）。

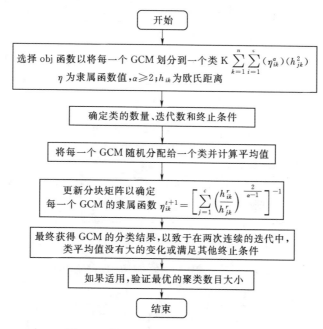

图 4.2 模糊 C 均值聚类分析的流程图

算例问题分析 4.2：根据 3 种指标对 9 个 GCM 进行评价，结果见表 4.9。数据服从三角形隶属函数。采用模糊 C 均值算法对 GCM 进行聚类。聚类的数目设定为 2。常数 α 的值设为 2。在第一次迭代后计算隶属函数的值。

表 4.9 9 个 GCM 以及随机分配的类数组

GCM	C1	C2	C3	初始迭代中随机 分配的聚类
(1)	(2)	(3)	(4)	(5)
A1	(2, 3, 4)	(4, 5, 6)	(7, 8, 10)	G1
A2	(5, 6, 7)	(8, 9, 12)	(4, 6, 8)	G1
A3	(3, 6, 9)	(8, 10, 12)	(6, 8, 10)	G1
A4	(6, 10, 12)	(1, 2, 4)	(4, 5, 8)	G2
A5	(5, 6, 7)	(4, 6, 8)	(1, 4, 6)	G2
A6	(3, 6, 9)	(2, 4, 6)	(1, 3, 5)	G2

GCM	C1	C2	C3	初始迭代中随机分配的聚类
(1)	(2)	(3)	(4)	(5)
A7	(2, 3, 5)	(4, 8, 12)	(3, 7, 8)	G1
A8	(2, 5, 8)	(1, 4, 8)	(2, 4, 8)	G2
A9	(1, 4, 7)	(5, 8, 9)	(6, 8, 12)	G1

算例求解：

目标：根据 3 个指标 C1、C2 和 C3 把 A1～A9 分成 G1、G2 类。

初始迭代：聚类的数目是 2。初始条件下，将每一个 GCM 随机分配给每一个类［见表 4.9 和表 4.10 的第（5）列］。

表 4.10　　　　　G1 和 G2 中每一个 GCM 的 η 随机分块矩阵

	A1	A2	A3	A4	A5	A6	A7	A8	A9
	(1)	(2)	(3)	(4)	(5)	(6)	(7)	(8)	(9)
G1	1	1	1	0	0	0	1	0	1
G2	0	0	0	1	1	1	0	1	0

了解各类中的 GCM，计算每一类的平均值，结果见表 4.11。

表 4.11　　　　初始迭代中基于随机分类的 G1 和 G2 的平均坐标

	C1	C2	C3	备注
G1	[2.6,4.4,6.4] [(2+5+3+2+1)/5, (3+6+6+3+4)/5, (4+7+9+5+7)/5]	[5.8,8,10.2] [(4+8+8+4+5)/5, (5+9+10+8+8)/5, (6+12+12+12+9)/5]	[5.2,7.4,9.6] [(7+4+6+3+6)/5, (8+6+8+7+8)/5, (10+8+10+8+12)/5]	A1,A2,A3, A7,A9 的 平均值(G1)
G2	[4,6.8,9] [(6+5+3+2)/4, (10+6+6+5)/4, (12+7+9+8)/4]	[2,4,6.5] [(1+4+2+1)/4, (2+6+4+4)/4, (4+8+6+8)/4]	[2,4,6.75] [(4+1+1+2)/4, (5+4+3+4)/4, (8+6+5+8)/4]	A4,A5, A6,A8 的 平均值(G2)

两个三角模糊数之间的距离是：

$$\sqrt{\frac{(p_{aj}-p_j)^2+(q_{aj}-q_j)^2+(s_{ia}-s_j)^2}{3}}$$

其中 p、q、s 为三角模糊数的元素。

表 4.12 包括了每一个 GCM 到 G1 的平均值的欧氏距离（误差），第（6）、第（7）、第（8）列是每一个 GCM 到 G2 的距离。这一过程一直持续到最后选择的类。例如，GCM A1（表 4.9）和 G1（表 4.11）之间的距离计算方法如下（表 4.12）：

表 4.12 每一个 GCM 到 G1 和 G2 平均值的欧氏距离

GCM	到 G1 平均值的欧氏距离				到 G2 平均值的欧氏距离			
	C1	C2	C3	第一类的总误差	C1	C2	C3	第二类的总误差
(1)	(2)	(3)	(4)	(5)	(6)	(7)	(8)	(9)
A1	1.64	3.16	1.12	$5.92h_{11}$	3.79	1.32	4.15	$9.26h_{21}$
A2	1.7	1.74	1.409	$4.85h_{12}$	1.36	5.52	1.79	$8.67h_{22}$
A3	1.78	2.01	0.622	$4.41h_{13}$	0.72	5.84	3.77	$10.33h_{23}$
A4	1.19	1.47	1.587	$4.25h_{14}$	3.37	4.09	1.96	$9.42h_{24}$
A5	1.01	0.83	1.501	$3.34h_{15}$	2.62	3.23	4.46	$10.31h_{25}$
A6	4.98	5.7	1.804	$12.48h_{16}$	2.8	1.94	1.48	$6.22h_{26}$
A7	1.7	2.01	3.749	$7.46h_{17}$	1.36	1.85	0.72	$3.93h_{27}$
A8	1.78	4	4.403	$10.18h_{18}$	0.72	0.29	1.3	$2.31h_{28}$
A9	1.05	3.82	2.85	$7.72h_{19}$	1.64	1.04	0.72	$3.40h_{29}$

$$D_{\text{A1G1}}^{+} = \sqrt{\frac{(p_{aj}-p_j)^2+(q_{aj}+q_j)^2+(s_{ia}-s_j)^2}{3}}$$

$$\sqrt{\frac{(p_{aj}-p_j^*)^2+(q_{aj}+q_j^*)^2+(s_{ia}-s_j^*)^2}{3}}$$

$$=\sqrt{\frac{(2-2.6)^2+(3-4.4)^2+(4-6.4)^2}{3}} \quad (\text{对于 C1})$$

$$+\sqrt{\frac{(4-5.8)^2+(5-8)^2+(6-10.2)^2}{3}} \quad (\text{对于 C2})$$

$$+\sqrt{\frac{(7-5.2)^2+(8-7.4)^2+(10-9.6)^2}{3}} \quad (\text{对于 C3})$$

$$=1.64+3.16+1.12=5.92$$

例如，GCM A1 的隶属函数为

$$\eta_{\text{A1.1}}=\left[\left(\frac{h_{11}}{h_{11}}\right)^2+\left(\frac{h_{11}}{h_{21}}\right)^2\right]^{-1}=\left[\left(\frac{5.92}{5.92}\right)^2+\left(\frac{5.92}{9.26}\right)^2\right]^{-1}$$

$$=[1^2+0.6393^2]^{-1}=[1.4087]^{-1}=0.7099$$

$$\eta_{\text{A1.2}}=1-0.7009=0.2901$$

利用类似的计算方法，也可以得到其他 GCM 的隶属函数（结果见表 4.13）。

表 4.13　　　　　　　　　　　　GCM 的隶属函数相关信息

GCM	G1 的隶属函数 (η)	G2 的隶属函数 ($1-\eta$)	G1 中的成员关系	G2 中的成员关系
A1	$\left[\left(\frac{h_{11}}{h_{11}}\right)^2+\left(\frac{h_{11}}{h_{21}}\right)^2\right]^{-1}=[1.4087]^{-1}=0.7099$	0.2901	1	0
A2	$\left[\left(\frac{h_{12}}{h_{12}}\right)^2+\left(\frac{h_{12}}{h_{22}}\right)^2\right]^{-1}=[1.3129]^{-1}=0.7617$	0.2383	1	0
A3	$\left[\left(\frac{h_{13}}{h_{13}}\right)^2+\left(\frac{h_{13}}{h_{23}}\right)^2\right]^{-1}=[1.1822]^{-1}=0.8458$	0.1542	1	0
A4	$\left[\left(\frac{h_{14}}{h_{14}}\right)^2+\left(\frac{h_{14}}{h_{24}}\right)^2\right]^{-1}=[1.2035]^{-1}=0.8309$	0.1691	1	0
A5	$\left[\left(\frac{h_{15}}{h_{15}}\right)^2+\left(\frac{h_{15}}{h_{25}}\right)^2\right]^{-1}=[1.1049]^{-1}=0.905$	0.0950	1	0
A6	$\left[\left(\frac{h_{16}}{h_{16}}\right)^2+\left(\frac{h_{16}}{h_{26}}\right)^2\right]^{-1}=[5.0257]^{-1}=0.199$	0.8010	0	1
A7	$\left[\left(\frac{h_{17}}{h_{17}}\right)^2+\left(\frac{h_{17}}{h_{27}}\right)^2\right]^{-1}=[4.6032]^{-1}=0.2172$	0.7828	0	1
A8	$\left[\left(\frac{h_{18}}{h_{18}}\right)^2+\left(\frac{h_{18}}{h_{28}}\right)^2\right]^{-1}=[20.421]^{-1}=0.0490$	0.9510	0	1
A9	$\left[\left(\frac{h_{19}}{h_{19}}\right)^2+\left(\frac{h_{19}}{h_{29}}\right)^2\right]^{-1}=[6.1555]^{-1}=0.1625$	0.8375	0	1

4.2.3　Kohonen 神经网络

Kohonen 神经网络（KNN）包括输入层和输出层（图 4.3）（Kohonen，1989；Yegnanarayana，1998；Raju 和 Nagesh Kumar，2014），KNN 的计算流程见图 4.4。

算例问题 4.3：下面的标准化数据展示了 GCM 的信息，也就是针对于 3 个评价指标 C1、C2、C3 的 A1、A2、A3。气候专家认为 A1、A2、A3 可分为两类（图 4.3）。G1 和 G2 的权重是（0.1，0.2，0.3）和（0.4，0.5，0.6）。假设学习率 L_r 为 0.45。采用 KNN 将 GCM 聚类成两类 G1 和 G2。采用的数据见表 4.14。

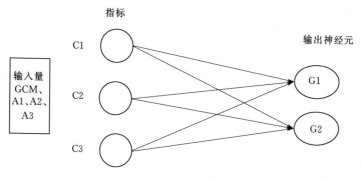

图 4.3　KNN 结构

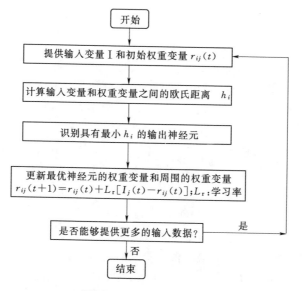

图 4.4　KNN 计算流程图

表 4.14　　　　　　　　　标 准 化 数 据

GCM	C1	C2	C3
A1	0.20	0.30	0.50
A2	0.60	0.77	0.40
A3	0.20	0.60	0.30

算例求解：

（1）将 GCM 聚类成 A1：

输入变量（GCM，A1）的 C1、C2、C3 分别为 0.2、0.3、0.5；

输出神经元 G1 的 r_{11}、r_{21}、r_{31} 分别为 0.1、0.2、0.3；

输出神经元 G2 的 r_{12}、r_{22}、r_{32} 分别为 0.4、0.5、0.6。

学习率 $L_r = 0.45$。

欧氏距离的平方计算如下：

$$h_i = \sum_{j=1}^{M} \left[I_j(t) - r_{ij}(t) \right]^2, i = 1, 2, \cdots, N$$

$h_1 = (0.2 - 0.1)^2 + (0.3 - 0.2)^2 + (0.5 - 0.3)^2 = 0.06$，A1 到 G1 的距离平方

$h_2 = (0.2 - 0.4)^2 + (0.3 - 0.5)^2 + (0.5 - 0.6)^2 = 0.09$，A1 到 G2 的距离平方

最优神经元是 G1，它具有最小的 h_1，即 0.06。

输出神经元 G1（距离是最小值）更新后的权重：

$$r_{11\text{updated}} = r_{11} + L_r(C_1 - r_{11}) = 0.1 + 0.45(0.2 - 0.1) = 0.145$$

$$r_{21\text{updated}} = r_{21} + L_r(C_2 - r_{21}) = 0.2 + 0.45(0.3 - 0.2) = 0.245$$

$$r_{31\text{updated}} = r_{31} + L_r(C_3 - r_{31}) = 0.3 + 0.45(0.5 - 0.3) = 0.39$$

(2) 将 GCM 聚类成 A2：

输入变量（GCM，A2）的 C1、C2、C3 分别为 0.60、0.77、0.40；

更新后的输出神经元 G1 的 r_{11}、r_{21}、r_{31} 分别为 0.145、0.245、0.390；

输出神经元 G2 的 r_{11}、r_{22}、r_{32} 分别为 0.4、0.5、0.6。

$$h_1 = (0.60 - 0.145)^2 + (0.77 - 0.245)^2 + (0.40 - 0.39)^2 = 0.48275,$$
$$\text{A2 到 G1 的距离平方}$$

$$h_2 = (0.60 - 0.4)^2 + (0.77 - 0.5)^2 + (0.40 - 0.60)^2 = 0.1529,$$
$$\text{A2 到 G2 的距离平方}$$

最优神经元是 G2，它具有最小的 h_2，即 0.1529。

输出神经元 G2（距离是最小值）更新后的权重：

$$r_{21\text{updated}} = r_{12} + L_r(C_1 - r_{12}) = 0.40 + 0.45(0.60 - 0.40) = 0.49$$

$$r_{22\text{updated}} = r_{22} + L_r(C_2 - r_{22}) = 0.50 + 0.45(0.77 - 0.50) = 0.6215$$

$$r_{32\text{updated}} = r_{32} + L_r(C_3 - r_{32}) = 0.60 + 0.45(0.40 - 0.60) = 0.51$$

(3) 将 GCM 聚类成 A3：

输入变量（GCM A3）的 C1、C2、C3 分别为 0.20、0.60、0.30；

输出神经元 G1 的 r_{11}、r_{21}、r_{31} 分别为 0.145、0.245、0.390；

更新后的输出神经元 G2 的 r_{12}、r_{22}、r_{32} 分别为 0.4900、0.6215、0.5100。

$$h_1 = (0.20 - 0.145)^2 + (0.60 - 0.245)^2 + (0.30 - 0.39)^2 = 0.1372,$$
$$\text{A3 到 G1 的距离平方}$$

$$h_2 = (0.20 - 0.49)^2 + (0.60 - 0.6215)^2 + (0.30 - 0.51)^2 = 0.1286,$$
$$\text{A3 到 G2 的距离平方}$$

最优神经元是 G2，它具有最小的 h_2，即 0.1286。

输出神经元 G2（距离是最小值）更新后的权重：

$$r_{12\text{updated}} = r_{12} + L_r(C_1 - r_{12}) = 0.49 + 0.45(0.20 - 0.49) = 0.3595$$

$$r_{22\text{updated}} = r_{22} + L_r(C_2 - r_{22}) = 0.6215 + 0.45(0.60 - 0.6215) = 0.6118$$

$$r_{32\text{updated}} = r_{32} + L_r(C_3 - r_{32}) = 0.51 + 0.45(0.30 - 0.51) = 0.4155$$

对于输出神经元 G2，更新后的权重为 [0.3595, 0.6118, 0.4155]。

GCM A1、A2、A3 分别聚类到 G1、G2、G2。

4.2.4 主成分分析

主成分分析（PCA）可以通过正交变换将一组可能相关的数据转换成一组线性无关的数据（Mujumdar 和 Nagesh Kumar，2012；Raschka，2015）。PCA 的计算流程见图 4.5。

PCA 也称为经验正交函数（EOF）[The Climate Data Guide：Empirical Orthogonal Function（EOF）Analysis and Rotated EOF Analysis，2017]。

算例问题 4.4：4 个 GCM 多次运行模拟得到的降水数据见表 4.15。采用主成分分析法对数据进行降尺度。分别计算（a）相关系数矩阵、（b）特征根值以及每一个主成分的特征向量、（c）最终的主成分矩阵。这里考虑 4 个主成分。

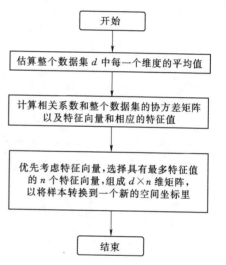

图 4.5　主成分分析法计算流程图

表 4.15　　　　　　　　给定的降水数据

编　号	GCM1	GCM2	GCM3	GCM4
1	3	7	13	5
2	4	8	2	8
3	5	9	5	17
4	6	10	8	3
5	7	11	16	9
6	8	12	12	18
7	9	10	14	14
8	12	15	11	1

算例求解：

步骤 1：见表 4.16 和表 4.17。

步骤 2：因为已经对数据进行了标准化处理，所以相关系数矩阵等同于协方差矩阵（表 4.18）。

步骤 3：见图 4.6 和表 4.19。

步骤 4：用户可以自行决定所提取的主成分数量。这依赖于计算得到的特征根或者方差占比。方差占比是指特征根与主成分数量的比值（表 4.20）。

步骤 5：见表 4.21。

表 4.16   计算平均值、方差和标准差

参数	GCM1	GCM2	GCM3	GCM4
平均值	6.75	10.25	10.125	7.875
方差	8.5	6.214	22.696	42.98
标准差	2.915	2.493	4.764	6.555

表 4.17   标准化矩阵 ($x-$平均值)/标准差 $[X]$

运行次数	GCM1	GCM2	GCM3	GCM4
1	-1.286	-1.304	0.6	-0.44
2	-0.943	-0.9	-1.7	0.019
3	-0.6	-0.5	-1.07	1.392
4	-0.257	-0.1	-0.44	-0.744
5	0.0858	0.3	1.233	0.17
6	0.428	0.7	0.394	1.544
7	0.772	-0.1	0.81	-0.896
8	1.801	1.9	0.18	-1.05

表 4.18   相关系数矩阵 $GCM[(X^{T}X)/(n-1)]$

	GCM1	GCM2	GCM3	GCM4
GCM1	1.000	0.934	0.404	-0.286
GCM2	0.934	1.000	0.322	-0.120
GCM3	0.404	0.322	1.000	-0.224
GCM4	-0.286	-0.120	-0.224	1.000

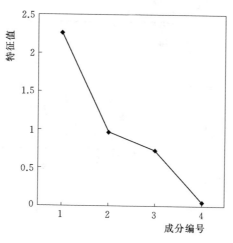

图 4.6　特征值图示

表 4.19　　　　　　　每一个主成分的特征值和相应的方差占比

主成分	初 始 特 征 值		
	总计	方差占比［特征值/主成分数量］/%	累计/%
1	2.261	56.529	56.529
2	0.959	23.979	80.508
3	0.730	18.261	98.769
4	0.049	1.231	100.00

表 4.20　　　　　特征值和相应的特征向量（以特征值的降序排列）

	主 成 分			
	1	2	3	4
特征值	2.261	0.959	0.73	0.049
GCM1	0.955	0.193	−0.160	0.161
GCM2	0.901	0.375	−0.159	−0.151
GCM3	−0.410	0.833	0.370	0.027
GCM4	0.608	−0.296	0.737	−0.011

表 4.21　　　　　　　利用映射转换后的数据 [XW]

运行次数	GCM1	GCM2	GCM3	GCM4
1	−2.917	−0.107	0.311	0.011
2	−1.003	−1.941	−0.321	−0.062
3	0.262	−1.607	0.806	−0.065

运行次数	GCM1	GCM2	GCM3	GCM4
4	−0.607	−0.233	−0.654	−0.03
5	−0.05	1.106	0.52	0
6	1.817	0.216	1.104	−0.043
7	−0.23	1.051	−0.468	0.171
8	2.72	1.521	−1.298	0.019

4.2.5　F 统计检验

F 统计检验是一种衡量从聚类 K 到 $K+1$ 减少的方差的统计检验方法（Burn，1989），可以表示如下：

$$F_K = \left(\frac{ER_K}{ER_{K+1}} - 1 \right)(T-K+1) \tag{4.1}$$

式中：F_K 为聚类 K 的 F 统计检验值；T 为 GCM 的数量；ER_{K+1} 为聚类 $K+1$ 的误差平方值。对应 F_K 值的最优 K 值应大于 10（Burn，1989）。

案例分析 4.5：聚类 2 和聚类 3 的误差平方值为 10 和 9.15，GCM 的数量为 10。计算 F 统计值。

案例求解：

F 统计值 $\qquad F_K = \left(\frac{ER_K}{ER_{K+1}} - 1 \right)(T-K+1)$

聚类 2 的 F 统计值为 $\qquad F_2 = \left(\frac{10}{9.15} - 1 \right)(10-2+1) = 0.836$

4.3　趋势检验法

检验水文或气候数据的可用性和质量可靠性是很有必要的，因为错误和较短的数据序列可能会导致在趋势检验时产生错误的推论（Sonali 和 Nagesh Kumar，2013）。本节利用数据对 Kendall 秩相关系数检验和转向点检验进行了讨论。关于趋势检验方法的更多信息可以参考文献 Mann（1945）、Kendall（1975）和 Patra（2010）。

4.3.1　Kendall 秩相关系数检验

（1）分析数据 y_i，其比数据集中的剩余数据大数倍（$i=1,2,\cdots,I$）。例如，y_1 比连续值大 Q_1 倍，y_2 比连续值大 Q_2 倍，等等。优先计算 y_i 一直到结束。总的优先值 Q 是所有数的总和 $Q_1+Q_2+Q_3+\cdots+Q_n$。

（2）Kendall 秩相关系数 τ 和 τ 的方差可以分别表示为 $\left[\dfrac{4Q}{T(T-1)}-1\right]$ 和 $\left[\dfrac{2(2T+5)}{9T(T-1)}\right]$，其中 T 是数据样本的个数。

（3）计算标准正态变量 $Z=\dfrac{\tau}{\sqrt{Var(\tau)}}$，并对其在给定的置信水平上进行检验。如果 Z 在置信区间范围内（例如，在 5% 的置信水平上置信区间的范围值是 ±1.96），那么该数据序列就没有趋势。

算例问题 4.6： 对以下降水数据进行 Kendall 秩相关系数检验：760、840、120、684、345、231、134、110、451、138、521、615。验证在 5% 的置信水平上是否存在趋势。

算例求解： 数据的个数 $T=12$。

760 的优先性高于其他连续值 120、684、345、231、134、110、451、138、521、615（总的优先性量级 $Q_1=10$）。

同样的，840、120、684、345、231、134、110、451、138、521 和 615 的优先性量级是 10、1、8、4、3、1、0、1、0、0、0。

总的 $Q=10+10+1+8+4+3+1+0+1+0+0+0=38$

Kendall 秩相关系数 $\tau=\dfrac{4Q}{T(T-1)}=\dfrac{4\times38}{12\times11}-1=0.1515$

τ 的方差 $=\dfrac{2(2T+5)}{9T(T-1)}=\dfrac{2\times(2\times12+5)}{9\times12(12-1)}=0.04882$

$Z=\dfrac{\tau}{\sqrt{Var(\tau)}}=\dfrac{0.1515}{\sqrt{0.04882}}=0.6865$，因为 Z 值在 ±1.96 范围内（在 5% 的置信水平上），说明在给定的置信水平上没有趋势。

4.3.2 转向点检验

转向点检验的目的是在一个给定的数据集中确定转向点的数量（Patra，2010）。如果选择的数据 y_i 满足以下任何一个给定的条件，那么转向点值是 1：① $y_{i-1}<y_i>y_{i+1}$ 或者 ② $y_{i-1}>y_i<y_{i+1}$。否则转向点值是 0。步骤如下：

（1）分析数据 y_i 是否满足转向点条件并检查转向点的数量 t。

（2）计算转向点的期望值 $E(t)$ 和方差 $Var(t)$，分别为 $\dfrac{2(T-2)}{3}$ 和 $\dfrac{16T-29}{90}$，其中 T 是数据的个数。

（3）计算标准正态变量 $Z=\dfrac{t-E(t)}{\sqrt{Var(t)}}$，并对其在给定的置信水平上进行检验。如果 Z 在置信区间范围内（例如，在 5% 的置信水平上置信区间的范围值是 ±1.96），那么该数据序列就没有趋势。

算例问题 4.7：检验以下数据在 5% 的置信水平上是否存在趋势：760、840、120、684、345、231、134、110、451、138、521、615。利用转向点检验进行分析。

算例求解：

以下数据用以验证条件①和②。

数据个数 $T=12$。

数据排序和转向点值（括号内）：760，840，120（1）；840，120，684（1）；120，684，345（1）；684，345，231（0）；345，231，134（0）；231，134，110（0）；134，110，451（1）；110，451，138（1）；451，138，521（1）；138，521，615（0）

总的转向点数量 $t=6$。

计算转向点的期望值 $E(t)$ 和方差 $Var(t)$，分别为 $\dfrac{2(T-2)}{3}$ 和 $\dfrac{16T-29}{90}$。

将 T 值替换后为 $\dfrac{2(12-2)}{3}$ 和 $\dfrac{16\times12-29}{90}$，最终期望值和方差为 6.66，1.811。

标准正态变量 $Z=\dfrac{t-E(t)}{\sqrt{Var(t)}}=\dfrac{6-6.66}{\sqrt{1.811}}=-0.4904$

因为 Z 的值在 ±1.96 范围内（在 5% 的置信水平上），说明在给定的置信水平上没有趋势。

4.4　最优化方法

最优化是在给定的条件下寻找一个函数最优值的过程（Loucks 等，1981；Jain 和 Singh，2003；Vedula 和 Mujumdar，2005）。关于最优化方法的详细信息可以参考文献 Ravindran 等（2001）、Rao（2003）、Taha（2005）和 Nagesh Kumar（2017）。

4.4.1　线性规划问题

如果目标函数和所有的约束条件都是关于设计变量的线性函数，那么就将这个最优化问题定义为线性规划问题（Linear Programming Problem，LPP）。模型的目的是确定 $X(x_1, x_2, \cdots, x_n)$，模型的表达式如下：

目标函数：

$$Z=\sum_{i=1}^{n}c_i x_i \tag{4.2}$$

约束条件：

$$\sum_{i=1}^{n} a_{ij}x_i \leqslant b_j, j=1,2,\cdots,m \tag{4.3}$$

$$x_i \geqslant 0, i=1,2,\cdots,n \tag{4.4}$$

式中：c_i、a_{ij} 和 b_j 是常数。

算例问题 4.8：澳大利亚水资源专家对于澳大利亚穆雷-达林盆地 2030 年 4 种作物 A1、A2、A3、A4 的种植模式很感兴趣。采用的 GCM 是 ACCESS1.0，选取的路径是 RCP2.6。从 GCM - RCP 分析得到 15 万 m^3 的地表水，1.5 万 m^3 的地下水，以及在控制区域内有望从废水处理中再利用 1.5 万 m^3 的再生水。保持通胀和市场预期波动，作物 A1 到 A4 的预期净收益是 1200 澳元/hm^2、1400 澳元/hm^2、2200 澳元/hm^2 以及 1600 澳元/hm^2。从细胞自动机（Cellular Automata）（一种具有时空计算特征的动力学模型）和其他分析中获得的预期土地可用率为 140hm^2。作物 A1 到 A4 的需肥量分别为 0.1kg/hm^2、0.12kg/hm^2、0.16kg/hm^2、0.20kg/hm^2，化肥可供应量为 16kg。

利用 Penman - Monteith 法估计作物 A1～A4 的需水量为每公顷 0.14m、0.22m、0.16m、0.22m。对于作物 A1～A4，每公顷所需人工数为 45、67、35、72，总的可供人力为 5000 人日工量。作物 A1～A4 的最低限额和最高限额按公顷算分别为 [25，45]、[24，30]、[16，24]、[20，22]。利用线性规划模型确定最优种植模式以获得最大的净收益。

算例求解：总可供水量＝15＋1.5＋1.5＝18 万 m^3。

A1、A2、A3、A4 代表以公顷为单位的作物面积，可以确定最优值（表 4.22）。

用线性规划解算器 LINGO 可以得到最终结果（http：//www.lindo.com/index.php/products/lingo - and - optimization - modeling）。A1、A2、A3、A4 的作物面积是 25hm^2、24hm^2、23.628hm^2、20hm^2，目标函数值是 147582.9 澳元。

表 4.22　　　　　　　　　　　**线性规划模型表达式**

信　息	LINGO 句法
目标函数	最大值 $Z=1200A1+1400A2+2200A3+1600A4$；
面积约束条件	$A1+A2+A3+A4\leqslant140$；
化肥约束条件	$0.10A1+0.12A2+0.16A3+0.2A4\leqslant16$；
水量约束条件	$0.14A1+0.22A2+0.16A3+0.22A4\leqslant18$；
人力约束条件	$45A1+67A2+35A3+72A4\leqslant5000$
作物区 1 边界	$A1\geqslant25$；$A1\leqslant45$；

续表

信　息	LINGO 句法
作物区 2 边界	A2≥24；A2≤30；
作物区 3 边界	A3≥16；A3≤24；
作物区 4 边界	A4≥20；A4≤22；
	结束

4.4.2　非线性规划问题

当部分或者全部目标函数和（或）约束条件实际上是非线性的时候，便可以采用非线性规划（NLP）。案例分析 4.9 是一个二次规划子案例，具有二次目标函数和线性约束的非线性规划问题。

算例问题 4.9：

使用 LINGO 求解一个二次线性规划问题。

最大值 $Z = 1200x_1^2 + 1400x_2^2$

约束条件为

$$x_1 + x_2 \leqslant 100$$
$$0.1x_1 + 0.12x_2 \leqslant 10$$
$$45x_1 + 67x_2 \leqslant 4000$$
$$x_1 \geqslant 25$$
$$x_1 \leqslant 40$$
$$x_2 \geqslant 20$$
$$x_2 \leqslant 100$$

算例求解：

$x_1 = 25$；$x_2 = 21.43$。

目标函数 $Z = 1392857$。

4.4.3　进化算法

现实世界中的大部分最优化问题很复杂，像离散、连续或者混合变量，多重相互冲突的目标。非线性、非连续、非凸区域。利用现有的线性和非线性方法很难解决。这些问题就需要利用基于进化算法（EA）的其他方法来解决，例如遗传算法（GA）（Deb，2002），差分进化算法（Price 等，2005；Das 等，2016），粒子群算法（Khare 和 Rangnekar，2013），萤火虫优化算法（Garousi-Nejad 等，2016）和声搜索算法（Bashiri-Atrabi 等，2015）。关于非传统的优化算法的进一步讨论可以参考文献 Yang（2010）。在本章中，对 GA 进行了简单介绍。

GA 基于自然选择和自然遗传学的原理，将适者生存和随机交换信息结合起来，形成一个搜索算法（Goldberg，1989；Deb 和 Agarwal，1995；Deb，1999，2002）。选择运算、交叉和变异是促进父点种群产生新子点种群的参数。图 4.7 是一个简单的 GA 算法的流程图。

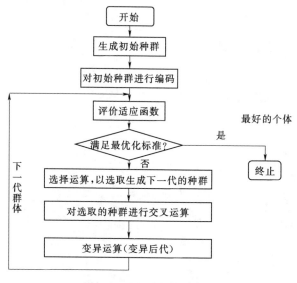

图 4.7　GA 过程的示意图

算例问题 4.10：利用 GA 求解以下问题（Raju 和 Nagesh Kumar，2014）。

最大值 $z = -x_1 + 2x_2 + 3x_3$

约束条件：

$$2x_1 + 3x_2 - 1.5x_3 \geqslant 26$$
$$-2.5x_1 + 4.5x_2 + 3x_3 \leqslant 65$$
$$2x_1 + 3.5x_2 + 1.5x_3 \leqslant 57$$
$$x_1 \geqslant 0；x_2 \geqslant 0；x_3 \geqslant 0$$

算例求解：采用 MATLAB 的 GA 工具箱来解决这个问题（Genetic Algorithm，2017）。图 4.8 展示了工具箱的页面，在这里需要提供重要的信息作为输入数据。详细的输入步骤可以参考下面给出的这个算例问题：

（1）选择解算器。Combo Box 提供了很多解算器，包括线性规划。我们选择 GA 求解给出的这个问题。

（2）适应性函数：这个过程的输入文件是@ab _ d. m（如下）。

函数 $f = ab\_d(x)$

$x1 = double(x(1))$；

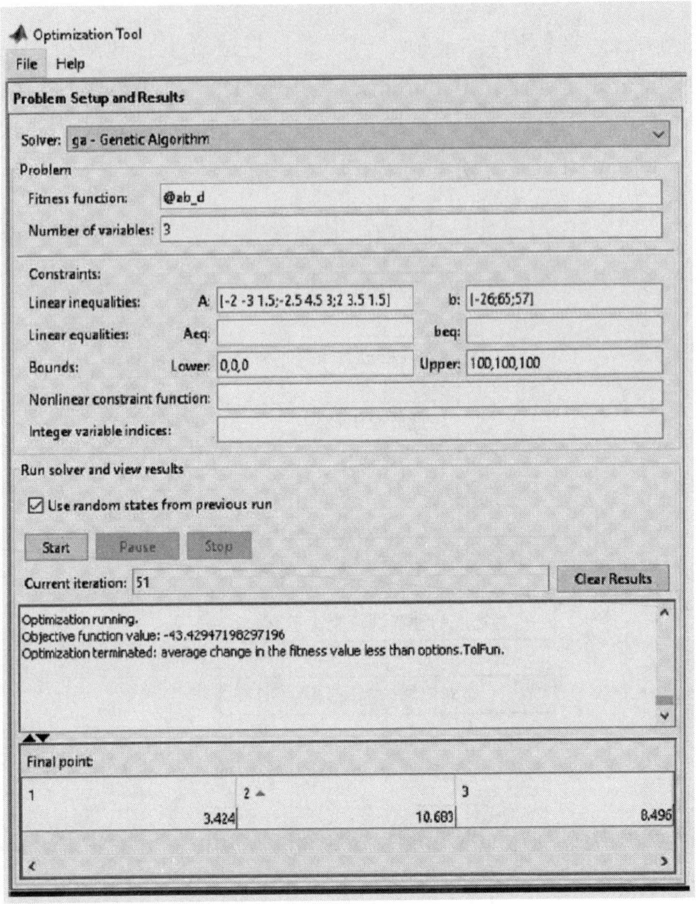

图 4.8 GA 工具箱的主页面

$x2 = \text{double}(x(2))$；

$x3 = \text{double}(x(3))$；

$f = x1 - 2 * x2 - 3 * x3$；

GA 工具箱仅可以解决最小化问题。为了使其兼容，将给定的最大化目标函数与负号相乘，表示为最小化。可以看到以最小化形式表示的 f 方程。

（3）假设变量的数量；在本案例中，为 3（x_1，x_2，x_3）。

（4）利用 GA 解决相等性和非等性（$\leqslant$）约束条件。实际中，任何非等性（$\geqslant$）的约束条件都可以乘以一个负号使其与 GA 工具箱的格式兼容。

考虑到第一个约束条件 $2x_1 + 3x_2 - 1.5x_3 \geqslant 26$；转换后如下：

$$-2x_1 - 3x_2 + 1.5x_3 \leqslant -26 \quad \text{约束条件 1}$$

$$-2.5x_1 + 4.5x_2 + 3x_3 \leqslant 65 \quad \text{约束条件 2}$$

$$2x_1 + 3.5x_2 + 1.5x_3 \leqslant 57 \quad \text{约束条件 3}$$

线性不平等工具箱：

根据矩阵 $A[-2-3\,1.5; -2.5\,4.5\,3; 2\,3.5\,1.5]$ 填写信息，矩阵中的数据分别代表约束条件 1、2、3 中 x_1、x_2、x_3 的系数。

根据矩阵 $B[-26; 65; 57]$ 填写信息，矩阵中的数据分别代表约束条件 1、2、3 中右边的数值。

线性平等工具箱：

这个不适用于目前的这个问题，因为没有平等约束条件。

限值：下限 0，0，0 上限 100，100，100

在填写完上述信息后，点击开始按钮。在进行一定的迭代次数后，可以得到适应性函数的值和决策变量。正如所看到的，适应性函数值是 -43.4294（负号代表最小值）。根据问题的实际意义，目标函数的值是 43.4294，相应的 x_1、x_2、x_3 值分别是 3.424、10.683、8.496。

利用线性规划可以求解相同的问题，所得到的结果是 $[x_1 = 3.4418;$ $x_2 = 10.6511; x_3 = 8.5581; z = 43.5349]$（Raju 和 Nagesh Kumar，2014）。

本章对统计和优化方法进行了讨论，下一章介绍水文模型。

软件（2016 年 12 月 30 日获得的信息）：

聚类分析：

Statistics and Machine Learning Tool Box of MATLAB

SPSS。

MINITAB。

Statistical Analysis System（SAS）。

CVAP：Cluster Validity Analysis Platform（cluster analysis and validation tool）。

混合聚类分析：Fuzzy Logic Tool Box of MATLAB。

Kohonen Neural Networks（KNN）：Neural Network Tool Box of MAT-LAB。

主成分分析：

Statistics and Machine Learning Tool box of MATLAB

SPSS

MINITAB

SAS

XLSTAT

读者也可以通过下面这个链接获得与统计相关的软件。

最优化方法（解决线性、非线性和二次规划问题）：

General Algebraic Modeling System（GAMS）。

LINGO：LINGO 16.0—Optimization Modeling Software for Linear，Non‐linear and Integer Programming。

Global Optimization Tool Box。

Optimization Tool Box。

Genetic Algorithm Tool Box。

复习与练习题

4.1　数据压缩方法的类型有哪些？可以根据什么区分它们？

4.2　简述主成分分析、聚类分析和 Kohonen 神经网络的计算步骤的异同。

4.3　仅用 C1 和 C2，求解与聚类分析相关的算例问题 4.1。C1 和 C2 的权重分别是 0.4 和 0.6。识别每一个 GCM 的类。数据见表 4.1。

4.4　利用表 4.23 中的 3 个指标评价了 9 个 GCM。数据符合梯形隶属函数。采用混合 C 均值算法对 GCM 进行聚类。聚类的数量可以假设为 2。常数 m 的值设为 2。计算第一次迭代后隶属函数值。

表 4.23　　　　　　　　9 个 GCM 和随机分配的聚类数组

GCM	C1	C2	随机分配的聚类初始迭代
(1)	(2)	(3)	(4)
A1	(0.2, 0.3, 0.4, 0.5)	(0.4, 0.55, 0.66, 0.88)	G2
A2	(0.5, 0.6, 0.7, 0.8)	(0.3, 0.5, 0.6, 0.8)	G2
A3	(0.3, 0.6, 0.9, 1.0)	(0.2, 0.40, 0.6, 0.8)	G1
A4	(0.6, 0.7, 0.8, 0.9)	(0.1, 0.2, 0.4, 0.8)	G2
A5	(0.5, 0.7, 0.8, 0.9)	(0.4, 0.6, 0.8, 1)	G1
A6	(0.2, 0.4, 0.6, 0.8)	(0.22, 0.44, 0.66, 0.88)	G1
A7	(0.2, 0.3, 0.5, 0.8)	(0.44, 0.8, 0.9, 1)	G2
A8	(0.2, 0.4, 0.8, 1.0)	(0.11, 0.44, 0.8, 0.9)	G1
A9	(0.1, 0.4, 0.7, 0.9)	(0.3, 0.5, 0.9, 1)	G2

提示：两个模糊梯形数之间的距离为

$$\sqrt{\frac{(p_{aj}-p_j)^2+(q_{aj}-q_j)^2+(s_{ia}-s_j)^2+(t_{ia}-t_j)^2}{4}}$$

其中：p、q、s、t 为模糊梯形数的元素。

4.5 表 4.24 列出了关于 3 个评价标准 C1、C2、C3 的 4 个 GCM 的标准化数据信息。气候专家认为 4 个 GCM 可以划分为两类。类 1 和类 2 的权重是 (0.2, 0.4, 0.8)、(0.2, 0.6, 0.8)。假设学习率为 0.60。采用 KNN，将 GCM 聚类成两类。

表 4.24   标 准 化 数 据

GCM	C1	C2	C3
A1	0.40	0.80	0.40
A2	0.30	0.82	0.55
A3	0.24	0.66	0.34
A4	0.32	0.76	0.42

4.6 利用表 4.5 中的数据求解与主成分分析相关的算例问题 4.4，仅考虑 3 个 GCM。

4.7 现有的各种趋势检验方法有哪些？对于每一种方法，期望和方差是如何计算的？

4.8 验证以下降水数据（mm）是否在 1% 的显著水平上具有趋势：860、930、320、584、445、341、154、220、481、158、541、645。采用转向点检验进行分析。

4.9 对以下降水数据（mm）进行 Kendall 秩相关检验：720、810、130、674、355、241、144、180、461、178、531、625，以验证是否在 1% 的显著水平上具有趋势。

4.10 在你感兴趣的领域，应用线性/非线性规划/遗传算法（与算例问题 4.8 类似）？说出数学上的目标函数、约束条件和所选问题的边界。讨论最优化问题的结果以及在相关领域应用结果面临的挑战。如果适用的话，你可以假设合适的相关数据。例如，温室气体（Greenhouse Gas，GHG）正在与日俱增，不断扩大的人口规模以及来自工业和车辆的污染，导致全球变暖和健康危害加剧。但是，由于工业和社会发展是必须的，所以温室气体不可能会减少。假设工业环境排放二氧化碳（CO_2）和甲烷（CH_4），根据假设的数据进行求解。

思考题

4.11 是否有可能将主成分分析的输出输入到聚类分析中，反之亦然？如果可能的话，这些方法如何相互应用？举例说明这些方法如何有助于建立具有实际意义的气候模型。

4.12　讨论数据压缩方法的局限性？

4.13　说出其他类型的数据压缩方法。

4.14　说出可用于主成分分析和聚类分析的相关软件名称。说明软件的主要特点。

4.15　你认为哪种趋势检验法最适合印度的降水？

4.16　说出可以应用于气候变化研究的不同检测方法。

4.17　说出采用趋势检验法的两个印度研究案例。说出采用的趋势检验方法。

参考文献

Bashiri‑Atrabi H，Qaderi K，Rheinheimer D E，et al，2015．Application of harmony search algorithm to reservoir operation optimization. Water Resour Manage 29：5729 - 5748.

Bezdek J，1981．Pattern recognition with fuzzy objective function algorithms. Plenum，New York.

Burn D H，1989．Cluster analysis as applied to regional flood frequency. J Water Resour Plann Manag 115：567 - 582.

Das S，Mullick S S，Suganthan P N，2016．Recent advances in differential evolution—an updated survey. Swarm Evol Comput 27：1 - 30.

Davies D L，Bouldin D W，1979．A cluster separation measure. IEEE Trans Pattern Anal Mach Intell 1 (4)：224 - 227.

Deb K，Agarwal R B，1995．Simulated binary crossover for continuous search space. Complex Syst 9：115 - 148.

Deb K，1999．An introduction to genetic algorithms. Sadhana 24 (4)：293 - 315.

Deb K，2002．Multi‑objective optimization using evolutionary algorithms，1st edn. Wiley.

Dunn J C，1974．Well separated clusters and optimal fuzzy partitions. J Cybern 4：95 - 104.

Garousi‑Nejad I，Bozorg‑Haddad O，Loáiciga HA，et al，2016．Application of the firefly algorithm to optimal operation of reservoirs with the purpose of irrigation supply and hydropower production. J Irrig Drain Eng 142 (10)：04016041 - 1 - 04016041 - 12. doi：10.1061/ (ASCE) IR. 1943 - 4774.0001064.

Goldberg D E，1989．Genetic algorithms in search. Optimization and Machine Learning，Addison‑Wesley，New York.

Jain A K，Dubes R C，1988．Algorithms for clustering data. Prentice - Hall，Englewood Cliffs，New Jersey.

Jain S K，Singh V P，2003．Water resources systems planning and management. Elsevier B. V，The Netherlands.

Kendall M G，1975. Rank correlation methods. Charless Griffin，London.

Khare A，Rangnekar S，2013. A review of particle swarm optimization and its applications I in solar photovoltaic system. Appl Soft Comput 13：2997 – 3006.

Kohonen T，1989. Self organization and associative memory. Springer，Berlin.

Loucks D P，Stedinger J R，Haith D A，1981. Water resources systems planning and analysis. Prentice – Hall，NJ.

Mann H B，1945. Nonparametric tests against trend. Econometrica 13：245 – 259.

Mujumdar P P，Nagesh Kumar D (2012). Floods in a changing climate：hydrologic modeling. Cambridge University Press，International Hydrology Series.

Patra K C，2010. Hydrology and water resources engineering. Narosa Publishing House.

Price K，Storn R，Lampinen J，2005. Differential evolution—a practical approach to global optimization. Springer，Germany.

Raju K S，Nagesh Kumar D，2014. Multicriterion analysis in engineering and management. Prentice Hall of India，New Delhi.

Rao S S，2003. Engineering optimization：theory and practice. New Age International （P） Limited，New Delhi.

Ravindran A，Phillips D T，Solberg J J，2001. Operations research—principles and practice. Wiley，New York.

Ross T J，2011. Fuzzy logic with engineering applications. Wiley.

Sonali P，Nagesh Kumar D，2013. Review of trend detection methods and their application to detect temperature changes in India. J Hydrol 476：212 – 227.

Taha H A，2005. Operations research—an introduction. Prentice – Hall of India Pvt. Ltd. ，New Delhi.

Vedula S，Mujumdar P P，2005. Water resources systems：modelling techniques and analysis. Tata McGraw Hill，New Delhi.

Yang X S，2010. Nature – inspired metaheuristic algorithms. Lunvier Press，United Kingdom.

Yegnanarayana B，1998. Artificial neural networks. Prentice Hall of India，New Delhi.

扩展阅读文献

Hamed K H，Rao A R，1998. A modified Mann – Kendall trend test for auto correlated data. J Hydrol 204：219 – 246.

Haan C T，1977. Statistical methods in hydrology. Iowa State University Press，Ames，Iowa，p 378.

Hastie T，Tibshirani R，2011. The elements of statistical learning：data mining，inference，and prediction. Springer Series in Statistics.

Helsel D R，Hirsch R M，2002. Statistical methods in water resources techniques of water resources investigations，book 4，chapter A3，US geological survey，pp 522.

Khaliq M N，Ouarda T B M J，Gachon P，et al，2009. Identification of hydrologic trends in the presence of serial and cross correlations. A review of selected methods and their application to annual flow regimes of Canadian rivers. J Hydrol 368：117 - 130.

Lettenmaier D P，1976. Detection of trend in water quality data from record with dependent observations. Water Resour Res 12：1037 - 1046.

Milton J S，Arnold J C，2007. Introduction to probability and statistics. Tata McGraw - Hill.

North G R，Bell T L，Cahalan R F，et al，1982. Sampling errors in the estimation of empirical orthogonal functions. Mon Weather Rev 110：699 - 706.

Shrestha S，Anal A K，Salam P A，et al，2015. Managing water resources under climate uncertainty：examples from Asia，Europe，Latin America，and Australia. Springer Water，pp 438.

第 5 章

水 文 模 型

　　本章对水文模型的基本定义、模型的类别划分以及利用水文模型解决水资源工程问题的步骤进行了描述。基于数值理论，重点对暴雨洪水管理模型（Storm Water Management Model，SWMM）、水文工程中心-水文模拟系统（Hydrologic Engineering Center's‑Hydrologic Modeling System，HEC‑HMS）、水土评估模型（Soil and Water Assessment Tool，SWAT）、可变下渗能力模型（Variable Infiltration Capacity，VIC）等水文模型展开研讨，此外，也介绍了 MIKE 模型的相关内容。通过本章的阅读，希望读者能够深入了解代表性水文模型的异同点，并获知不同水文模型的适用性。

　　关键词：HEC‑HMS，水文模型，MIKE，SWAT，SWMM，VIC

5.1　水文模型概况

　　国际著名水文学家 Dooge（1992）认为，水文学就是水量平衡求解过程，水文系统是以动态输入变量在物理、化学、生物系统中传递并产生输出变量的过程，其中的变量可以是降水或蒸发，也可以是土壤湿度或径流。Xu（2002）对水文模型进行了全面的综述，而 Francini 和 Pacciani（1991）则对当时典型的概念性降雨径流模型进行了对比分析。通过研究，Xu（2002）提出了关于水文模型的术语：

　　（1）参数是一个可测的量值，它可以用来描述一个系统，这个系统可以是一个常数，也可以是一个随时间变化的变量或者其他变量，这个参数能够通过实测的方式进行量化或推算。

　　（2）水文模型通过用能量、动量和连续性方程定律中的一些假设来评估某汇水区的水文现象，即将复杂的水循环系统加以简化用以描述汇水区内的水循环过程（Dooge，1992）。水文模型最主要的功能就是径流模拟，模拟结果可以支撑水库调度与防洪抗旱研究。径流模拟的准确度会受到水文模型概化、流域数据可用性和数据监测质量的影响。此外，水文模型的模拟结果还会受到模型结构以及模型模拟过程中不确定性的限制。为了获取准确度较高的模拟结果，需要了解不同种类水文模型模拟原理的差异，分别探究各水文模型组成模块的作用，并对每个模型的适用性进行评估，从而实现流域水文模型的合理构建与径流的高精度模拟。

Eldho（2017）通过分析发现，水文模型可以划分为以下几类：

（1）理论/物理机制模型，其与实际水文系统具有相同的逻辑结构，如基于两相流多孔介质的入渗模型、基于圣维南方程的流域径流模型、基于湍流和扩散原理的蒸发模型和基于基本输运方程的地下水模型等均是理论/物理机制模型。经验模型，在水文学中又被称为"黑箱模型"，该模型不能适应有不可测输入的过程，不能反映过程内部的运动规律，即不考虑流域物理过程，模型的建立是基于输入和输出时间序列的分析结果来实现的。概念性模型，介于理论/物理机制模型与经验模型之间，在水文中，概念性模型常用一些物理和经验参数来描述径流形成的物理过程。

（2）线性和非线性模型是基于输入与输出间的回归关系而建立的。

（3）若输入与输出间的关系不随时间而变化，则可将其称为时不变模型。

（4）集总式模型假定整个流域是均匀的，而分布式模型将流域划分成若干计算单元，计算单元间通过一定水量交换关系进行关联。中间的过程则被称为半分布式。

（5）若所有变量不具有随机性，则模型就是确定性模型，反之亦然。

（6）仅用于模拟洪水和径流系列的模型被分别称为基于事件的模型和连续模型。

水文模型间是可以进行组合的，如集总式概念模型、分布式理论模型、分布式概念模型等。WASMOD（Water and Snow Balance Modeling System）就是一个集总式、随机、概念性水平衡模型；HBV（Hydrologiska Byrans Vattenbalansavdelning）是集总式（半分布）、确定性、概念性日降雨径流模型；TOPMODEL 是基于物理机制的半分布式模型；SHE（Systeme Hydrologique Europeen）是基于物理机制的确定性分布式模型。水文模型的详细信息可以从 Singh and Woolhiser（2002）、Xu（2002）的研究成果中获取。通过水文建模求解水资源工程问题的步骤如下：

（1）问题定义：对地下水、地表水、径流和海水入侵等领域问题进行识别。

（2）数据可用性分析：降水及其持续时长、温度、径流数据决定了水文模型的选择。

（3）模型选取：模型的选取会随着领域的不同、数据可用性以及软件获取途径的差异而产生变化。

（4）模型参数率定：通过参数值的率定，实现模拟值与实测值间的合理拟合。

（5）模型验证：利用步骤（4）获得的参数值，通过长系列数据对模拟结果进行验证，以模拟值与实测值间的拟合程度来评估水文模型的有效性。

（6）模型应用：满足步骤（4）和（5）要求后，模型搭建成功，可以用于流域的水文模拟。

在随后的内容中，对暴雨洪水管理模型（Storm Water Management Model，SWMM）、水文工程中心-水文模拟系统（Hydrologic Engineering Center's - Hydrologic Modeling System，HEC - HMS）、水土评估模型（Soil and Water Assessment Tool，SWAT）、可变下渗能力模型（Variable Infiltration Capacity，VIC）等水文模型展开了详细的研讨。

5.2　SWMM 模型

SWMM 模型是一个动态的降水-径流模拟模型，主要用于模拟城市某一单一降水事件或长期的水量和水质模拟。其径流模块部分综合处理各子流域所发生的降水、径流和污染负荷。其汇流模块部分则通过管网、渠道、蓄水和处理设施、水泵、调节闸等进行水量传输（图 5.1）。

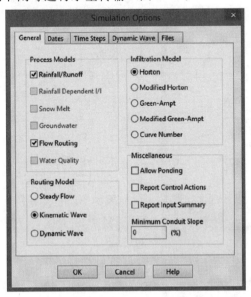

图 5.1　SWMM 模型中的求解方法

SWMM 模型可以跟踪模拟不同时间步长任意时刻每个子流域所产生径流的水质和水量，以及每个管道和河道中水的流量、水深及水质等情况。SWMM 模型也可以扩展到低影响开发控制模型（Low Impact Development，LID）（图 5.2），这样有利于水文、水动力和水质模拟，并实现暴雨-径流条件下污染物负荷的估算（图 5.3）。

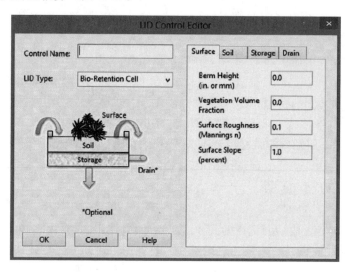

图 5.2　SWMM 模型 LID 控制编辑界面

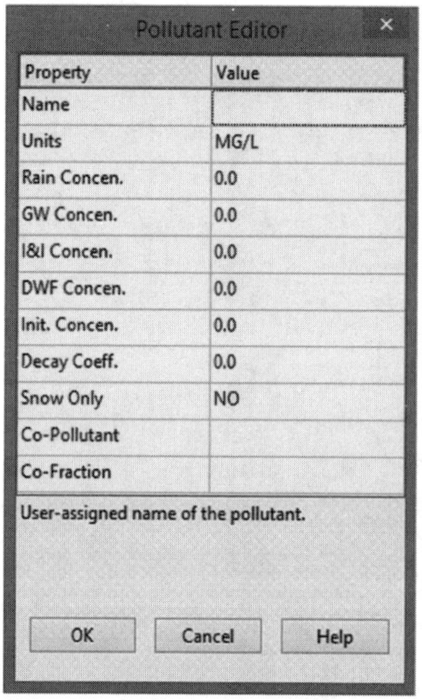

图 5.3　SWMM 模型污染物编辑界面

Barco 等（2008）分析发现，SWMM 模型可以通过建模为蓄洪设施与防洪排水系统设计提供便利。暴雨管理模型气候调节工具（Storm Water Management Model Climate Adjustment Tool，SWMM - CAT）是 IPCC 第三次评估针对 SWMM 模型所提出的（图 5.4）。SWMM 模型的更多信息可以从 Daniel 等（2011）和 SWMM 操作手册（2017）中获取。

算例问题 5.1：图 5.5 展示了在 SWMM 模型中模拟一个假定的暴雨系统的过程。

算例求解：从 EPA 官网上下载 EPA SWMM 5.1（epaswmm5.1.exe）文件，exe 文件可以在"开始"菜单中运行。此外，为了便于打开模型程序，可以将

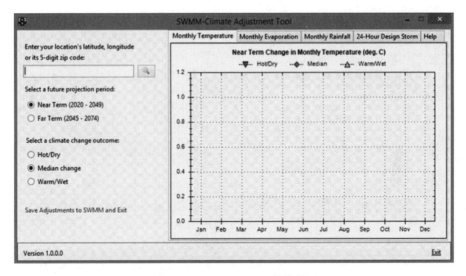

图 5.4 SWMM-CAT 模块界面

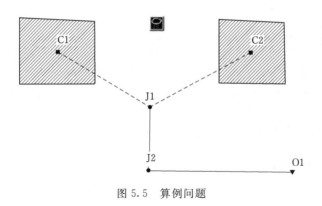

图 5.5 算例问题

SWMM 模型的快捷方式固定在电脑桌面上。SWMM 模型的建模步骤如下：

（1）在模型启动前，应设定默认的选项集，该选项集可以从设置项目选项中选择（即首先选择"Project"选项，随后单击"Defaults"选项，打开默认对话框）。在对话框中可以对 ID 标签、子流域和节点默认选项进行设定。ID 标签中可以设定包括子流域、节点、接点、出水口等对象信息；子流域中可以设定流域面积、宽度、坡度等属性；节点默认选项可以对几何形状、粗糙度、演进方式等节点/链接属性进行设定。此步骤操作界面见图 5.6。算例问题如下：

在"ID 标签"对话框中，将以下内容作为输入信息。

Rain gauges（雨量）—R；Sub-catchments（子流域）—C；Junctions（接点）—J；Outfalls（出水口）—O；Conduits（管线）—CO。

在"子流域"对话框中，将以下内容作为输入信息：

Area＝3；Width＝500；Slope＝0.05；Impervious＝20；N－Impervious＝0.02。

N－Pervious＝0.05；Dstore－Imperv＝0.03；Dstore－Perv＝0.04；Zero－Imperv＝25%。

选择 Horton 理论作为入渗方法。同时，在节点/链接默认页面进行如下设置：

Node Invert＝0；Node Max. Depth＝3；Node Ponded Area＝0；Conduit Length＝200。

此外，选择运动波理论作为演进方式，并对管道尺寸进行设定：

Barrels＝0；Shape＝Rectangular；Max. Depth＝1.0；Conduit Roughness＝0.03；Flow Units＝CMS；Link Offsets＝DEPTH。

（2）在 SWMM 地图窗口绘制研究区的暴雨网格图（即右击绘图窗口，选择"Options"选项，并设置注释和字体大小来显示对象名称；选择"View"菜单，点击"Dimensions"选项，打开地图尺寸对话框；在绘图窗口中绘制子流域；在菜单栏中选择 选项，在子流域绘制完成后，右击完成绘图；双击"子流域"选项，打开显示子流域属性的对话框，并在此输入流域面积、宽度、坡度、出口等信息）。特别地，如果有两个或多个子流域，考虑到每个子流域属性存在差异，则应针对不同子流域分别填写对话框所需信息。此步骤操作界面见图 5.7。

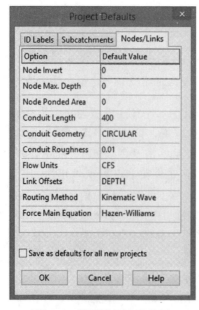

图 5.6　模型默认选项界面

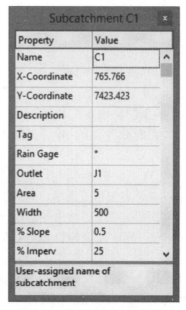

图 5.7　模型子流域选项界面

完成上述设置后，则开始对接点进行设定。选择 ⬭ 选项，在所需的地方标注接点；双击标注的接点，在对话框中输入该接点的属性信息；若有多个接点，则重复属性信息输入操作。单击 ▽ 功能绘制出水口；双击所绘的出水口，完成该出水口属性信息的输入。

暴雨系统中的各接点、连接点与出水口之间应合理连通，该功能是通过雨水管线来实现的，如雨水管线 CO1 就是接点 J1 和 J2 间的连通线。实现连接功能的操作为：选择 ⊨ 选项，当光标会变为铅笔样式时，可在各接点位置进行管线绘制。随后，对雨量值进行设定。雨量值设定步骤为：选择 ☁ 选项，对雨量站进行定位；双击雨量站，输入长系列降水数据（顺序单击"Project→Options→Curves→Time series"），设定降水量单位；将上述时间序列再次输入到雨量站对话框中，即可完成研究区暴雨网格图的绘制。此步骤操作界面见图 5.8。

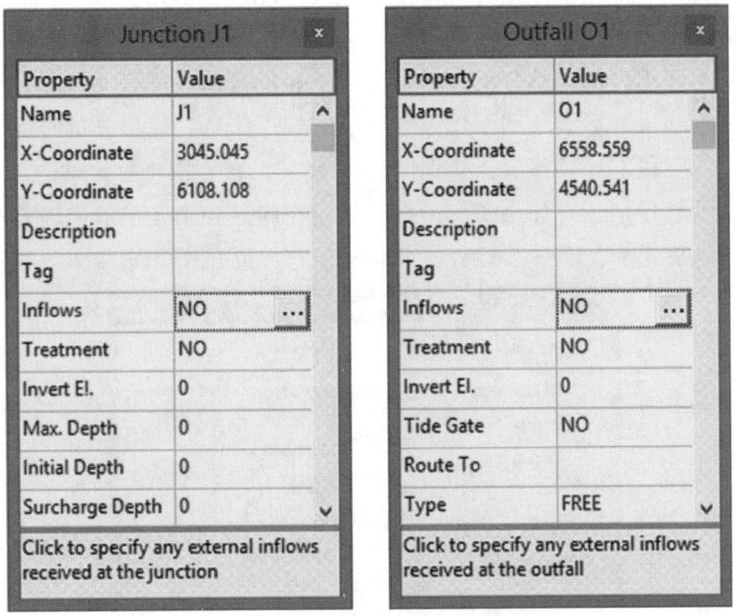

Junction J1		Outfall O1	
Property	Value	Property	Value
Name	J1	Name	O1
X-Coordinate	3045.045	X-Coordinate	6558.559
Y-Coordinate	6108.108	Y-Coordinate	4540.541
Description		Description	
Tag		Tag	
Inflows	NO ...	Inflows	NO ...
Treatment	NO	Treatment	NO
Invert El.	0	Invert El.	0
Max. Depth	0	Tide Gate	NO
Initial Depth	0	Route To	
Surcharge Depth	0	Type	FREE
Click to specify any external inflows received at the junction		Click to specify any external inflows received at the outfall	

图 5.8　模型接点与流域出口信息界面

算例问题：采用以下数据作为输入条件练习暴雨网格图的绘制过程。

实际操作：输入 Node：J1；J2；O1；设定 Invert level：J1＝98；J2＝92；O1＝85。随后，设定雨量信息：

Rain format—Intensity；

Rain Interval—0：30；

Data Source—Time series；

Series name—time series 1；

SWMM 示例模型降雨系列时间序列 1（Time series 1）的数据可见表 5.1。

表 5.1　SWMM 示例模型降雨系列

时间（h：min）	数值/mm	时间（h：min）	数值/mm
0：00	0	1：30	2
0：30	10	2：00	0
1：00	6		

完成上述输入后，单击"Data browser"菜单中的"Project title"选项，可以对该项目文件名称进行设定；而后，选择"File"菜单中的"Save"选项，项目文件即可保存。

（3）SWMM 模型有入渗、演进等多种分析模型，可针对模拟变量，选择合适的分析模型。从侧面菜单栏依次单击"Project→Options→General"，在界面完成分析模型的选择，单击"OK"进入下一步。

（4）为了模型的完整分析，必须对模拟和运行选项进行选择。模型运行前还需要用户输入潮湿天气和干燥天气持续时长等信息，模型分析时长可由用户进行设定。完成上述操作后，选择"Project"菜单中 选项，单击"Run"即可启动模型。特别地，如果模型运行条件存在问题，则会显示错误警告，按提示修改错误后，模型会继续运行。此步骤操作界面见图 5.9 和图 5.10。

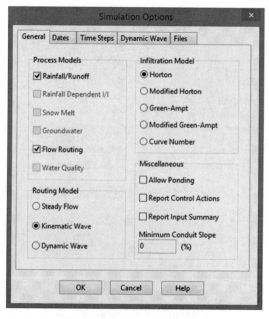

图 5.9　模型分析方法选择界面

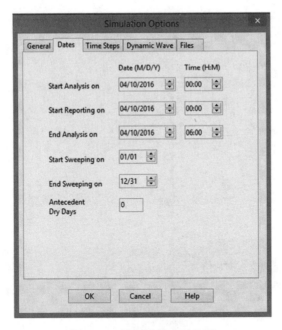

图 5.10　模型模拟选项界面

（5）最后，通过结论报告（依次单击"Select→Reports→Summary"）、模拟概况和散点图来查看模型模拟结果。从菜单栏中选择 ◥ 选项，可以创建接点间的剖面图。若需要比较流域间的参数信息，在菜单栏中选择"Scatter Plot"选项即可；若需要为模型参数增加颜色编码，依次单击"Select→View→Legends"即可。

5.3　HEC – HMS 模型

HEC – HMS（The Hydrologic Engineering Center's – Hydrologic Modeling System）模型系统能够通过模拟降水-径流过程来实现城市或天然小流域及大流域的供水、流水水文计算。HEC – HMS 模型系统由流域模块、气象模块及水文模拟模块组成。

（1）流域模块。流域模块包含的子流域、河段、接点、水库、调水、水源和汇水点等要素见图 5.11。

初损稳损法（Initial and Constant）、SCS 曲线法（SCS Curve Number）、栅格 SCS 曲线法［Gridded SCS Curve Number 和格林-艾姆普特法（Green - Ampt），可用于入渗报矢计算］。Clark、Snyder 和 SCS 单位过程线法可用于超渗产流计算（图 5.12）。还有一些演进算法可供操作人员选用（图 5.13）。

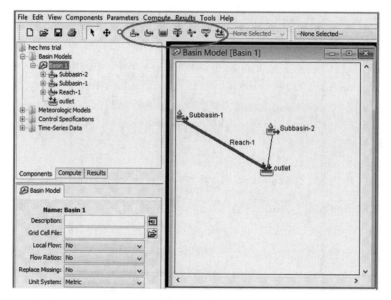

图 5.11　模型窗口中的要素展示

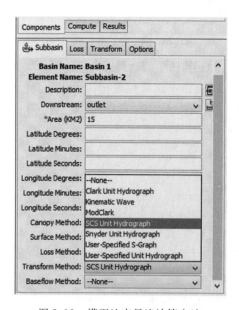

图 5.12　模型地表径流计算方法　　　　图 5.13　模型径流演进计算方法

　　（2）气象模块。气象模块主要进行融雪、降雨、蒸发要素的分析计算，生成径流模拟所需的气象数据（图 5.14）。

　　（3）水文模拟模块。该模块是控制模型运算的起始和终止时间，以及计算的时间间隔（图 5.15）。模型给出的计算的时间间隔范围从 1min 到 24h，可以满足不同精度的要求。通过集成相关模块和控制规范，可以实现模型的仿真模拟（模型结果展示见图 5.16）。此外，模型还包含有参数估计、模拟分析、GIS 连接等组件。研究人员可以参考 Scharffenberg and Harris（2008）、Merwade（2012）、Silva 等（2014）和 HEC - HMS 操作手册（2017）了解更多关于软件、用户手册等信息。

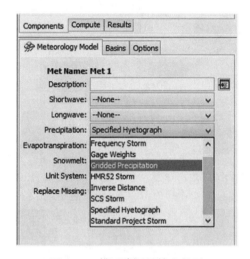

图 5.14　模型降雨量输入界面　　　图 5.15　模型降雨量信息输入界面

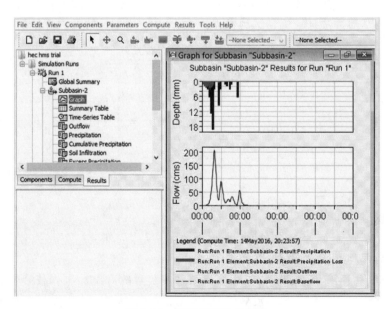

图 5.16　模型模拟结果展示

算例问题 5.2：以假定的数据构建 HEC－HMS 示例模型，用来演示模型的模拟分析过程。图 5.17 展示了由两条管线所连接的具有 3 个接点的暴雨网格图，其中的子流域 1、2、3 分别以接点 1、2、3 作为出水口，每个子流域的流量峰值（m³/s）可由以下数据计算确定。

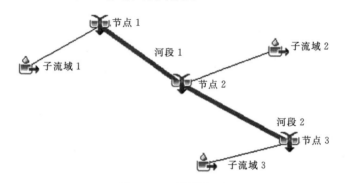

图 5.17　示例研究区

河段 1 与河段 2 尺寸信息：按矩形考虑：宽度为 5m，长度为 50m，坡降为 0.03，糙率为 0.02。

子流域面积：子流域 1～5km²，滞后时长 60min；子流域 2～3km²，滞后时长 40min；子流域 1～2km²，滞后时长 20min。

将表 5.2 中的数据作为降雨输入信息。同时，假设整个区域 85% 的地面是不透水的。选择 SCS 曲线法计算损失量，SCS 单位过程线法作为转化方法，用水动力学演进法计算流量运动过程。

表 5.2　　　　　　　　　　　HEC－HMS 示例模型降雨系列

日期（时间：小时：分钟）	降雨/mm
2000 年 1 月 1 日，00：00	0
2000 年 1 月 1 日，06：00	5
2000 年 1 月 1 日，12：00	10
2000 年 1 月 1 日，18：00	3
2000 年 1 月 2 日，00：00	2

算例求解：

建模过程如下：

（1）新建一个项目文件（即选择 "File" 菜单，单击 "New" 选项），将其命名后保存到用户指定的文件夹中（图 5.18）。

HEC－HMS 模型拥有多个表征流域系统要素的对象。这些对象可以在模型软件主窗口上找到，如子流域、河段、接点、水库、调水、水源和汇水点等要素（图 5.19）。

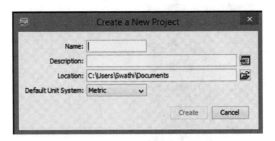

图 5.18 项目文件创建界面

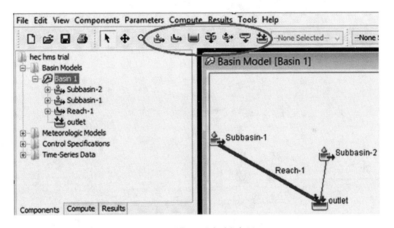

图 5.19 模型对象创建界面

（2）将流域划分出一定数量的子流域，单独创建每个子流域的名称。本次示例中创建了 3 个子流域，单击"Components"菜单中的"Basin Model Manager"选项可实现上述功能（图 5.20）。在所创建的对象对话框中，绘制流域暴雨网格图。需要注意的是，每个子流域所需数据需要进行单独输入。

（3）输入接点、河段和子流域信息。

（4）在对话框中选择 SCS 曲线法计算损失量，SCS 单位过程线法作为转化方法（图 5.21），用水动力学演进法计算流量运动过程（图 5.22）。

（5）完成项目文件对象创建与流域接点绘制后，用户开始在气象模式中输入降雨信息，选择"Components"菜单里的"Meteorological Model Manager"选项可以实现上述操作。在此，我们选择了其中的两个子流域并对各子流域分别输入了雨量站分布信息（图 5.23）。

（6）使用时间序列管理器输入降雨系列，并将输入的降雨系列分配到设置的雨量站上。选择"Components"菜单中的"Time Series Manager"选项，并依次单击"Precipitation Gauge→Gauge 1→Rainfall Values"可以实现上述操作（操作界面见图 5.24）。

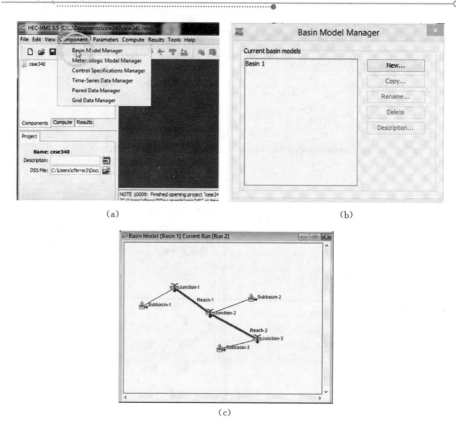

(a)　　　　　　　　　　　　　　　　　　(b)

(c)

图 5.20　流域创建界面

（a）流域模型管理器；（b）HEC－HMS 中的流域创建；（c）HEC－HMS 中已创建的流域

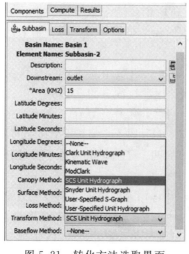

图 5.21　转化方法选取界面

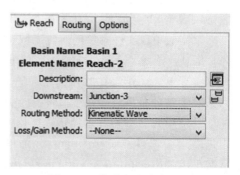

图 5.22　演进方法选取界面

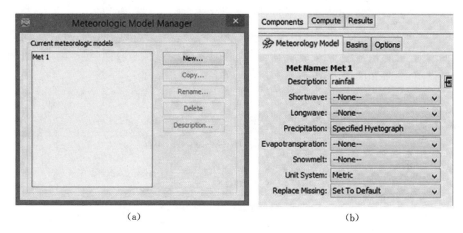

图 5.23　气象模式设置界面

（a）气候模式管理局；（b）降水输入

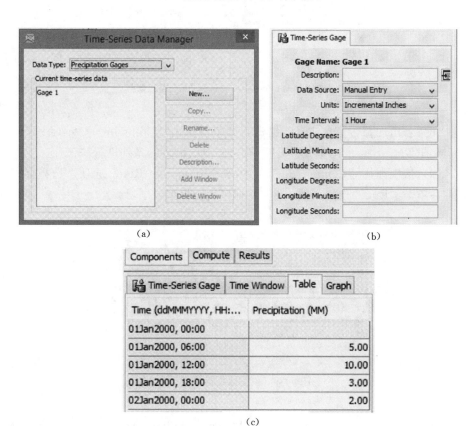

图 5.24　降雨信息设置界面

（a）时间序列数据管理器；（b）时间序列条件；（c）降水数据输入

（7）完成步骤（6）后，用户开始定义控制规范。选择"Components"菜单中的"Control Specifications"选项，以模型起始时间和结束时间作为控制规范的输入条件。示例中，选择降雨开始的 2 天作为起始时间，模型运行时间间隔设定为 15min（图 5.25）。

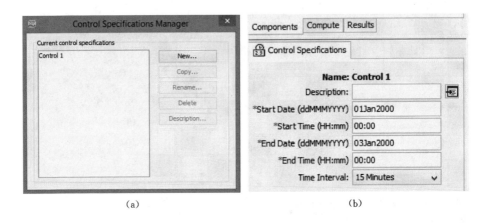

（a）　　　　　　　　　　（b）

图 5.25　控制规范设置界面
（a）控制规范管理器；（b）建模的开始与结束数据

（8）若出现警告信息或运行错误，则依次单击"Compute→Create→Simulation RUN→Select Required RUN"对所有已输入的条件进行修正。

（9）依次选择"Compute"菜单中的"Simulation Run"选项，选择模型名称并单击"Run"按钮（图 5.26），即可运行模型。

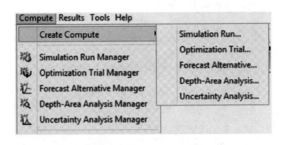

图 5.26　模型运行操作界面

（10）选择"Results"菜单中的"Global Summary Table"选项可以查看所有目标的模拟结果，选择"Element Summary Table"选项可以查看所选目标的模拟结果（图 5.27）。

Global Summary Results for Run "Run 2"

Project: example Simulation Run: Run 2

Start of Run: 01Jan2000, 00:00 Basin Model: Basin 1
End of Run: 03Jan2000, 00:00 Meteorologic Model: Met 1
Compute Time: 11Jan2017, 20:26:53 Control Specifications: Control 1

Show Elements: All Elements Volume Units: MM 1000 M3 Sorting: Hydrologic

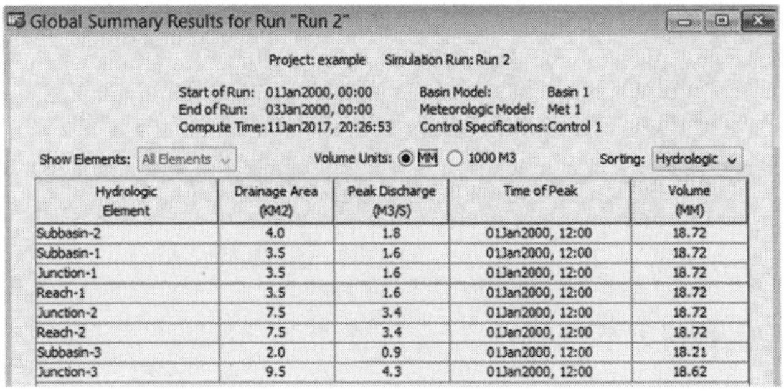

Hydrologic Element	Drainage Area (KM2)	Peak Discharge (M3/S)	Time of Peak	Volume (MM)
Subbasin-2	4.0	1.8	01Jan2000, 12:00	18.72
Subbasin-1	3.5	1.6	01Jan2000, 12:00	18.72
Junction-1	3.5	1.6	01Jan2000, 12:00	18.72
Reach-1	3.5	1.6	01Jan2000, 12:00	18.72
Junction-2	7.5	3.4	01Jan2000, 12:00	18.72
Reach-2	7.5	3.4	01Jan2000, 12:00	18.72
Subbasin-3	2.0	0.9	01Jan2000, 12:00	18.21
Junction-3	9.5	4.3	01Jan2000, 12:00	18.62

图 5.27 子流域流量峰值模拟结果

5.4 SWAT 模型

SWAT 模型（Soil and Water Assessment Tool）是一种流域尺度模型（Neitsch 等，2002a，b），能够用于预测复杂流域中不同土壤类型、土地利用变化、土地管理措施实施等对水资源、农业和沉积物的影响（Anandhi，2007；Akhavan 等，2010）。SWAT 模型将流域划分为水文响应单元（Hydrological Response Unit，HRUs）。SWAT 模型模拟主要分为两个部分：第一部分为子流域模块，负责产流和坡面汇流；第二部分为汇流演算模块，负责河道汇流。AVSWAT - 2000 是一个 ArcView 扩展软件，具有 SWAT 模型的图形用户界面（Graphical User Interface，GUI）（Di Luzio 等，2002），AVSWAT 软件示意图见图 5.28。

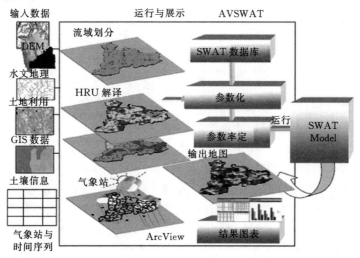

图 5.28 AVSWAT 软件示意图
（摘自于 Di Luzio 等，2002）

数字高程数据（DEM）、土壤类型数据、土地利用/植被覆盖数据、水文数据、气候变量及其空间分布数据是模型的主要输入条件（Anandhi，2007）。SWAT－CUP 是模型中自带的参数敏感新分析程序，QSWAT 是模型的 QGIS 接口。关于 SWAT 模型、SWAT－CUP 程序和 QSWAT 更加详细的内容可参见 SWAT 用户手册（2017）。

5.5　其他建模技术

可变下渗容量水文模型（VIC）是另一种物理式、分布式水文模型，包括工地利用类型、土壤类型、冰川融雪模型、气候输入数据、冻土公式化、动态湖泊/湿地模型、流量演进等模块。关于 VIC 模型的详细资料可参见 Lohmann 等（1996；1998），模型使用说明可参见 VIC（2017）软件手册。

MIKE 系列有多种模型，其中，MIKE URBAN 模型（2017）包含了水资源配置系统和暴雨排洪系统；MIKE FLOOD 模型（2017）具有一维和二维洪水模拟程序，可以对任何洪水问题进行模拟分析；MIKE 21（2017）是用于模拟评估沿海和近海结构变化的模型；MIKE HYDRO Basin 模型（2017）不仅可以为多部门提供水资源短缺及其配置问题的解决方案，还能用于气候变化对水资源可用性和质量影响的研究。

其他相关软件信息可见 XPSWMM 报告（2017），关于水文模型的详细信息可以在 Singh 和 Woolhiser（2002）、Devi 等（2015）、水文模型报告（2017）中找到。

本章对与气候变化相关的典型水文模型进行了探讨，下一章节将对案例进行研究。

复习与练习题

5.1　水文建模的目的是什么？

5.2　SWMM 模型的特征是什么？

5.3　HEC－HMS 模型的特征是什么？

5.4　SWAT 模型的特征是什么？

5.5　MIKE 系列都有哪几种与水文相关的模型？根据用途如何进行区分？

5.6　利用 SWMM 模型，获得日最高降雨量为 80mm/d 的洪水淹没面积和最大淹没水深。利用 SWMM 模型，对图 5.29 所示的暴雨网格进行 Horton 入渗和动态演进计算。

模拟计算数据可见表 5.3～表 5.5。利用表格数据，获得以下结果：

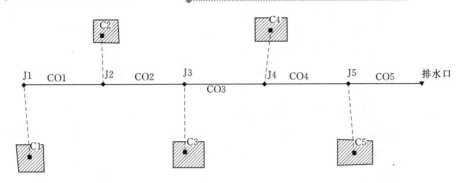

图 5.29 暴雨网格

表 5.3　　　　　　　　　　　　　　节 点 信 息

编号	节点	接点名称	长度/m	标高/m	深度/m
1	J1	儿童公园	0	520.13	2.2
2	J2	超级市场	300	516.67	3.5
3	J3	圣殿路	600	508.53	1.8
4	J4	MKR 街	900	506.29	2.4
5	J5	购物广场	1200	500.33	4.1
6	排水口	湖	1500	498.22	3

表 5.4　　　　　　　　　　　　　　河 道 信 息

编号	河道	排 水 河 段		长度/m		宽度/m	深度/m	曼宁系数
		始	末	始	末			
1	CO1	儿童公司	超级市场	0	300	3	2.0	0.003
2	CO2	超级市场	圣殿路	300	600	5	2.0	0.002
3	CO3	圣殿路	MKR 街	600	900	8	1.5	0.002
4	CO4	MKR 街	购物广场	900	1200	6	2.5	0.003
5	CO5	购物广场	湖（排水口）	1200	1500	3.5	1.6	0.002

表 5.5　　　　　　　　　　　　　　子 流 域 信 息

编号	子流域	地 点		长度/m		面积/hm²	坡度	不透水率/%	宽度/m
		始	末	始	末				
1	C1	儿童公司	超级市场	0	300	86.23	0.013	50	320
2	C2	超级市场	圣殿路	300	600	56.25	0.025	43	430
3	C3	圣殿路	MKR 街	600	900	72.65	0.016	28	350
4	C4	MKR 街	购物广场	900	1200	62.67	0.056	65	220
5	C5	购物广场	湖（排水口）	1200	1500	92.45	0.016	73	184

（a）利用格林–艾姆普特法（Green – Ampt）和动态演进法，模拟计算降雨量为 20mm/h 时的暴雨网格淹没节点和最大淹没水深；

（b）设计无洪水情况下的排水系统（使用蓄水池，在需要的地方设置水泵）；

（c）设计无洪水情况下的排水系统（使用低影响开发模式）。

5.7　使用 Muskingum – Cunge 演进算法计算 HEC – HMS 模型章节算例问题 5.2，比较其与 Kinematic 研究算法结果的不同。

5.8　利用 HEC – HMS 模型，计算降雨量为 45mm/d、时间间隔为 1d 条件下的洪水演进的关键节点（如果有的话）。若有必要，可以使用 HEC – HMS 模型章节算例 5.2 问题中的数据，并考虑各子流域不透水面积为 95%。

5.9　VIC 模型的各组成部分是什么？

思考题

5.10　比较 SWMM、HEC – HMS、SWAT 和 VIC 模型任意 3 个特征的不同点。

5.11　你认为哪种模型适合水文模拟？为什么？如果不是这样，你能描述出理想的水文模型及其可能的组成部分吗？

5.12　你能提出一个结合 SWMM、HEC – HMS、SWAT 和 VIC 模型特征的新软件/方法吗？

5.13　你能推荐出 10 个本章未曾提到的涉及水文模型的软件吗？

参考文献

Akhavan S，Abedi – Koupai J，Mousavi SF，et al，2010. Application of SWAT model to investigate nitrate leaching in Hamadan – Bahar watershed Iran. Agr Ecosyst Environ 139：675 – 688.

Anandhi A，2007. Impact assessment of climate change on hydrometeorology of Indian River. Basin for IPCC SRES scenarios. PhD thesis，Indian Institute of Science，Bangalore.

Barco J，Wong K，Stenstrom M，2008. Automatic calibration of the U. S. EPA SWMM model for a large urban catchment. J Hydraul Eng（ASCE）134（4）：466 – 474.

Daniel E B，Camp J V，LeBoeuf E J，et al，2011. Watershed modeling and its applications：a state – of – the – art review. Open Hydrol J 5：26 – 50.

Devi G K，Ganasri B P，Dwarakish G S，2015. A review on hydrological models. Aquatic Procedia 4：1001 – 1007.

Di Luzio M，Srinivasan R，Arnold J G，et al，2002. Soil and Water Assessment Tool：

ArcView GIS Interface Manual: Version 2000. GSWRL Report 02 – 03, BRC Report 02 – 07, Texas Water Resources Institute TR – 193, College Station, TX, pp. 346.

Dooge J C I, 1992. Hydrologic models and climate change. J Geophys Res 97 (D3): 2677 – 2686.

Eldho T I, 2017. Lecture Material on Watershed Management (Lecture number 16), Department of Civil Engineering, Indian Institute of Technology, Bombay (Accessed on 1. 1. 2017).

Francini M, Pacciani M, 1991. Comparative analysis of several conceptual rainfall – runoff models. J Hydrol 122: 161 – 219.

Lohmann D, Nolte – Holube R, Raschke E, 1996. A large – scale horizontal routing model to be coupled to land surface parametrization schemes. Tellus 48 (A): 708 – 721.

Lohmann D, Raschke E, Nijssen B, et al, 1998. Regional scale hydrology: I. Formulation of the VIC – 2L model coupled to a routing model. Hydrol Sci J 43 (1): 131 141.

Neitsch S L, Arnold J G, Kiniry J R, et al, 2002a. Soil and Water Assessment Tool: Theoretical Documentation: Version 2000, Texas Water Resources Institute (TWRI) Report TR – 191. College Station, Texas.

Neitsch S L, Arnold J G, Kiniry J R, et al, 2002b. Soil and Water Assessment Tool: User's Manual: Version 2000, Texas Water Resources Institute (TWRI) Report TR – 192. College Station, Texas.

Scharffenberg W, Harris J, 2008. Hydrologic Engineering Center Hydrologic Modeling System. Interior Flood Modeling, World Environmental and Water Resources Congress, HEC – HMS, pp 1 – 3.

Silva M M G T D, Weerakoon S B, Herath S, 2014. Modeling of event and continuous flow hydrographs with HEC – HMS: case study in the Kelani River basin Sri Lanka. J Hydrol Eng (ASCE) 19 (4): 800 – 806.

Singh V, Woolhiser D, 2002. Mathematical modeling of watershed hydrology. J Hydrol Eng (ASCE) 7 (4): 270 – 292.

Xu C Y, 2002. Text book of Hydrologic models. Sweden: Uppsala University.

扩展阅读文献

Borah D K, 2011. Hydrologic Procedures of Storm Event Watershed Models: A Comprehensive Review and Comparison. Hydrol Process 25: 3472 – 3489.

Chen J, Wu Y, 2012. Advancing Representation of Hydrologic Processes in the Soil and Water Assessment Tool (SWAT) Through Integration of the TOPographic MODEL (TOPMODEL) features. J Hydrol 420 – 421: 319 – 328.

Chen X, Yang T, Wang X, et al, 2013. Uncertainty Intercomparison of Different Hydrological Models in Simulating Extreme Flows. Water Resour Manage 27: 1393 – 1409.

Clark M P, Slater A G, Rupp D E, et al, 2008. Framework for Understanding Structural Errors (FUSE): A Modular Framework to Diagnose Differences Between Hydrological Models, Water Resources Research, 44, W00B02.

Clark M P，McMillan H K，Collins D B G，et al，2011. Hydrological Field Data from a Modeller's Perspective：Part 2：Process - Based Evaluation of Model Hypotheses. Hydrol Process 25：523 - 543.

Clark M P，Nijssen B，Lundquist J D，et al，2015a. A unified approach for process - based hydrologic modeling：1. modeling concept. Water Resour Res 51：2498 - 2514.

Clark M P，Nijssen B，Lundquist J D，et al，2015b. A unified approach for process - based hydrologic modeling：2. model implementation and case studies. Water Resour Res 51：2515 - 2542.

第 6 章

案 例 研 究

本章介绍了 AR3（IPCC 第三次评估）和 AR5（IPCC 第五次评估）视角下的研究案例，这些案例涉及的内容为：印度最高和最低气温的 GCMs 评估、欧洲极端降水预报的统计降尺度方法间比对、印度马拉帕哈和戈达瓦里河下游流域利用支持向量机和多元线性回归模型的气候变量降尺度、大尺度气候遥相关和人工神经网络在印度奥里萨邦地区降雨预报中的适用性、利用印度马拉帕哈流域的 GCMs 集合研究气候变化对半干旱流域水平衡影响、非洲四大流域径流变化、西澳大利亚墨累-荷斯安流域降雨径流预报、湄公河未来水文要素变化等。通过本章的学习，能够对本书所提的理论和技术有更加深入的理解。

关键词：非洲，人工神经网络，澳大利亚，气候变化，印度，降水，遥相关，温度

6.1 案例介绍

本章对书中所提各类技术的适用性进行了全面研究。表 6.1 展示了 8 个关于印度和世界其他地区的不同研究内容的案例。在案例研究中，降水和降雨含义一样。

表 6.1 研 究 案 例 概 况

案例研究编号	研 究 内 容
6.2	最高和最低气温的 GCMs 评估
6.3	利用支持向量机和多元线性回归模型的气候变量降尺度
6.4	基于 GCMs 集合的气候变化对半干旱流域水平衡影响
6.5	对比分析气候变化对非洲四大流域径流的影响

案例研究编号	研 究 内 容
6.6	气候变化对西澳大利亚墨累-荷斯安流域的水文影响：未来水资源规划的降雨径流预报
6.7	欧洲极端降水预报的统计降尺度方法间比对
6.8	湄公河未来水文要素变化：气候变化和水库调度对径流的影响
6.9	大尺度气候遥相关和人工神经网络的区域降雨预报

表 6.2 展示了案例研究中涉及的各章的相关内容。接下来，将对案例进行详细论述。

表 6.2　　　　　　　　　　案例研究涉及各章相关内容

章号	各章名称与内容		对应案例研究
	章名	涉及内容	
第 1 章	绪论	SRES A1B，A2，B1 和 COMMIT	6.3，6.6，6.8
		RCP 2.6、4.5、6.0、8.5	6.3，6.5
		厄尔尼诺南方涛动（ENSO）	6.9
第 2 章	全球气候模式选取	性能指标	6.2，6.4，6.5，6.8，6.9
		熵	6.2
		均衡规划	6.2
		群决策	6.2
		GCMs 集合	6.2，6.4
第 3 章	气候模型的降尺度技术	多元线性回归	6.3
		人工神经网络	6.9
		支持向量机	6.3
		偏差校正	6.5，6.7
		变化因素法	6.7
第 4 章	气候模型的统计分析与优化技术	聚类分析	6.2，6.3
		主成分分析	6.3
		F 统计测试	6.3
		线性规划	6.8
第 5 章	水文建模研究	SWAT 模型的 Arc GIS 与 Arc View 扩展（ArcSWAT）	6.4

6.2　最高和最低气温的 GCMs 评估研究

对 36 个基于 CMIP5 的全球气候模型（GCMs）进行研究，评估了覆盖印度的 40 个网格点最大温度（T_{max}）和最小温度（T_{min}）的模拟性能。从两方面进行分析：一方面，采用相关系数法（CC）、标准化均方根误差法（NRMSE）和技能赋分法（SS）等性能指标对 GCMs 进行评估，通过熵权重法计算上述 3 个性能指标的权重，从而提出了一种基于距离的决策方法——均衡规划法（CP），并利用群决策技术对各网格点所获得的气候模型排序结果进行汇总。另一方面，探讨了 K 均值聚类分析对 GCMs 分组的适用性，使用技能赋分指标进行评价。利用聚类验证技术，即通过 Davies-Bouldin 指数（DBI）和 F 统计检验法获取印度 GCMs 的最优聚类数值。另外，也提出了GCMs 的有效集成方法。

6.2.1 问题解析与案例说明

选定的研究目标如下：

（1）改进指标权重确定的方法。

（2）研究决策技术对 GCMs 排序的适用性。

（3）研究群体决策法在 GCMs 网格排序聚合中的适用性。

（4）研究聚类分析和验证技术在 GCMs 优化分组中的适用性。

（5）选择适用于 T_{max}、T_{min} 的 GCMs 集合，获得 T_{max} 和 T_{min} 的组合情景（现称为 T_{mm}）。

采用相关系数法（CC）、标准化均方根误差法（NRMSE）和技能赋分法（SS）等性能指标对 CMIP5 中的 36 个 GCMs 性能进行评估（Taylor 等，2012），印度关于 T_{max} 和 T_{min} 的 36 个 GCMs 分别为：ACCESS1.0、AC-CESS1.3、BCC-CSM1.1、BCC-CSM1.1-m、BNU-ESM、CCSM4、CESM1-BGC、CESM1-CAM5、CESM1-FAST CHEM、CESM1-WAC-CM、CNRM-CM5、CSIRO-Mk3.6、CanESM2、FGOALS-s2、FIO-ESM、GFDL-CM3、GFDL-ESM2G、GFDL-ESM2M、GISS-E2-H、GISS-E2-R-CC、GISS-E2-R、HadCM3、HadGEM2-AO、INM-CM4、IPSL-CM5A-LR、IPSL-CM5A-MR、IPSL-CM5B-LR、MI-ROC4h、MIROC5、MIROC-ESM-CHEM、MIROC-ESM、MPI-ESM-LR、MPI-ESM-MR、MPI-ESM-P、MRI-CGCM3、NorESM1-M。

世界气候研究计划（World Climate Research Program，WCRP）提出的CMIP5 多模式数据集已经被用于模拟 20 世纪的气候变化（Taylor 等，2012）。本次研究采用 CMIP5 中 GCMs 模式的 T_{max} 和 T_{min} 数据，基于所选的 36 个GCMs 模式的输出结果，对不同模式性能进行评价。观测网格 T_{max} 和 T_{min} 数据系列长度为 41 年（1969—2009 年），印度气象局（IMD）的数据分辨率为1°（Srivastava 等，2009），但 CMIP5 的大部分气候模式只有 2005 年之前的数据（Taylor 等，2012）。因此，研究仅考虑印度气象局（IMD）1969—2005 年共 37 年的观测数据，该系列长度的数据对评估不同气候模型可能是足够的，但不足以支撑对 20 世纪上半叶和下半叶气候变化的研究，这是原因，对于趋势分析，系列数据较短可能会导致获得错误的结论。考虑到这个缺陷问题，本研究采用了由东安格利亚大学开发的气候研究单元（Climate Research Unit，CRU）（Carter 等，2004；Mitchell 和 Jones，2005）和美国国家环境预测中心（NCEP）的再分析数据作为替代（IMD，CRU2.1 和 NCEP 现有观测数据系列长度分别为 1969—2009 年，1901—2002 年和 1948—2017 年）。IMD、CRU2.1 和 NCEP 数据集均被插值到尺度为 $2.5° \times 2.5°$ 的网格点，利用这些重新网格化后的数据集，对 1969—2002 年间 CRU2.1 数据集、NCEP 数据集和 IMD 数据集中每个年均值间的相关性与绝对网格平均差值进行分析比较。同理，对所有月份和所有季节［1 月、2 月（JF）、3 月、4 月、5 月（MAM）、6 月、7 月、8 月、9 月（JJAS）、10 月、11 月和 12 月（OND）］的 T_{max} 和 T_{min} 数据进行分析比较。对比结果显示，NCEP 数据集和 IMD 数据集间的绝对网格均差更为显著，CRU2.1 数据集与 IMD 数据集间的相关性更好。因此，选择 CRU2.1 数据集中的 T_{max} 和 T_{min} 数据作为 IMD 数据集的替代数据。在喜马拉雅西部地区和几个东北部地区的网格点上，CRU2.1 数据集和 IMD 数据集间的绝对网格均差较大，所有季节和月份的对比结果也存在此问题，因此，研究中不再考虑上述网格点。选择 1961—1999 年作为模式评估研究的基准期，每个模式均使用单独的集成方法（Raju 等，2017；Raju 和 Nagesh Kumar，2016）。

6.2.2 结果与讨论

6.2.2.1 全球气候模式排序分析（Raju 等，2017）

首先，通过分析 T_{max} 和 T_{min} 的 Gridwise 值（不同经纬度组合产生的 40 个网格点），采用均衡规划法（CP）从相关系数法（CC）、标准化均方根误差法（NRMSE）和技能赋分法（SS）等 3 个性能指标对每个 GCMs 模式排序进行评价。随后，利用熵权重法计算指标权重。最后，利用群决策技术对各网格点所获得的气候模型排序结果进行汇总（Morais 和 Almeida，2012）。相关计算结果将在下面进行展示。

最高温度情景：熵权重法计算得到的 40 个网格点的指标权重结果见表 6.3。结果表明，各网格点的性能指标权重值是不同的，这会影响到 GCMs 模式网格智能化的排序模式。

利用均衡规划法获得的 40 个网格点的 GCMs 排序模式见表 6.4。CESM1 - CAM5、CNRM - CM5、FGOALS - s2、MIROC5 占据在第一位置，占比达到网格点的 65%。

表 6.3　　　　　　　网格点 T_{max} 和 T_{min} 权重分布　　　　　%

权重范围	T_{max}			T_{min}		
	CC	SS	NRMSE	CC	SS	NRMSE
≤10	29	29		39	34	
(10, 20]	9	5		1	5	
(20, 30]	2	6				
(30, 40]						
(40, 50]				1	1	
(50, 60]						
(60, 70]			4			
(70, 80]			6			
(80, 90]			16			7
(90, 100]			14			32

表 6.4　　　　　　　网格点 T_{max} 和 T_{min} 权重分布　　　　　%

模式名称	T_{max}				T_{min}			
	第一位置	第二位置	第三位置	最后位置	第一位置	第二位置	第三位置	最后位置
ACCESS1.0			3			1	1	
ACCESS1.3		1		4		1	1	
BCC – CSM1.1	2	1	1			1		
BCC – CSM1.1 – m	1	1	2					
BNU – ESM	3	3	3		3	1		
CCSM4			2		2	2	4	
CESM1 – BGC		4	2			3	2	
CESM1 – CAM5	5	5	1	1	6	4	2	
CESM1 – FAST CHEM		1	1		1	1	3	
CESM1 – WACCM	2	3	4		1	4	3	
CNRM – CM5	7	7	4			1		
CSIRO – Mk3.6								
CanESM2	1		1		2			
FGOALS – s2	7	3	4		1	1	1	
FIO – ESM	2		4	1	1	1	3	
GFDL – CM3		1			4		1	
GFDL – ESM2G					1			
GFDL – ESM2M							1	

续表

模式名称	T_{max}				T_{min}			
	第一位置	第二位置	第三位置	最后位置	第一位置	第二位置	第三位置	最后位置
GISS‐E2‐H			1	3				
GISS‐E2‐R‐CC				1	1			
GISS‐E2‐R			1				1	
HadCM3				27				22
HadGEM2‐AO	1	1	1				1	
INM‐CM4				1				17
IPSL‐CM5A‐LR								
IPSL‐CM5A‐MR						1		
IPSL‐CM5B‐LR	1			2				1
MIROC4h		3	1		4	5	5	
MIROC5	7	3	1		5	7	1	
MIROC‐ESM‐CHEM	1	1						
MIROC‐ESM			1					
MPI‐ESM‐LR						1		2
MPI‐ESM‐MR								
MPI‐ESM‐P						1	1	
MRI‐CGCM3					2		2	
NorESM1‐M		2	2		5	5	3	

在第二位置中，BNU‐ESM、CESM1‐BGC、CESM1‐CAM5、CESM1‐WACCM、CNRM‐CM5、FGOALS‐s2、MIROC4h、MIROC5 占了网格点的 77.5%。然而，GCMs 在第三位置的分布更为广泛。特别地，HadCM3 分布在最后位置 27 次，且从未在过前三个位置。

采用群体决策技术对整个印度的 GCMs 进行排名（Morais and Almeida，2012）。图 6.1 显示，排序前三的 GCMs 为 CNRM‐CM5、MIROC5、FGOALS‐s2，其净强度分别为 493、440、339。而排序在四到六位的 CESM1‐BGC、BNU‐ESM、CESM1‐WACCM 的净强度分别为 253、246、242，净强度与前三位相差甚大。排序最末尾（排第 36 位）的 GCM 是 HadCM3（净强度为－616），倒数第二位（排第 35 位）的 GCM 是 ACCESS1.3（净强度为－477）。

通过大量研究推断（即分析了单个 GCM 和集成的 GCMs 对网格点的适用性），印度无法采用单一的 GCM，利用集成 GCMs 是最好的选择。从 GCMs

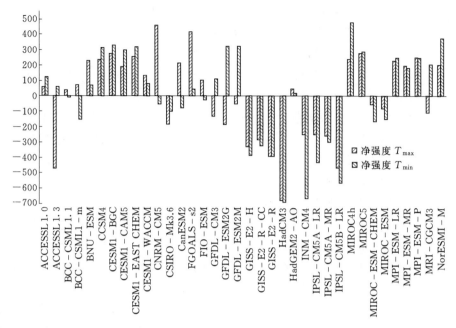

图 6.1　对应 T_{max} 和 T_{min} 的 GCMs 在群体决策的净强度结果

排序考虑，排序前三的 GCMs 占据了 40 个网格点中的 21 个网格点的第一位置，而排序第四、第五、第六的 GCMs 的净强度与前三个差距较大，因此，研究考虑使用 CNRM - CM5、FGOALS - s2 和 MIROC5 进行集成。

　　最低温度情景：通过分析气候变化 T_{min} 对 GCMs 排序的影响，获得性能指标的权重统计与均衡规划结果（图 6.2）。结果显示，CESM1 - CAM5、GFDL - CM3、MIROC4h、MIROC5 和 Nor ESM - I 占据了 60% 网格点的第一位置。CESM1 - BGC、CESM1 - CAM5、CESM1 - WACCM、MIROC4h、MIROC5 和 NorESM1 - M 占了 70% 网格点的第二位置，同时，CCSM4、CESMI - FASTCHEM、CESM1 - WACCM、FIO - ESM、MROC4h 和 NorESM1 - M 占了 52.5% 网格点的第三位置。特别地，HadCM3 和 INM - CM4 分别占了 22 个和 17 个网格点的最后位置。

　　群体决策计算结果显示：GCMs 排序前四位的分别是 MIROC4h、NorESM1 - M、MIROC5、CESM1 - CAM5，其净强度分别为 430、422、338、329，而 INM - CM4 以净强度－661 排在最后一位。MIROC4h、NorESM1 - M、MIROC5 和 CESM1 - CAM5 4 种 GCMs 占据了 20 个网格点的第一位置，也就是说，对于 T_{min}，研究同样考虑使用 GCMS 集成。

6.2.2.2　全球气候模式聚类分析（Raju and Nagesh Kumar，2016）

　　针对 T_{max}、T_{min} 和 T_{mm} 3 个变量，对每个变量分别建立 36 个 GCMs 的数

据矩阵和 40 个网格点的技能得分 (Raju 和 Nagesh Kumar，2016)。

利用 Wang（2007）开发的聚类有效性分析平台（Cluster Validity Analysis Platform，CVAP）进行 K 均值聚类分析，聚类分析需要对 2～9 个或更多的聚类展开（Wang 等，2009；Pennell 和 Reichler，2011；Raju 和 Nagesh Kumar，2014）。CVAP 需要运行 2～30 个聚类（每个聚类运行 5 次）来评估每个聚类的 GCMs 的占用情况，总共运行 145 次。可以看出，当聚类数量增加到 9 个以上时，大多数聚类是空的。因此，研究仅用 9 个聚类进行分析。对于每个所选的组群，Davies - Bouldin 指数（DBI）（Davies 和 Bouldin，1979）和 F 统计检验（Burn，1989）被认为是确定最优聚类的较好的方法。

图 6.2 展示了聚类 2～9 中对应 T_{max} 的 GCM 数量和每个子聚类中的代表性 GCM。图 6.2 中聚类 2 的表示方法如下所示：1 代表一个子聚类，GFDL - ESM2M 是其中的代表性 GCM，32 是该子聚类的 GCM 数量；2 代表另一个子聚类，GISS - E2 - H 是其中的代表性 GCM，4 是此子聚类的 GCM 数量。由此可知，随着聚类数量的增加，GCMs 数量也有了很大的扩充。值得注意的是，当聚类数量增加到 4 个及 4 个以上时，在聚类 4～9 的子聚类中只有一个 GCM（HadCM3），在聚类 7～9 中只能看到两个 GCM。出现的结果是符合预期的，这是由于聚类数量较多但只有 36 个 GCMs。值得注意的是，从聚类 2～9 中对 GCMs 进行分类时并未展现出特别的趋势特征。大多数情况下，无论聚类大小如何变化，GCMs 都会存在于相同的子聚类中，这可能是因为一些 GCM 结构相似且是由同一个机构所开发。聚类分析的结果告诉我们，同一机构研发出的 GCMs 之间存在明显的相似性。例如，由美国宇航局（NASA）

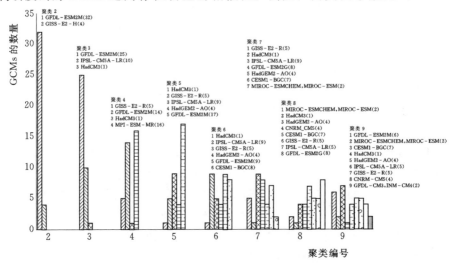

图 6.2　对应 T_{max} 在聚类 2～9 中的 GCMs 数量

戈达德空间研究所开发的用于太空研究的 GISS - E2 - H、GISS - E2 - R、GISS - E2 - R - CC 等气候模式是亚聚类的;由 Pierre - Simon Laplace 研究所开发的 IPSL - CM5A - MR 和 IPSL - CM5A - LR 具有相似性,但其研发的 IPSL - CM5B - LR 却与上述两种气候模式的子聚类不尽相同。

通过 F 统计检验计算的 2~9 个聚类的总平方误差变化如图 6.3 所示。图 6.3 显示,2 个聚类的总平方误差为 15.1453(子聚类 1 和 2 的平方误差分别为 11.248 和 3.8973,总计 15.1453),9 个聚类的总平方误差为 4.1211,两者间的差值达到了 11.0242。每个聚类的平均平方误差为 1.378,2 个和 3 个聚类间的平方误差值降低明显,为 4.4097。聚类 3~8 之间平方误差的差值减小,均在 1 个单位以内,而聚类 8 和聚类 9 之间平方误差值已非常小。接下来,对子聚类中每个 GCM 的组平均值和技能得分间的平方误差进行计算。40 个网格点的平方误差总和就是子聚类中每个 GCM 所对应的总平方误差值。选择子聚类中有最小平方误差值的 GCM 作为此特定子聚类的代表性 GCM。平方误差值是 DBI 计算和 F 统计检验的重要输入参数之一,能够为聚类优化提供依据。图 6.4 显示了 DBI 值,这些值在聚类 2(1.2675)到聚类 7(0.8261)之间变化,但并不是顺序排列的。由 DBI 计算原则可知,最优聚类大小为 7 个。然而,需要注意的是,聚类 3、聚类 7 和聚类 9 的 DBI 值基本相同,分别为 0.8829、0.8261 和 0.8909,这使得很难假定一个合理的误差范围来确定最优的聚类个数。因此,需要利用 F 统计检验法(Burn,1989)与 DBI 法配合使用才能更有效地获取最优值。

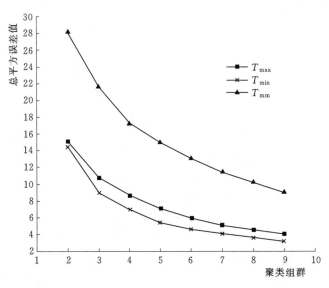

图 6.3 T_{max}、T_{min}、T_{mm} 的总平方误差值变化特征

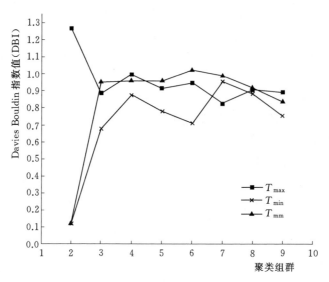

图 6.4 T_{max}、T_{min}、T_{mm}的 Davies-Bouldin 指数值（DBI）变化特征

图 6.5 展示了聚类 2~8 的 F 统计值，F 统计值在 14.3764（聚类 2）~ 3.2060（聚类 8）间依次变化，其中，最优聚类聚类有两个，分别为聚类 3 和聚类 7（基于偏好聚类思想，F 统计值大于 10 即为最优）。然而，根据如下原则：①考虑到 DBI 值的边际差值较小，聚类 3 优于聚类 7；②F 统计结果的兼容性；③误差在聚类 2 与聚类 3 间出现大幅度减少。最终，研究判定聚类 3 为最优聚类，由此，提出 HadCM3、IPSL-CM5A-LR 和 GFDL、ESM2M 的气候模式集成方案。

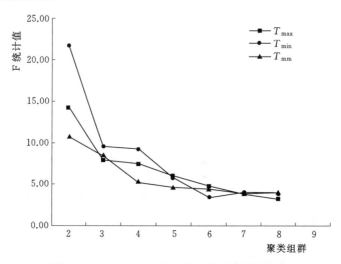

图 6.5 T_{max}、T_{min}、T_{mm}的 F 统计值变化特征

此外，在图 6.3～图 6.5 中可以看到 T_{min}、T_{mm} 的平方误差值、DBI 值和 F 统计值等信息，这也与 T_{max} 的结果基本相似。对于 T_{min}，可以选择 AC-CESS1.3 和 HadCM3 的气候模式集成方案；对于 T_{mm}，可以选择 MPI - ESM - MR 和 HadCM3 的气候模式集成方案。

6.2.3　结论

本研究主要得到以下结论：

（1）对于 T_{max}，建议采用 CNRM - CM5、FGOALS - s2、MIROC5 的气候模式集成方案；对于 T_{min}，建议采用 MIROC4h、NorESM1 - M、MIROC5、CESM - CAM5 的气候模式集成方案（详细内容参见"全球气候模式排序"章节，Raju 等，2017）。

（2）通过 F 统计检验结果和 DBI 值，T_{min} 和 T_{mm} 的最优聚类为 2 个，T_{max} 的最优聚类为 3 个。"HadCM3、IPSL - CM5A - LR、GFDL - ESM2M"模式集成，"ACCESS1.3、HadCM3"模式集成和"MPI - ESM - MR、HadCM3"模式集成分别适用于 T_{max}、T_{min} 和 T_{mm}（详细内容参见"全球气候模式聚类分析"章节，Raju 和 Nagesh Kumar，2016）。

6.3　基于支持向量机和多元线性回归模型的气候变量降尺度研究

通过改进支持向量机模型（SVM），实现印度马拉帕哈河流域（马拉帕哈水库以上流域）降水、最高温度（T_{max}）和最低温度（T_{min}）等水文气象变量月系列数据的降尺度。采用不同二氧化碳（CO_2）排放情景（SRES - A1B、SRES - A2、SRES - B1 和 SRES - COMMIT），利用 CGCM3 气候模式模拟出大尺度气候变量，作为 SVM 模型的输入数据。其中，SRES - A1B、SRES - A2 和 SRES - B1 等情景预计未来降水、T_{max} 和 T_{min} 呈现上升趋势，而 SRES - COM-MIT 情景预测的气候变量不发生变化。

类似地，采用 GFDL - CM3 气候模式，通过多元线性回归模型，实现戈达瓦里河下游流域降水、最高温度（T_{max}）和最低温度（T_{min}）等水文气象变量月系列数据的降尺度。通过分析 RCP4.5 和 RCP6.0 两种典型浓度途径（Representative Concentration Pathways，RCPs），评估气候变化对水文气象变量月均值的影响程度。

6.3.1　问题解析与案例说明（Anandhi 等，2008，2012，2013；Akshara，2015；Akshara 等，2017）

选定的研究目标如下：

（1）构建基于支持向量机（SVM）和多元线性回归（MLR）的降尺度模型。

（2）通过所构建的模型，获得降水、最高温度（T_{max}）和最低温度（T_{min}）预测结果。

算例问题 1： 选择马拉帕哈河流域（马拉帕哈水库以上流域）为研究对象，该流域面积为 $2093.46km^2$，位于 $15°30'N \sim 15°56'N$、$74°12'E \sim 75°8'E$ 之间，地处印度克利须那神河流域的最西端，包含了北卡纳塔克邦 Belgaum、Bagalkot 和 Dharwad 的部分地区。流域年均降雨 1051mm，马拉帕哈河发源于高降雨区域，是马拉帕哈水库下游干旱及半干旱地区的主要地表水源。

计算采用 CGCM3 模拟出的气候变量月均数据，这些数据由年限为 1971—2000 年对应的 20 世纪模拟值（20C3M）以及在 4 个 SRES 情景下（A1B、A2、B1 和 COMMIT）年限为 2001—2100 年对应的未来模拟值组成。其中，1971—2000 年系列采用美国国家环境预测中心（NCEP）再分析的月均气候变量数据；1971—2000 年降水观测数据来自于印度卡纳塔克邦政府经济和统计。1978—2000 年温度观测数据来自于印度气象局。此外，利用网格分析与显示系统（GrADS）将 GCM 数据在 NCEP 中重新网格化（Doty 和 Kinter，1993）。

案例研究 2： 印度戈达瓦里河下游流域（Godavari river basin，2017）位于 $16°19'N \sim 19°03'N$、$80°01'E \sim 82°94'E$ 之间，该区域地理位置如图 6.6 所示。选择 GFDL-CM3 作为气候模式，以 RCPs 4.5 和 RCPs 6.0 作为典型浓

图 6.6　研究区概况与网格点分布

（图像由 Arc GIS 和谷歌地球处理）

度路径情景（Chaturvedi 等，2012）。气候变化研究时段划分如下 3 个：
2020s（2020—2029 年）、2050s（2050—2059 年）和 2080s（2081—2089 年）。

6.3.2　结果与讨论

6.3.2.1　基于支持向量机的气候变量降尺度研究（Anandhi，2007；Anandhi 等，2013）

可能预测因子选择：选取合适的预测因子是降尺度中最重要的步骤之一（Fowler 等，2007）。预测因子的选择因地区而异，其取决于大尺度大气环流的特征和预测值的尺度。本研究将 m_1 作为可能预测因子的数量。

预测因子分层：即通过确定 NCEP 和 GCM 数据集中可能预测因子间相关性的阈值（T_{gn1}），从 m_1 个可能预测因子中选择 GCM 实际模拟的 m_2 个气候变量（潜在预测因子）。研究采用积矩相关（Product moment correlation）(Pearson，1896)、Spearman 秩相关（Spearman's rank correlation）(Spearman，1904a，b) 和肯德尔等级相关［Kendall's tau(τ)］(Kendall，1951) 进行相关性评估。

根据需要降尺度的预测变量，在空间（陆地和海洋）或时间（如雨季和旱季）尺度上对相应的潜在预测因子进行分层。当以降水为预测因子时，在时间尺度上对其进行分层，可以得到旱季聚类与雨季聚类；当以 T_{max} 和 T_{min} 为预测对象时，则需在空间尺度上对其进行分层。

针对降水降尺度的预测因子分层：任何地区的气候都可以通过季节划分来分析降水变化。用于预测值降尺度的预测变量会随着季节的变化而变化，也就是说，由于大气环流的季节性变化，预测变量与预测值间的关系也会随季节而变化（Karl 等，1990）。因此，需要对季节进行分层，为分层后的季节选取合适的预测变量并为其构建独立的降尺度模型。季节分层可以通过将季节定义为常规（固定）季节或浮动季节来实现。其中，在固定季节分层中，每年的起始日期和季节长度保持不变，而在浮动季节分层中，每个季节的起始日期和持续季节长度允许逐年变化。过去的研究表明，浮动季节比固定季节更为合理，因为浮动季节可以反映"自然"情景，特别是气候变化条件下的"自然"情景（Winkler 等，1997）。因此，识别气候变化条件下的浮动季节，有利于对每个季节的预测变量与预测对象间关系进行有效建模，从而实现降尺度模型性能的提升。当前，在 NCEP 和 GCM 数据集中，季节分层浮动技术被认为可以对日历年的干湿季节进行识别。在季节分层浮动技术中，使用 K 均值聚类技术将 NCEP 数据分为两个可以描述干湿季节的聚类（MacQueen，1967），GCM 数据则使用最佳逼近原则进行划分。利用主成分分析法（PCA），从 NCEP 数据 m_2 个变量中提取出 98% 以上方差的 n 个主成分（PCs）。对 GCM 数据也重复此过程，提取出主成分（PCs）可以用来组成 GCM 数据的特征向量，通过可视化，将每个特征向量（代表一个月）转化为一个在多维空间中具有特定位置的对象，其维数由 PCs 数量来确定。

通过 K 均值聚类分析方法，将 NCEP 数据的特征向量分为两个聚类（分别描述雨季和旱季）。聚类时，每个聚类内的特征向量在空间中应尽可能地接近，但应尽可能远离其他聚类中的特征向量。通过欧几里得测算法（Euclidian Measure）可以实现对空间中每一对特征向量间的距离的估算。对 NCEP 数据中的每个特征向量进行标记，表示其所属的聚类（季节）。随后，使用最佳逼近原则对 GCM 数据（过去和未来）中提取的特征向量进行标记，得到过去和未来的季节预测；同理，将 GCM 数据中提取的每个特征向量在 NCEP 数据特征向量中标记为最佳逼近。为了确定最佳逼近，利用欧几里得测算法计算每一对 NCEP 和 GCM 特征向量间的距离。通过对比 NCEP 和 GCM 历史数据中同时期特征向量的标记，有助于检验 GCM 模拟能否较好地代表历史时期区域气候特征。

通过 NCEP 数据可以确定研究区的最优 T_{ng1} 值，该值与区域内可能的真实季节密切相关，利用 T_{ng1} 值能够将研究区气候划分出旱季和雨季。本研究采用截层水平指标（truncation level，TL）来划分研究区内真实的雨季和旱季，其中，旱季由研究区内泰森加权降水量（Theissen Weighted Precipitation，TWP）小于指定 TL 值的月份组成，而雨季由 TWP 值大于指定 TL 值的月份组成。在此，通过以下两个步骤确定 TL 值：①将流域月均观测降水量（Mean Monthly Precipitation，MMP）的百分比（在 5％ 间隔内 70％～100％ 的 MMP）作为 TLs 值；②选择流域月均实际蒸散发量作为 TL 值。Gosain 等（2006）通过分析克利须那神盆地实际蒸散发量，指出了与最优 T_{ng1} 值相关的潜在预测因子。

针对地表温度降尺度的预测因子分层：地区地表温度受蒸发、感热通量和植被等局部因素的影响。因此，根据对应变量的网格点位置（陆地和/或海洋），对研究区内可能影响地表温度的预测变量进行分层，用于评估其使用过程中对温度降尺度的影响。在研究区内设定的 9 个 2.5°NCEP 网格点，其中 6 个在陆地，3 个在海洋。由于并未根据温度来进行季节划分，因此，研究中的季节分层与降水无关。

基于支持向量机（SVM）的降尺度模型：为了实现预测值的降尺度，研究将 NCEP 网格点上的 m_1 个预测因子作为可能预测因子。因此，现有 m_3 个可能预测因子（＝m_1×NCEP 网格点数量），潜在预测因子（m_4）从 m_3 个可能预测因子变量中选择。为此，分别对 NCEP 和 GCM 数据集中可能预测变量间的互馈关系、NCEP 数据集中可能预测变量间的互馈关系展开计算。然后，通过确定互馈关系的阈值，获得每个季节的潜在预测因子组合。NCEP 和 GCM 数据集中可能预测变量间的互馈关系的阈值用 T_{ng2} 表示，NCEP 数据集中可能预测变量间的互馈关系的阈值用 T_{np} 表示。T_{np} 值应相对较大才能确保选出合适的预测因子。同样，T_{ng2} 值也应相对较大，以此保证在降尺度中采用的预测变量能够被 GCM 模拟出真实的历史情况，才能让通过 GCM 数据获得的未来预测结果是合理的、可接受的。

通过对降尺度模型率定来识别 NCEP 潜在预测因子与预测值间的关系。首先，对潜在预测因子每个季节或每个位置的数据进行标准化，以确定其基准期。这种标准化处理会先于统计降尺度完成，常广泛应用于研究中，以此来降低 GCM 数据中预测因子均值和方差的系统偏差（若存在的话）（Wilby 等，2004）。标准化处理通常需要减去平均值，并除以基准期预测因子标准差，然后采用主成分分析法（PCA）对标准化后的 NCEP 预测因子变量进行分析，提取出正交 PCs，并保留原本存在的 98% 以上的方差，并通过 PCs 在每个月生成一个特征向量。将生成的特征向量作为支持向量机模型的输入信息，预测值则是模型的输出信息。PCs 具有输入信息的大部分方差，若输入数据间存在相关性，则 PCs 也会移除存在的相关性。因此，使用 PCs 作为降尺度模型的输入条件可以让模型更加稳定，同时也可以减少模型的计算量。

为了搭建基于支持向量机的降尺度模型，将获得的特征向量分为训练集和检验集。早期的研究中，最初使用多重交叉验证处理对特征向量进行划分（Haykin，2003；Tripathi 等，2006），即随机选取约 70% 的特征向量对模型进行训练，剩下 30% 的特征向量用于模型的检验。但是，在本次研究中，多重交叉验证处理是无效的，这是由于分析时长跨度较小，且过去几十年发生的事件比最近十年发生的事件更为极端。因此，利用由 70% 可用数据组成的特征向量来率定模型，剩余的特征向量用于模型验证。采用标准均方误差（Normalized Mean Square Error，NMSE）作为模型性能评价指标。通过支持向量机模型的训练，对模型参数 σ 和 C 进行选择。径向基函数（Radial Basis Function，RBF）核宽度 σ 给出了导函数的平滑度，而参数 C 控制着 SVM 模型在训练数据上的误差权衡。Smola 等（1998）对 RBF 核的规则化能力进行了解释，且较大的核宽度在频域内起到低通滤波器的作用，其通过衰减高阶频率获取一个光滑函数。另外，具有小核宽度的 RBF 函数保留了大部分高阶频率，使得通过学习机可以得到一个复杂函数的近似值。本次研究中，采用网格搜索程序（Gestel 等，2004）去搜寻每个参数的最优区间。然后，利用遗传算法的随机搜索技术在选定的区间内找寻参数的最优值（Haupt，2004）。通过验证后的 SVM 降尺度模型对 GCM 模拟的特征向量进行处理，以此得到预测因子在 4 种排放场景下（A1B、A2、B1 和 COMMIT）的未来预测值。接下来，针对每个场景，预测因子的预测值按时间顺序划分为 5 个阶段（2001—2020 年，2021—2040 年，2041—2060 年，2061—2080 年和 2081—2100 年），以此来确定预测值的变化趋势（图 6.7）。

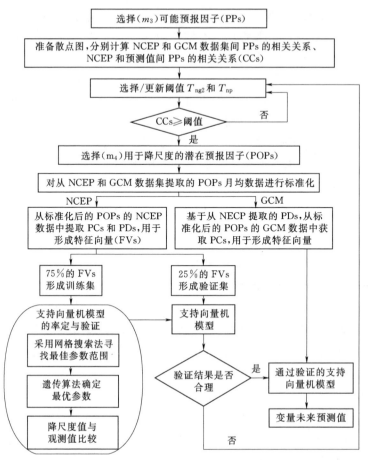

图 6.7　基于支持向量机的降尺度方法

（PCs 和 PDs 分别表示主向量和主方向）

预测因子选择：对于降水的降尺度，预测因子是在双向基础上进行筛选的，即季风降雨依赖于周围海域的水平流动力学系统和通过湿度和温度产生影响的热力学系统，两者都可以改变局部垂直静力稳定度。在气候变化条件下，热力学和动力学系统参数都可能发生变化，本研究选择了会受到两者同时影响的可能预测变量。西南季风季节的风将水汽带到研究区内，且温度和湿度与研究区的热力稳定性有关，因此，将这些参数看作预测因子。经向风具有更大的局部效应，多种风的共同作用让水汽聚集，这就和降水密切相关。温度会影响风的持水量和某一地点的气压，气压梯度会影响大气循环，而大气循环又会影响区域湿度，进而对降水产生影响。大气中可降水量越高，意味着水分越丰富，会造成大气静力稳定度较差，从而导致大气剧烈运动，最终引发更多的降水。低气压造成大风和降水加大现象的出现，在 925mb 气压高度上，边界层（近地面效应）十分重要。850mb 气压对区域降水响应较小，200mb 气压等级可以用来描述全球尺度的影响效应。700mb 和 500mb 气压时的温度能够描绘出由于季风性降水引起的大气升温过程。在气压高度不变的情况下，对流层中的季风性降水是最大的。位势高度代表着气压的变化，气压变化反映了流变，进而反映出水分的变动。考虑到以上因素，本研究从 NCEP 再分析和 CGCM3 数据集中提取了 15 个可能预测因子。

对于温度降尺度，选择大尺度气候变量，如气温、在 925mb 气压高度上的纬向和经向风速作为预测因子。潜热、感热、短波辐射和长波辐射等地表通量变量也被用来进行温度降尺度，因此这些因素控制着地球表面的温度变化。通过大气层的太阳辐射使地表升温，潜热通量、感热通量、短波辐射通量和长波辐射通量让地表降温。根据上述因素，本研究从 NCEP 再分析和 CGCM3 数据集中提取了 7 个可能预测因子来实现对温度的降尺度。所选预测因子分别为气温、在 925mb 气压高度上的纬向和经向风速、潜热通量（LH）、感热通量（SH）、短波辐射通量（SWR）、长波辐射通量（LWR）。

SVM 降尺度模型：从每个季节选定的潜在预测因子中提取 PC 构成特征向量，将这些特征向量作为输入信息，构建基于支持向量机的降尺度模型。采用网格搜索法搜寻支持向量机模型各参数（核宽度 σ 和惩罚项 C）的最优区间。用于评估干湿季节参数最优区间的域搜索特征结果，如图 6.8 所示，选择 NMSE 最小的 σ 和 C 作为最优参数区间。NMSE 值如图 6.8 所示。

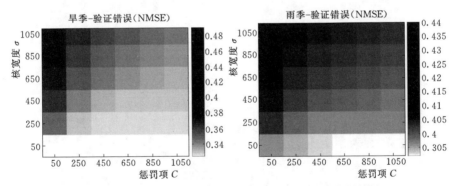

图 6.8　用于评估干湿季节参数最优区间的域搜索特征结果

利用遗传算法在参数范围内选取最优参数。因此，得到的 SVM 模型参数 σ 和 C 最优值为：雨季 $\sigma=50$，$C=550$；旱季 $\sigma=50$，$C=850$。支持向量机模型对应 T_{max} 的参数 C 和 σ 分别为 2050 和 50，对应 T_{min} 的参数 C 和 σ 分别为 1050 和 50。图 6.9 展示了降尺度结果与观测变量间的比对分析。

预计的未来情景：利用所开发的基于支持向量机的降尺度模型，分别得到 4 种 SRES 情景（A1B、A2、B1 和 COMMIT）下 3 个气候变量（降水、T_{max} 和 T_{min}）

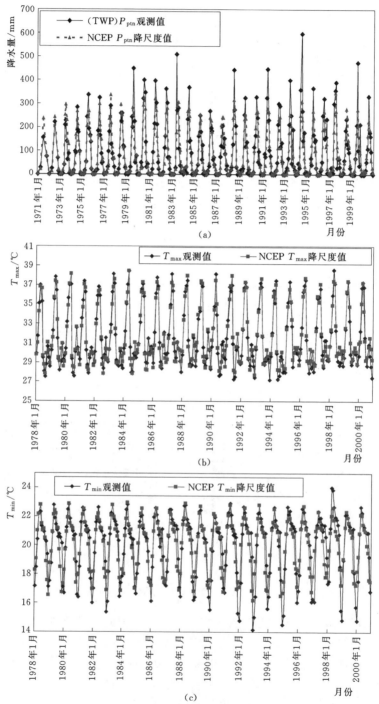

图 6.9　NCEP 数据中气候变量值月均观测与其对应的模拟值对比结果

（a）泰森加权降水（TWP）；（b）T_{max}；（c）T_{min}

未来预测结果。这些预测结果按 20 年间隔划分出 5 个时段，分别为 2001—2020 年、2021—2040 年、2041—2060 年、2061—2080 年和 2081—2100 年。通过泰森多边形法估算了观测降水和预测降水的月均值。4 种 SRES 情景下的泰森加权降水量、T_{max} 和 T_{min} 的月均值可见图 6.10～图 6.12。

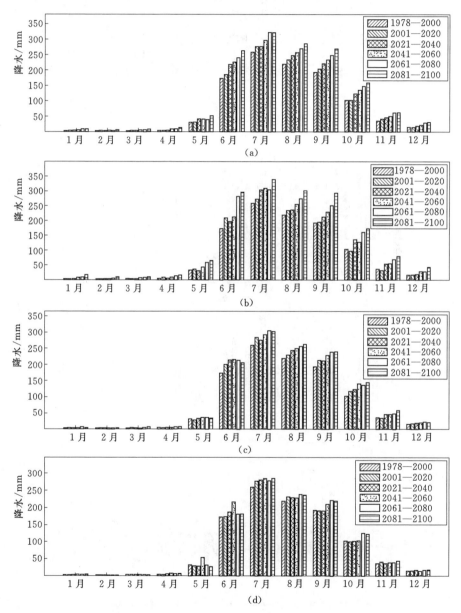

图 6.10　4 种 SRES 情景下 1971—2100 年间的月均降水量

(a) A1B；(b) A2；(c) B1；(d) COMMIT

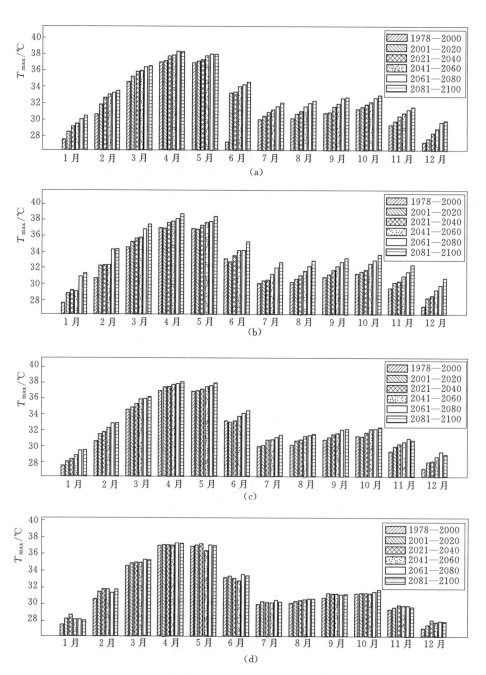

图 6.11 4 种 SRES 情景下 1978—2100 年间的月均 T_{max}

(a) A1B；(b) A2；(c) B1；(d) COMMIT

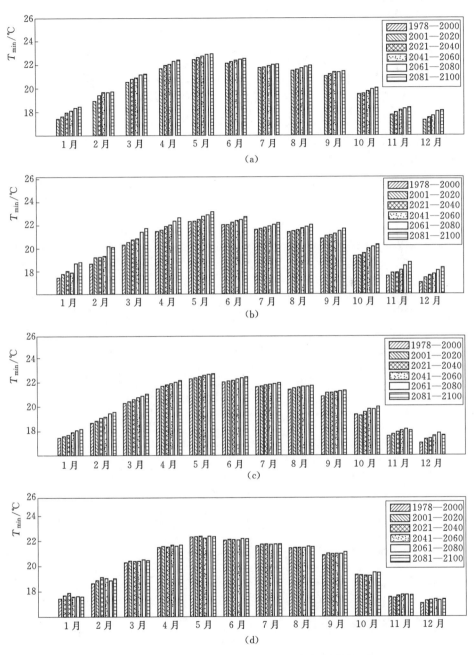

图 6.12　4 种 SRES 情景下 1978—2100 年间的月均 T_{min}

(a) A1B；(b) A2；(c) B1；(d) COMMIT

对于每一个 SRES 情景，相较于过去 20 年（20C3M），图 6.13～图 6.15
有利于对 2001—2100 年期间气候变量的变化预测展开评估。从图中可以看出，
未来 A1B、A2、B1 情景中的降水、T_{max}、T_{min} 有增加趋势，而 COMMIT 未
展现变化趋势。A2 情景中各变量预计增幅较高，而 B1 情景中预计增幅较小。
这是因为在上述情景中，情景 A2 中的二氧化碳浓度最高，为 850ppm，而情
景 A1B、B2 和 COMMIT 中的二氧化碳浓度分别为 720ppm、550ppm 和约
370ppm。大气中二氧化碳浓度升高会引起地表平均温度上升，进而导致蒸发
加大，这在低纬度地区尤为显著。蒸发的水量最终会转化为降水。在
COMMIT 情景中，二氧化碳排放量与 2000 年相同，由此，预测的未来降水
模式无法看到明显的变化趋势。可以看出，过去到未来间的变化是一个渐进的
过程，A1B 情景变化较大，而 B1 情景变化最小。A2 情景虽有不小的变化，
但是变化程度与 A1B 情景不尽相同。各气候变化在第一个 20 年区间（2001—
2020 年）中变化最小，在最后一个 20 年区间中（2081—2100 年）变化最大。

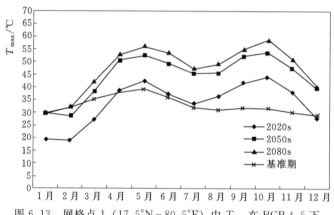

图 6.13　网格点 1（17.5°N‐80.5°E）中 T_{max} 在 RCP 4.5 下
不同时段的变化趋势

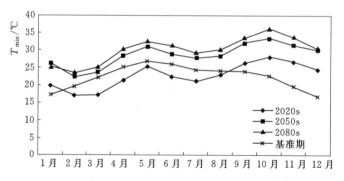

图 6.14　网格点 1（17.5°N‐80.5°E）中 T_{max} 在 RCP 6.0 下
不同时段的变化趋势

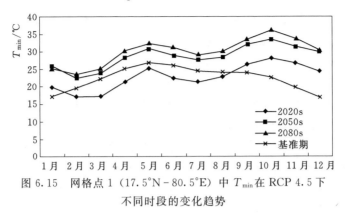

图 6.15   网格点 1 (17.5°N - 80.5°E) 中 T_{min} 在 RCP 4.5 下
不同时段的变化趋势

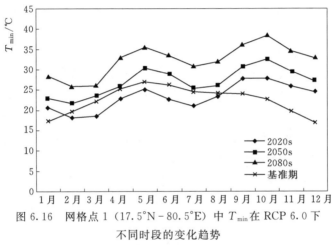

图 6.16   网格点 1 (17.5°N - 80.5°E) 中 T_{min} 在 RCP 6.0 下
不同时段的变化趋势

6.3.2.2   基于多元线性回归的气候变量降尺度研究（Akshara 等，2017）

根据 IMD 数据可用的网格分辨率，将戈达瓦里河下游流域划分为 5 个网格点，即 17.5°N - 80.5°E，17.5°N - 81.5°E，18.5°N - 17.5°E，18.5°N - 80.5°E，18.5°N - 82.5°E。在降尺度方法中，选择 T_{max}、T_{min} 和降水作为预测对象。5 个网格点中 T_{max}、T_{min} 和降水的月均历史数据来自于 IMD，系列长度为 1969—2005 年（基准期），同样，T_{max}、T_{min} 和降水也被选为预测变量（Mujumdar 和 Nagesh Kumar，2012；Akshara 等，2017）。通过多元线性回归（MLR）法，在 1969—2005 年 NCEP/NCAR 中对应的预测变量与 IMD 的 T_{max}、T_{min} 和降水观测数据间建立相关关系，利用 GCM 得到的地表预测因子来预测月均降水量。以 T_{max}、T_{min}、降水 3 个预测变量和研究区 5 个网格点为基础，构建 15 个线性回归方程。

回归方程采用 RCP 4.5 和 RCP 6.0 中 GCM 标准化后 2006—2100 年系列的预测因子来预测 T_{max} 值、T_{min} 值和降水值。为了更好地观察不同时期的变化特征，划分出 3 个主要时段：2020s（2020—2029 年）、2050s（2050—2059 年）和 2080s（2081—2089 年）。网格点 1 的结果如下。

RCP 4.5：由图 6.13 可知，与基准期（1969—2005 年）相比，未来几十年的月均气温有显著变化；未来时期内的变化趋势似乎是平行的，相比于 2050—2080 年，气温在 2020—2050 年间变化幅度更大；2020s、2050s 和 2080s 的 T_{max} 值分别为 44℃、54℃ 和 57℃。

RCP 6.0：由图 6.14 可知，RCP 6.0 中气温的变化趋势与 RCP 4.5 相似。2050—2080 年间的气温变化大于基准期、2006—2020 年和 2020—2050 年间的气温变化；2080s 的 T_{max} 值无法与 2020s 或 2050s 的 T_{max} 值进行比较。

RCP 4.5：由图 6.15 可知，与基准期相比，气温在 2020 年 2—8 月间将进一步下降，并在 2050s 和 2080s 出现显著上升；气温在 2050s 和 2080s 的变化趋势基本相似。

RCP6.0：由图 6.16 可知，T_{min} 值在基准期为 26℃，T_{min} 值在 RCP 4.5 和 RCP 6.0 下具有相同的变化趋势，并在 2080s 达到最大值 38℃，可以清晰地看出全球变暖存在的明显影响。气温在 2050—2080 年和 2020—2050 年中的变化也基本相同。

RCP 4.5：由图 6.17 可知，1 月和 12 月的降水量最小，7 月和 8 月的降水量最大，年间的降雨模式并无相似之处。从基准期到 2020 年，从 2020 年到 2050 年，期间的降水量变化十分显著。

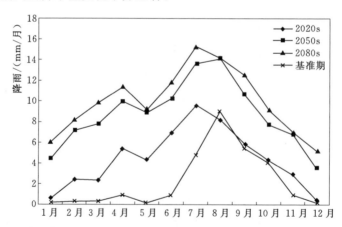

图 6.17　网格点 1（17.5°N-80.5°E）中降水在 RCP 4.5 下
不同时段的变化趋势

RCP 6.0：由图 6.18 可知，未来降水仍会出现增加趋势。7 月和 8 月可能会发生强降水事件，2020s、2050s 和 2080s 可观测到的最大降水量分别为 9mm/月、14mm/月和 19mm/月。

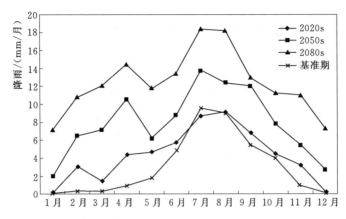

图 6.18　网格点 1（17.5°N~80.5°E）中降水在 RCP 6.0 下
不同时段的变化趋势

同理，对其余网格点进行模拟分析。结果显示：

（1）所有网格点的 T_{max} 值从 2020s 到 2050s 平均升高了 4~5℃，从 2050s 到 2080s 平均升高了 3~4℃，最高气温出现在 5 月和 6 月。基准期内的气温在季风前后的变化趋势有所不同，季风前气温略有下降，而季风后气温显著上升，这也导致了暖期的增长。

（2）5 个网格点未来的 T_{min} 在 8~16℃（最小值）和 36~40℃（最大值）范围内。

（3）未来，该地区将逐渐变暖，而一般在季风后和夏季的暖化程度更高。RCP 4.5 和 RCP 6.0 中的气温变化基本相同，只是在某几个月的气温变化上存在轻微差异。

（4）降水预测显示降水量有显著增加。所有网格点的平均降水量从基准期的 8~10mm/月增加到 2080s 的 20~25mm/月。RCP 4.5 与 RCP 6.0 中的降水变化也基本相同，只是在某几个月的降水变化上存在轻微差异。此外，6—8 月的降水量将高于全年其他月份，而 1 月和 12 月的降水量较少。

6.3.3　结论

通过上述研究得到以下主要结果：

（1）A1B、A2 和 B1 情景下未来的降水、T_{max} 和 T_{min} 将呈现增加趋势，而马拉帕哈流域在 COMMIT 情景下气候未呈现变化趋势。在 A2 情景下，流域河道内水位上升幅度较大，而在 B1 情景下，流域河道内水位上升幅度较小。

（2）未来，戈达瓦里河下游流域将逐渐变暖，气温在季风后和夏季的增大幅度普遍较大，而降水预报显示未来降水总量将显著增加。

6.4 基于 GCMs 集合的气候变化对半干旱流域水平衡影响研究

本节评估气候变化对印度半干旱流域水平衡的影响，即利用改进的马尔科夫-核密度评估模型（Modified Markov Model - Kernel Density Estimation，MMM - KDE）和 K 邻近降尺度模型，分别模拟当前时段（1981—2000 年的 20C3M）和 21 世纪中叶（2046—2065 年）及 21 世纪末（2081—2100 年）两个未来时段的降水与水文气象变量；通过 5 个 GCMs 集成（MPI - ECHAM5、BCCR - BCM2.0、CSIRO - mk3.5、IPSL - CM4 和 MRI - CGCM2），利用 ArcSWAT 水文模型对当前和未来气候进行水文模拟。结果表明，到 21 世纪末，径流比和年均径流呈现边际减小趋势，升高的气温和增加的蒸散发作用预示着灌溉需水将在 21 世纪末有所增加。未来降水量预测结果显示，年均降水量略有增加，短期与中期的潮湿期将有所减少，而短期与中期的干燥期将有所增加。径流量的降低、地下水补给的减少和灌溉需水的增加可能会加剧区域未来情势下的水资源供需压力。

6.4.1 问题解析与案例说明（Reshmidevi 等，2017）

选定的研究目标如下：

对 5 个 GCMs 的集成、马尔科夫-核密度评估模型的改进、K 邻近降尺度模型和 ArcSWAT 模型进行探索研究，用以评估气候变化对印度半干旱地区的马拉帕哈流域的水文影响。

马拉帕哈流域的详细信息可见案例研究 6.3。将数字高程数据（DEM）、土壤类型数据和土地利用/土地覆盖数据（LU/LC）作为水文模型的输入条件。马拉帕哈流域空间分辨率为 30m 的 DEM 数据来自于日本经济贸易产业省（METI）和 NASA 发布的先进星载热发射和反射辐射（ASTER）全球 DEM（GDEM）数据集。提取流域的 LU/LC 数据使用多季节 Landsat - 7 ETM+影像。本次研究采用可视化技术和数字图像解译技术相结合的方法，从卫星图像中提取出流域 LU/LC 矢量数据图（Reshmidevi 和 Nagesh Kumar，2014）。在第一步中，研究划分了 7 个主要的土地利用类型，分别为水域、农田、荒地、岩石区、森林、城镇和草地。为每一种土地利用类型单独设定能够显示特定波段比率的合适波段，并结合可视化判别技术和基于频带比的无监督分类技术（Lillesand 等，2004）识别这 7 种土地利用类型。第二步分类，即作物类型分类，是使用代表不同种植季节的多时相卫星图像（Dutta 等，1998）来实现的。根据每个图像中作物的存在情况，对不同作物类型进行分类，通过田间信息和区域作物生产统计信息对作物分类进行验证。

马拉帕哈流域的土壤类型信息来自于印度那格浦尔的国家土壤调查和土地利用规划局。马拉帕哈水库 1973—2000 年间的实测月均流量数据来自于印度班加罗尔水资源开发机构，该数据用于对水文模型参数的率定和模型的验证。

水文模型模拟对象为降水和日 T_{max}、日 T_{min}、日相对湿度、日风速等气候变量。马拉帕哈流域有 9 个气象站点，其日雨量数据长度为 1971—2000 年，但气象观测数据长度仅为 1993—2000 年，时长较短。对降水数据进行质曲线分析可知，1993—2000 年期间的降水量无法代表 1971—2000 年研究期内的降水特征。因此，对美国国家环境预测中心（NCEP）1971—2000 年间的降水和气象变量再分析数据进行降尺度。此外，从多个 GCMs 中对历史和未来时段的降水和气象变量进行降尺度。利用马尔科夫-核密度评估模型（Mehrotra 和 Sharma，2010）从大尺度气象变量中对降水进行降尺度，并采用 K 邻近重采样技术将气象变量降阶到单一地点。气象变量的日均数据来自于世界气候研究计划 CMIP3 项目中的 5 个 GCMs，分别为 BCCR - BCM2.0、MRI - CGCM2、CSIRO - mk3.5、MPI - ECHAM5 和 IPSL - CM4。选择 20 世纪气候实验（20C3M）中 1981—2000 年来代表历史时段。另外，还研究了气候变化对未来两个时段的水文影响。未来两个时段分别为：2046—2065 年（简称为本世纪中叶），用来表示 21 世纪中期；2081—2100 年（简称为本世纪末），用来表示 21 世纪末期。

针对每个时段，从对应 A2 排放情景下的单个连续（瞬态）过程中提取流域网格点所需的气象变量。利用 ArcSWAT 水文模型模拟 A2 排放情景下流域历史和未来两个时段内的水文响应。

6.4.2 结果与讨论

降水与气象变量的统计降尺度：采用变量收敛评分法（Johnson 和 Sharma，2009）识别用于日降水量降尺度的 GCM 气象变量。这些变量包括平均海平面压强（MSLP），MSLP 的南北梯度，分别在 850hPa、700hPa 和 500hPa 下的温度衰退（TD），850hPa 下 TD 的南北梯度，850hPa 下风速的 U 和 V 方向分量，850hPa 的等效势温（EPT），700hPa 下位势高度的南北梯度，500hPa 下的相对湿度（SPH），500hPa 下 SPH 的南北梯度，850hPa 下 SPH 的 EW 梯度（Mehrotra 等，2013）。采用嵌套偏差校正程序对 20C3M（1981—2000 年）和未来时段（2046—2065 年和 2081—2100 年）内所选的 GCM 气象变量进行偏差校正（Johnson 和 Sharma，2012）。

ArcSWAT 参数率定与模型验证：本次研究中，ArcSWAT 模型尺度采用日时间尺度。首先，基于 LU/LC、土壤和坡度信息，将马拉帕哈流域划分为

12 个子流域，并将每个子流域进一步划分为水文响应单元（HRUs）。当植物水分胁迫值超过阈值 0.95 时，可以确定流域内灌区及其灌溉制度。根据再分析数据，将 9 个气象站的日雨量值和单一地点的水文气象变量进行降尺度，降尺度后的数据系列通过模拟径流与实测径流间的拟合分析来实现模型参数率定和模型模拟的可靠性验证。

选择 1971—2000 年作为研究时段，其中，1971—1972 年为模型预热期，1973—2000 年为模型参数率定和模型验证期。水文模型采用 MMM - KDE 技术来实现降水和气象变量的多元降尺度。为了获得合理的模型参数值，采用多重实现技术建立联合数据集，在 20 个实现集合中，前 9 个用于模型参数率定，其余 11 个用于模型验证。每个实现集合包含 28 年（不包括预热期），因此模型参数率定的总长度为 252 年。采用 ArcSWAT 模型包含的拉丁超立方（LH）和单次单因子法（Van Griensven，2005）对模型灵敏度进行分析，并对敏感参数进行手动校准。在参数率定过程中，以模型能否准确生成年际和季风期（6—9 月）径流的流量历时曲线（FDC）作为评价标准。通过 ArcSWAT 模型的月径流模拟，计算每个实现集合的年径流和季风期径流，并生成对应的流平均 FDC，利用平均绝对误差（MARE）评估模拟 FDC 和实测 FDC 间的偏差。

未来情景下的多模型集成模拟：基于 5 个 GCMs 的降水和气象数据，通过水文模型集成模拟来评估流域内气候变化对水文的影响，并将未来时段的水文响应与 20C3M 时段下的水文响应进行对比分析。当时间周期不重叠时，FDCs 通常用于比较水文分析中的流量机理（Sugawara，1979；Yu 和 Yang，2000；Westerberg 等，2011）。由于 20C3M 时段下的时间周期和未来情景下的并不重叠，因此，研究采用年际和季风期径流的 FDCs 进行比较分析。

利用加权集合平均技术推导 5 个 GCMs 的集成平均径流模拟。使用每个 GCM 降尺度后得到的降水和气象数据驱动 ArcSWAT 模型运行，并生成年际和季风期径流的 FDCs。然后，将 20C3M 时段下模拟的 FDCs 与实测径流数据所得的 FDCs 进行比对，通过 MARE 值表示两者间的拟合程度。对于每一次水文模拟（使用不同 GCMs 作为输入条件），分别估算年际和季风期径流的 FDCs 的 MARE 值，进而利用两个 MARE 值求出每个模拟结果的权重。

能够较好模拟历史场景的 GCMs 也应该能够实现未来场景的良好模拟（Reichler 和 Kim，2008；Errasti 等，2010）。因此，20C3M 时段下水文模拟的权重也适用于未来时段。利用各 GCM 降尺度得到的降水和气候变量数据，模拟流域未来时段（本世纪中叶和本世纪末）的水文响应，从而生成年际和季风期径流的 FDCs。另外，使用 20C3M 时段下的一组权重，生成未来时段的加权平均 FDCs。将未来预测结果与 20C3M 模拟结果进行比较，用以量化未来时段内的径流变化特征。该方法的流程如图 6.19 所示。

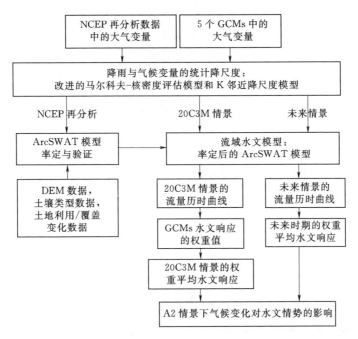

图 6.19   气候变化对水文影响评估方法流程图

通过对 5 个 GCMs 模拟结果的汇总来分析水平衡成分的变化特征，如未来时段的潜在蒸散发（PET）、实际蒸散发（ET）、灌溉需水和地下水补给等。

统计学意义检验：利用非参数秩次法和 Mann - Whitney 检验对年均径流和季风期径流预测变化的统计学意义进行评估（Wilcoxon，1945；Mann 和 Whitney，1947）。本次研究中，将未来时段的加权年均径流和季风期径流与 20C3M 情景进行比较，从而获得检验统计量，利用此检验统计量求出相应的参数 a，该参数可以用来表示两组径流系列中值间差异的统计学意义。

未来时段水文响应：将马拉帕哈流域 DEM 数据、土壤类型数据和 LU/LC 数据作为 ArcSWAT 模型的空间参照输入条件，从而对流域水文过程进行模拟。模型采用再分析数据集降尺度得到的降水和水文气象数据并以日时间尺度运行。将模型日尺度下的模拟结果整合为月尺度结果，并与月均实测数据进行拟合分析。MARE 值在年均和季风期径流的率定和校准阶段均小于 0.1。另外，以 20 个实现集的平均（用来率定和验证）来生成月均径流系列数据，并与实测月均数据进行对比分析（图 6.20）。结果显示，径流模拟值与观测值之间拟合较好，但对径流峰值的模拟出现了值偏小的情况。模型模拟的 Nash - Sutcliffe 系数（NSE）为 0.82，根据 Moriasi 等（2007）推荐的模拟性能评价值，本次模拟结果是优异的。由于 NSE 使用的是简单的月均径流作为基准模型，较高的 NSE 值可能是由日尺度数据具有的显著季节性造成的。因此，根据 Schaefli 和 Gupta（2007）的推荐，本次研究额外采用 NSEB 指数评价模型模拟性能。以长系列月均径流作为基准模型来计算 NSEB 值。模型参数率定期间的 NSEB 值为 0.74，NSE 和 NSEB 值越大，则说明模型模拟结果越优。

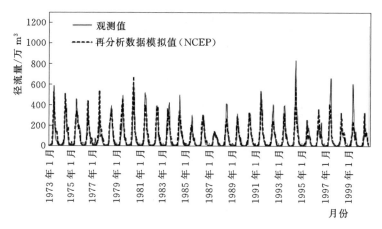

图 6.20　径流模拟结果与观测数据间的拟合分析

率定后的水文模型用来模拟 20C3M 情景下的水文响应。将基于 5 个 GCMs 降尺度得到的降水和气象数据模拟出的年均和季风期径流的 FDCs 与实测数据的 FDCs 进行对比分析（图 6.21）。

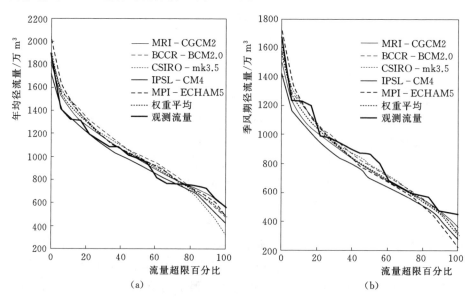

图 6.21　20C3M 情景下模拟的年均和季风期径流的流量历时曲线
（a）年均径流；（b）季风期径流

表 6.5 展示了年均和季风期径流的 MARE 值及其相应的权重。利用权重集，推导出 20C3M 情景下的加权平均 FDC，如图 6.21 所示。年均 FDC 与实测数据吻合程度较好，但对中、低季风期径流模拟值偏小，这可能是由于降水观测数据与降尺度后的降水数据在年内雨季日和每个雨季日降水量方面存在微小差异（Mehrotra 等，2013）。

表 6.5　20C3M 情景下年均和季风期径流的 MARE 值及其相应的权重

指标	MRI - CGCM2	BCCR - BCM2.0	CSIRO - mk3.5	IPSL - CM4	MPI - ECHAM5
年均径流 MARE	0.039	0.081	0.095	0.063	0.068
季风期径流 MARE	0.066	0.064	0.109	0.132	0.058
权重	0.28	0.2	0.14	0.15	0.23

考虑到通过偏差校正后的 GCM 输出结果要用于降尺度，这种变化可能是由于降尺度模型的系统性错误造成的，由此，该情况也可能会出现在未来情景中。因此，为了量化未来径流变化，将未来时段的水文响应与 20C3M 情景下的加权集合平均径流进行对比分析。

20C3M、本世纪中叶和本世纪末的年均和季风期径流的加权集合平均 FDCs 如图 6.22 所示。图 6.22 显示，在本世纪中叶，年均和季风期时间尺度上的中（相当于 40%～60% 的超越概率）和高（相当于 10% 的超越概率）流量名义上有所增加，但低流量（相当于 90% 的超越概率）在未来则有所减少 [图 6.22（a）、（b）]。从图 6.22（b）可以看出，本世纪末的预测径流在季风

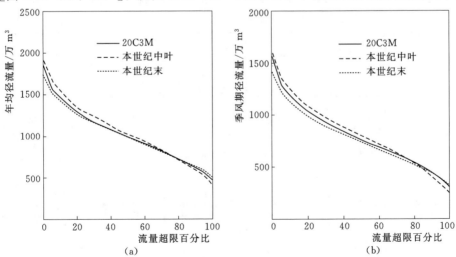

图 6.22　20C3M、本世纪中叶、本世纪末情景下年均和季风期径流的
加权集合平均预测结果
（a）平均径流；（b）季风期径流

期整体呈现减小特征，这可能是由于本世纪末的预测降水模式变化和蒸发需求加大所导致的。Mehrotra 等（2013）的研究成果显示，研究区内短期（2～4d）和中期（5～7d）雨季天数有所减小，然而，到本世纪中叶，研究区内短期、中期和长期（超过 7d）雨季降水量呈现出增加的特点。另外，短期（2～9d）和中期（10～18d）干旱天数预计将在未来有所增加（Mehrotra 等，2013）。未来干旱天数增加可能会导致年均和季风期径流的减少。

利用加权集合模拟，计算了本世纪中叶和本世纪末的年均和季风期径流。此外，通过 FDCs 估算了 10%、90% 和 95% 超越概率的年均和季风期径流值，结果见表 6.6。由于超越概率小于 10% 的径流量即可认为是峰值流量，而与峰值径流量对应的年份即为丰水年。另外，90% 和 95% 的稳定径流代表年均流量较低，年均流量对应 90% 和 95% 稳定径流量的年份即可认为是低流量年或干旱年。结果表明，在本世纪中叶，年均径流和季风期径流均有所增加；此外，峰值流量的增加是由于对应 10% 超越概率的年均和季风期流量值的增加所引起。因此，在本世纪中叶，将会有更多年份的年均流量超过当前对应 10% 超越概率的流量峰值。换言之，本世纪中叶会出现更多的丰水年。此外，90% 和 95% 稳定径流的减少意味着干旱年份的增多，即到本世纪中叶，丰水年和干旱年的频率都将有所增加。有关 20 世纪历史降水量分析的研究成果也表明：气候变化条件下丰水年份和干旱年份都会增多（Changnon，1987；Sousa 等，2009）。

表 6.6　　　　20C3M 情景和 A2 情景下未来两个时段的年均
和季风期模拟径流统计结果　　　　　　单位：万 m^3

气候模式	情景	径流统计值[a]							
		年　均				季　风　期			
		(1)	(2)	(3)	(4)	(5)	(6)	(7)	(8)
MRI – CGCM2	20C3M	1028.5	1427.2	673.1	630.1	796.6	1143.9	480.4	425.8
	本世纪中叶	1038.1	1441.8	668.3	605.8	793.1	1156.3	467.0	404.8
	本世纪末	1064.3	1459.1	736.7	685.1	768.5	1096.9	494.9	444.6
BCCR – BCM2.0	20C3M	1050.9	1492.1	616.3	551.4	825.5	1233.9	446.0	381.2
	本世纪中叶	1145.0	1809.5	508.2	432.8	871.4	1434.5	307.9	246.5
	本世纪末	1145.5	1560.6	759.3	703.6	924.1	1313.4	574.8	522.6
CSIRO – mk3.5	20C3M	1002.2	1490.0	534.7	445.8	786.0	1239.6	379.4	305.9
	本世纪中叶	991.1	1449.0	533.7	457.5	791.8	1203.5	383.4	314.6
	本世纪末	795.3	1251.7	373.2	332.2	610.8	1031.4	242.3	205.4

气候模式	情景	径流统计值[a]							
		年　均				季　风　期			
		(1)	(2)	(3)	(4)	(5)	(6)	(7)	(8)
IPSL-CM4	20C3M	964.0	1363.5	584.2	509.6	744.4	1098.0	412.8	346.6
	本世纪中叶	994.5	1438.7	582.2	535.1	777.6	1170.2	388.4	334.4
	本世纪末	986.4	1389.2	593.6	537.5	731.7	1097.3	401.0	343.8
MPI-ECHAM5	20C3M	1057.3	1517.8	643.8	598.0	838.2	1242.2	461.4	414.3
	本世纪中叶	1087.0	1574.9	657.4	553.9	864.3	1292.1	489.3	401.9
	本世纪末	987.7	1392.0	587.9	546.7	749.7	1110.8	394.9	350.9
加权平均	20C3M	1026.3	1460.5	622.1	562.8	802.7	1191.4	444.8	385.4
	本世纪中叶	1057.6	1546.6	601.8	527.6	822.7	1252.1	416.7	349.2
	本世纪末	1013.0	1424.0	633.9	584.7	767.4	1134.2	437.9	389.6

a　(1) 年均流量；(2) 对应 10% 超越概率的年均流量；(3) 90% 稳定流量；(4) 95% 稳定流量；
(5) 季风期平均流量；(6) 对应 10% 超越概率的季风期平均流量；(7) 季风期 90% 稳定流量；(8) 季风期 95% 稳定流量。

　　本世纪末径流模拟结果显示，对应 10% 超越概率的年均和季风期流量有所减少，而低流量未发生显著变化（90% 和 95% 稳定），这就意味着到本世纪末，丰水年频率可能会降低。然而，曼宁-惠特尼试验表明，这些变化是可以忽略不计的。年均和季风期流量百分比变化的试验统计量和显著性水平见表 6.7。

表 6.7　未来时段年均和季风期流量百分比变化的曼宁-惠特尼试验统计量

指　标	本世纪中叶		本世纪末	
	年均流量	季风期流量	年均流量	季风期流量
试验统计量	0.190	0.100	0.100	0.100
显著水平 α	0.849	0.920	0.920	0.290

　　虽然预测的年均和季风期流量变化不显著，但仍需对径流年内变化特征进行分析。图 6.23 显示了 20C3M 情景和未来两种情景下的加权集合月均流量箱线图，从图中可以看出季风期月均流量的变化特征。在未来情景下，6 月的中等和 75% 流量将有所增加，而 7 月和 8 月将有所减少。到本世纪末的 7 月，径流将减小近 25%。由于这些时段是印度秋收作物播种的高峰期，在未来情景下，7 月可用水量的减少可能会对农业生产产生不利影响。

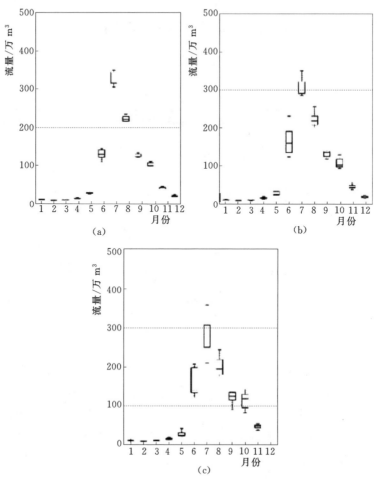

图 6.23　20C3M 情景和未来两种情景下的加权集合月均流量箱线图
(a) 20C3M；(b) 本世纪中叶；(c) 本世纪末

　　气候变化对水量平衡要素的影响：通过 20C3M 情景和未来两个情景下模拟的流域月水文过程来分析流域水量平衡其他要素的变化特征。基于气候预测结果，对 ET、灌溉需水和地下水补给变化进行评估。降雨和气温变化条件下径流和灌溉需水量的变化特征可见图 6.24。一般来说，降水增加会导致径流增加。在 20C3M 情景下，不同 GCMs 的预测降水量在 −10.9% ～8.4% 之间，而到本世纪末，预测径流量会在 −20.6% ～9.0% 之间 [图 6.24 (a)]。同样的，到本世纪末，在不同 GCMs 下的灌溉需水预计会增加 3.2% ～15.7% [图 6.24 (b)]。从图 6.24 可以看出，径流及灌溉需水的变化主要与降水变化和 GCM 不同有关，尽管如此，研究也发现了一些微小的差别，这可能是由于图 6.24 (c) ～ (f) 中 T_{max} 和 T_{min} 的变化所引起。例如，BCCR‐BCM2.0

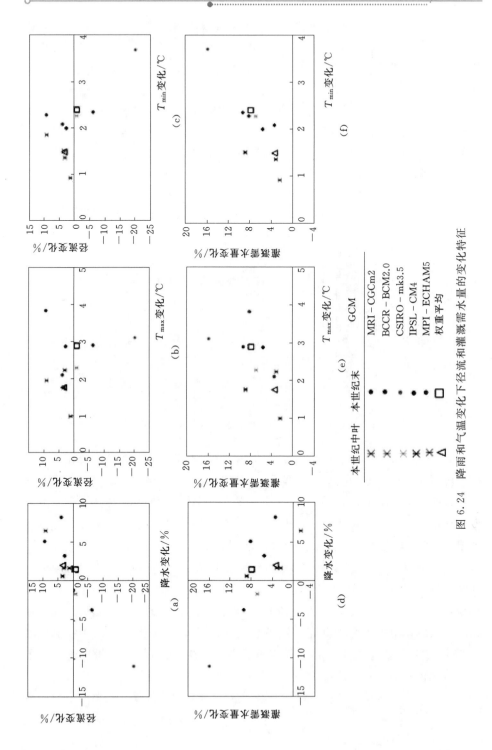

图 6.24　降雨和气温变化下径流和灌溉需水量的变化特征

模式预计到本世纪末灌溉需水将有较大的增长，这与图6.24（d）中 $T_{\max}$ 的增加有关。同样的，CSIRO－mk3.5模式预计径流将显著减少，灌溉需水将显著增加，这可能是由于 $T_{\max}$ 和 $T_{\min}$ 大幅增加和降水量显著减少的综合作用所致。

图6.25分别展示了20C3M情景下和季风期年度时间尺度上流域水量平衡的各要素。ET是降水的主要来源，接近年降水量的70%，接近季风期降水量的45%。灌溉在很大程度上补充了作物对水资源的需求。地下水补给是指到达浅层含水层的水资源量，其中一部分以地下水径流的形式出现，并对流域出口径流有所补给。

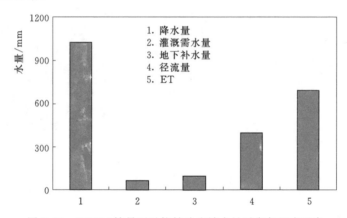

图6.25 20C3M情景下马拉帕哈流域水量平衡各组成要素

同理，对未来情景下时间尺度上预测的流域水量平衡各要素百分比变化进行分析。加权集合平均模拟结果显示，在未来情景下，年均降水量呈现边际增长的特征（本世纪中叶为2.2%，本世纪末为1.6%）。虽然年均降水量基本未发生变化，但主要变化体现在降水模式的干湿期数量和持续时长两方面。到本世纪中叶和本世纪末，$T_{\max}$ 预计将分别增加0.51℃（1.8%）和0.84℃（2.9%）；同样，$T_{\min}$ 预计将分别增加0.29℃（1.5%）和0.46℃（2.4%）。随着气温和降水模式的变化，到本世纪中叶和本世纪末，蒸散发速率预计将分别增加2.3%和4.1%。流域径流比（年均径流与年均降水量的比值）在20C3M、本世纪中叶和本世纪末分别为0.4184、0.4178和0.4083。径流比减少2.5%表明到本世纪末，年均径流将减少1.2%。此外，到本世纪末，地下水回灌率预计将下降7.3%。

6.4.3 结论

通过上述研究得到以下主要结果：

（1）在未来情景下，流域年均降水量变化不显著，相应水文要素在年际和季风期的变化呈现统计性不显著。

（2）尽管径流和灌溉需水的变化与降水量变化密切相关，但它们之间的相关性并不成正比。这种差别可能是由于 GCMs 不同、降水模式和气温变化引起的。

（3）到本世纪末，日最高气温和最低气温将分别增加 0.84℃ 和 0.46℃，蒸散发速率将增加 4.1%，灌溉需水量将增加 7.7%，地下水补给将减少 7.3%。

（4）对本世纪末径流预测的结果显示，年均径流和季风期径流基本未发生变化；降水量和温度的变化将使径流比减少 2.5%。

（5）流域蒸散发和灌溉需水量预计将有所增加，这与地下水补给和径流的减少有关，这同样预示着今后该流域的水资源供需矛盾会进一步加剧。

6.5 对比分析气候变化对非洲四大流域径流的影响

选择非洲 4 个具有代表性的流域（尼日尔河流域、青尼罗河上游流域、乌班吉河流域和林波波河流域）为研究对象，探究气候变化对河流径流的影响。在所选的 4 个流域上分别构建生态水文模型（水土一体化模型）。从构建的 4 个流域生态水文模型验证可知，模型模拟结果好坏取决于模型输入及率定所用数据的质量和可用性。气候影响评估模型由代表性浓度路径 RCP2.6 和 RCP8.5 情景下 CMIP5 的 5 种偏差修正后的地球系统模式的输出结果驱动运行。将此气候输入条件放到整个非洲大陆气候变化趋势情况下，与 19 个 CMIP5 集成模型进行比较并检验其代表性。随后，对 21 世纪平均排放量、季节性和水文极值变化趋势进行比较分析，发现所选 4 个流域结果的不确定性都很高。尽管如此，从平均排放量预测值来看，气候变化的影响是十分明显的，对青尼罗河上游的影响最小，而该河流的径流是最有可能增加的。在非洲严峻的缺水情况下高流量增加可能带来的风险已经引起了大家的注意。综上所述，本研究表明了对比分析影响对适应性讨论具有一定的价值，且可用于在全局背景下制定出适应性方案。

6.5.1 问题解析与案例说明

选定的研究目标如下：

（1）对影响进行相互比较可用于在全局背景下制定适应性方案，并探讨流域间模拟的年径流量对气候参数敏感性的差异。

（2）研究气候对 4 个流域河流径流量和季节性的影响。

（3）研究 4 个流域水文极值（高流量，低流量）的变化特征。

（4）分析预测过程中存在的不确定性。

（5）分析适应性的内涵，讨论适应性的意义。

所选的尼日尔河流域、青尼罗河上游流域、乌班吉河流域和林波波河流域分布在撒哈拉以南的非洲西部、中东部和南部地区。

另外，根据 Strahler（2013）的 Köppen（1900）分类可知，4 个流域涵盖了撒哈拉以南的非洲地区的所有气象类型。所选流域除了包含了热带湿润气候（A）、干燥气候（B）、亚热带气候（C）和高原气候（H）以外，还囊括了非洲大陆的大多数气候类型和气候亚型。所选流域均采用生态水文模型 SWIM 进行模拟分析（Krysanova 等，1998）。SWIM 是一个过程性模型，它能够模拟流域蒸散发、植被生长、产流和河流径流等生态水文过程，并考虑了这些过程间的反馈关系（Krysanova 等，2005）（图 6.26）。所选流域的 DEM 数据来自于 90m 分辨率的航天雷达地形任务（Shuttle Radar Topography Missions，SRTM）（Jarvis 等，2008）；土壤参数选自世界数字土壤地图（Digital Soil Map of the World）（FAO 等，2012）。SWIM 模型所需的相关土壤数据包含了土壤深度、黏土、淤泥和沙含量、容重、孔隙度、有效持水量、田间持水量和每层土壤的饱和电导率等；土地利用数据由全球土地覆盖重分类后得到（Bartholomé 和 Belward，2005），土地利用类别包含了水域、居民区、工业、道路、农田、草地、牧场、混合林、常绿林、落叶林、湿地、稀树草原（石南属植物）和裸地等。气象观测点在非洲数量较少，但在整个非洲大陆上分布较为均匀。因此，采用欧盟 FP6 观测项目（FP6 WATCH project）对观测结果进行对比分析（WFD，2011；Weedon 等，2011），该项目数据包含了 SWIM 模型所需的 0.5×0.5 网格点的所有变量日数据。全球径流数据中心（Global Runoff Data Centre）的河流观测流量数据用来率定和验证模型（Fekete 等，1999）。

使用 19 个 CMIP5 地球系统模式（ECMs）集成后的输出结果来分析气候变化趋势。在此集成中，5 个 ECMs（HadGEM2-ES、IPSL-5 CM5A-LR、MIROC-ESM CHEM、GFDL-ESM2M 和 NorESM1-M）的输出结果用于驱动水文模型。基于 WFD 再分析数据，所选的 5 个 ECMs 利用一种趋势保持偏差校正技术（trend-preserving bias correction technique）进行降尺度，并对 1950—2099 年期间的 0.5×0.5 网格点进行重新采样（Hempel 等，2013）。代表性浓度路径（RCPs）包含不同的排放浓度，本次研究中，所选的 5 个 ECMs 均使用 RCP 2.6 和 RCP 8.5 情景，以此来涵盖未来气候预测中可能存在的低精度和高精度结果。

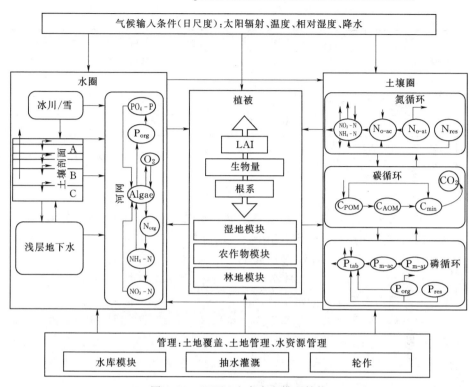

图 6.26　SWIM 生态水文模型结构

6.5.2　结果与讨论

率定与验证：SWIM 模型的建立、率定信息及验证结果见表 6.8。

表 6.8　　　　　　　流域模型特征及验证结果

类　　别		尼日尔河流域	青尼罗河上游流域	乌班吉河流域	林波波河流域
子流域数量/个		1923	558	377	2020
水文接点数量/个		13883	1700	1734	13085
水库数量/个		5	0	0	8
灌区数量/个		0	0	0	31
水文测站数量/个		18	1	1	2
率定/验证所用测站		Lokoja[a]	El Diem	Bangui	Sicacate, Oxenham Ranch
率定期	时段长	1972—1982[a]	1961—1970	1971—1980	1980—1987[d]
	NSE[b]（日值）	0.92	0.91	0.66	0.72，0.73
	PBIAS[c]	8.60	20.90	19.10	11.50，－6.70

续表

类 别		尼日尔河流域	青尼罗河上游流域	乌班吉河流域	林波波河流域
验证期	时段长	1983—1992[a]	1971—1980	1971—1980	1980—1987[d]
	NSE[b]（日值）	0.89	0.63	0.60	0.55
	NSE[b]（月值）	0.90	0.73	0.63	0.80
	PBIAS[c]	2.10	39.00	15.70	3.40

a 已使用 18 个水文测站对尼日尔河流域进行率定。

b Nash-Sutcliffe 效率系数（纳什效率系数）。

c 月均偏差百分比。

d Oxenham Ranch 测站仅用于率定，不用于验证。

利用所选 4 个流域的出口测站数据对流域模型进行验证，结果见图 6.27。采用纳什效率系数（Nash-Sutcliffe）和偏差百分比（PBIAS）对模型模拟误差进行评估，即对模型的效率进行量化。结果显示，模型月径流 NSE 在 0.63～0.90 之间，日径流 NSE 在 0.55～0.89 之间，说明 SWIM 模型基本能够较好地模拟出所选流域的水文特征。

气候趋势：降水和气温是河流水文机制的主要驱动因素，而降水和气温也主要受气候变化的影响。由 19 个 CMIP5 模式预测得到的整个非洲大陆降水和气温 2006—2100 年间的平均趋势，图中显示的 RCP 8.5 的模拟结果是为了说明在极端情景条件下最为显著的趋势。

所有模式都显示出，整个非洲大陆的气温将显著上升，而在热带地区，大部分额外能量的输入将转化为潜热。撒哈拉沙漠和非洲南部的稀树草原及沙漠是最干燥和最热的地区，该地区预计最高温度将升高 6～7℃，有些地方甚至会升高 8℃。采用 5 个 ESMs（HadGEM2-ES、IPSL-5 CM5A-LR、MIROC-ESM CHEM、GFDL-ESM2M 和 NorESM1-M）的输出结果对径流进行预测。

图 6.28 和图 6.29 显示了这 5 个气候模式运行得到的气温和降水与未校正得到的结果、其他 14 个 CMIP5 模式的对比结果，以此来展示偏差校正的影响以及各模式均处在一个更大的集合里面（即若模式特别干燥或湿润，温暖或寒冷，又或是处在整个集合的中间）。月均气温间的季节变化呈现出明显的均匀态势。4 个流域的气温均在 3～6℃之间，偏差校正对气温影响不大。所选 5 个气候模式的输出结果较好地涵盖了 4 个流域 CMIP5 集成的气温范围。RCP 8.5 下相同时段的月均降水见图 6.29。

4 个流域河流流量对气候变化的敏感性分析结果见图 6.30。降水变化范围为 -50%～100%，流量变化范围为 -100%～200%，范围外的值不会显示，而是包含在拟合局部回归的计算当中，用黑线来表示。此外还研究了气候变化

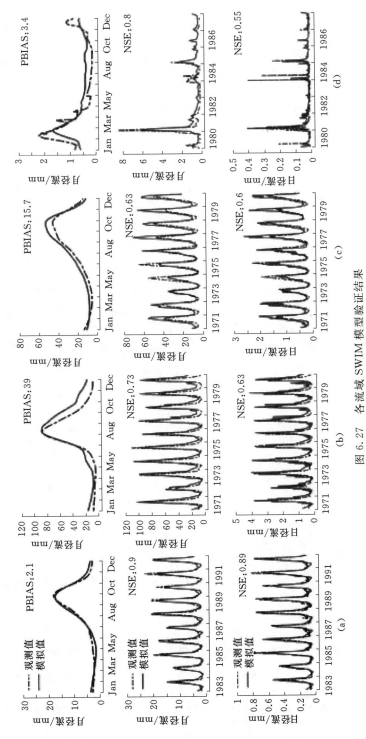

图 6.27　各流域 SWIM 模型验证结果

（a）尼日尔河流域；（b）青尼罗河上游流域；（c）乌班吉河流域；（d）林波波河流域

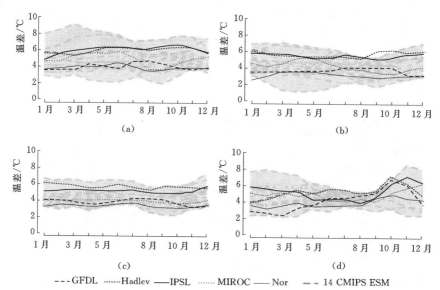

图 6.28 RCP 8.5 下 5 个偏差校正后模式远程（2070—2099）与基准期（1970—1999）
预测月均气温差值、未校准 ESMs、其他 14 个集成 ESMs

（a）尼日尔河流域；（b）青尼罗河上游流域；（c）乌班吉河流域；（d）林波波河流域

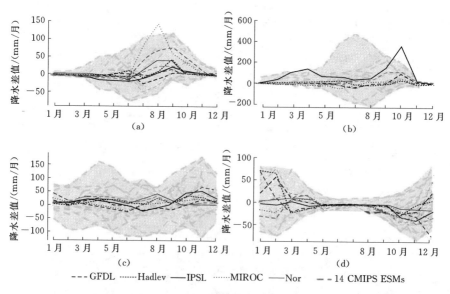

图 6.29 RCP 8.5 下 5 个偏差校正后模式远程（2070—2099）与基准期（1970—1999）
预测月均降水差值、未校准 ESMs、其他 14 个集成 ESMs

（a）尼日尔河流域；（b）青尼罗河上游流域；（c）乌班吉河流域；（d）林波波河流域

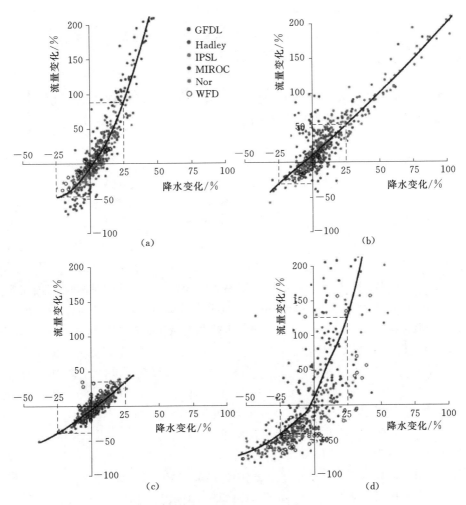

图 6.30　流域气候敏感性分析结果［相比于 1970—1999 年基准期平均值，
RCP 8.5 和 WFD 下 5 个气候模式 2006—2099 年间对应降水变化（％）
的年均流量变化（％）］（曲线显示了所有值的拟合局部回归）
（a）尼日尔河流域；（b）青尼罗河上游流域；（c）乌班吉河流域；（d）林波波河流域

对流量和季节性的影响、极值变化、流域间气候变化敏感性差异、气候变化条件下河流径流变化、水文极值变化、不确定性的来源和适应性的意义。

6.5.3　结论

通过上述研究得到以下主要结果：

（1）4 个流域的径流机制对气候变化的敏感性存在较大的差异。

（2）气候模式得到的区域影响研究中存在着大量的不确定性，甚至对输入条件进行偏差校正后也是如此。

Aich 等（2014）也提到，制定防洪措施需要对规划适应性策略进行详细研究。

6.6　气候变化对西澳大利亚墨累-荷斯安流域的水文影响：未来水资源规划的降雨径流预报

采用多模型集成方法，通过预测本世纪中叶（2046—2065 年）和后期（2081—2100 年）的降水和径流，研究了气候变化对西澳大利亚东南部（Southwest Western Australia，SWWA）墨累-荷斯安流域的水文影响。利用土地利用变化合并流域（LUCICAT）模型进行水文模拟分析。采用澳大利亚用水项目（Australian Water Availability Project，AWAP）的（5km）网格降水数据对模型进行率定。政府间气候变化专门委员会（IPCC）发布的排放情景 A2 和 B1 下由 11 个一般性环流模式（GCMs）得到的降尺度和偏差修正降水数据被用于 LUCICAT 模型，以此获得本世纪中叶和本世纪后期的降水和径流情况。同时，将气候模型情景下得到的结果与过去观测气候（1961—1980 年）进行了比较分析。与 1961—1980 年间的观测数据相比，该流域近年年均降水量（1981—2000 年）减少了 2.3％，径流减少了 14％。对比分析可知，本世纪中叶和后期在 A2 情景的 11 个集成模式下，流域年均降水量分别减少了 13.6％和 23.6％，而对应径流量分别减少了 36％和 47％。

在 B1 情景下，本世纪中期和后期的降水量分别减少了 11.9％和 11.6％，对应径流量减少了 31％和 38％。从降水和径流变化的空间分布可以看出，高强度降水地区比低强度降水地区的变化速率高；从时间分布可以看出，流域内的强降雨事件已显著减少，预计未来还会进一步减少，最终导致流域径流量的显著降低。通过绘制 4 个水文测站观测与预测时段内年际径流减少量与对应降水减少量间的关系曲线，形成流域情势图。该图能够对流域未来水资源规划起到指导作用。考虑到由 GCMs 得到的降水和径流预测结果在不同时段和不同排放情景条件下会存在显著的差异，因此，尽管通过集合均值来解释研究成果，但本研究中仍存在一定的不确定性。

6.6.1　问题解析与案例说明

选定的研究目标如下：

（1）分析观测和预测降水与径流数据超越概率对应的时空分布变化。

（2）绘制观测与预测时段内径流变化与降水变化间的关系曲线，形成流域情势图。

墨累河流域位于墨累河流域和皮尔-哈维子区域内，地处西澳大利亚珀斯西南部约110km处，流域面积6736km² （图6.31）。为了对研究区与澳大利亚东部著名的墨累-达令流域予以区分，参考研究区内的两条主要河流，将本次研究区称为墨累-荷斯安流域。从地质角度看，墨累-荷斯安流域位于达令高原，即伊尔岗地块的地表处。根据Koppen分类体系（Stern等，2000），该流域气候温和，夏季炎热干燥，冬季凉爽，多数降水（约75%）分布在冬季的5—9月之间；年均降水量由东至西、由低（400mm）向高（1100mm）逐渐增加。

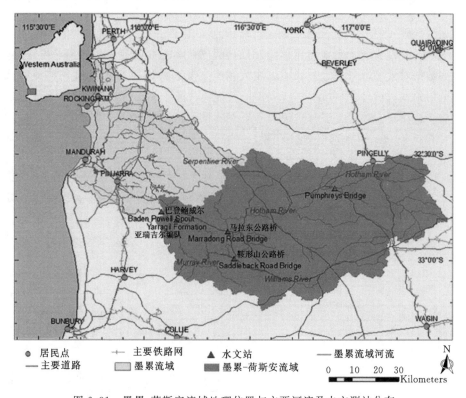

图6.31　墨累-荷斯安流域地理位置与主要河流及水文测站分布

墨累-荷斯安流域年均蒸发量在西南方向（1600mm）到流域东北角（1800mm）之间分布（Mayer等，2005）。墨累河是SWWA中径流量最大的河流之一，发源于荷斯安河和威廉姆斯河水系并经过皮尔湾流入印度洋。墨累河是西澳大利亚北部红柳桉树森林中唯一一条自由流动的河流［巴登鲍威尔（Baden Powell）测站上游未建大坝］，河流穿过丘陵地带，在伯丁顿以南地区变深并汇流形成墨累河，随后穿过达令山脉，进入沿海平原（Pen和Hutchison，1999）。11个GCMs为A2和B1排放情景下未来模拟时段（2000—2100年）和本时期（1961—2000年）提供统一的运行条件（Christensen 和 Lattenmaier，2007)。这些模式也与 Bari 等（2010）研究的澳大利亚气候相匹配。LUCICAT 是一种半分布式水文模型，其将大型流域划分为小型响应单元（Response Units，RUs）（Bari 和 Smettem，2003）。

气候变化对墨累-荷斯安流域的水文影响是通过 IPCC 排放情景 A2 和 B1 下预测的 2046—2065 年与 2081—2100 年时段内降水及径流评估实现的。基于 GCMs 降尺度和偏差修正得到的降水数据，利用 LUCICAT 水文模型对未来降水和径流进行模拟。LUCICAT 水文建模概念流程图见图 6.32。首先，利用 ArcGIS 对流域的 DEM 矢量图进行处理，得到流域、河道、节点、雨量站等属性输入文件。属性文件是通过将流域划分出 135 个 RUs 而获得的。模型率定的输入条件为历史土地利用信息和面蒸发数据，采用 5 个测站 1960—2004 年系列数据对模型进行率定，并通过澳大利亚气象局最近开发的 5km 网格点降水数据对模型进行验证（Jones 等，2009）。然后，将降尺度后的 GCM 降水数据进行处理，用于后预报（1961—2000 年）和不同气候情景下（A2 和 B1）的未来预报（2046—2065 年及 2081—2100 年）。通过一种以模拟法运行的气象局统计降尺度模型（Bureau of Meteorology Statistical Downscaling Model，BoMSDM）将 GCM 数据降尺度到 5km 分辨率（与水文模型尺度一致）（Timbal 等，2009）。随后，将降尺度后的降水数据输入到校准后的模型中，用来模拟流域各种降水和径流过程。基于 GCMs 降尺度数据，对年均降水数据进行处理，并与实测年均降水数据进行对比。为每一个 GCM 构建一个尺度因子，确保年均降水预测量与

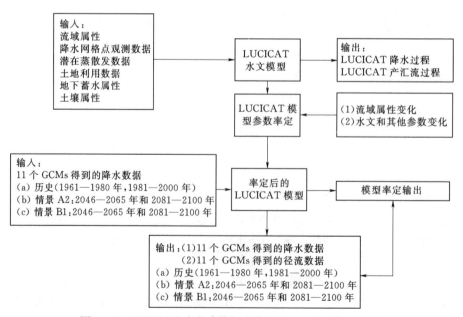

图 6.32 LUCICAT 水文建模概念流程图（Islam 等，2011）

观测值的尺度相匹配。在 A2 和 B1 排放情景下，采用相应的尺度因子对日降水数据（2046—2065 年，2081—2100 年）进行降尺度。而后，分析、比较并提出与历史数据对比后的经过处理的降水和径流过程。

6.6.2　结果与讨论

流域水文：过去的几十年里，整个流域的径流率（径流量除以降水量）发生了显著变化。过去 30 年中，由于没有发生强降雨，总径流量总体呈现下降趋势，同时，研究发现此情况在流域强降水接收区域最为明显，其他研究中也得到了类似结论（CSIRO，2009；DoW，2010）。

率定与验证：对 LUCICAT 模型的 29 个模型参数的分组如下：①无需率定的估算先验组；②需要率定的 8 个物理意义参数变量集。率定判别依据为：①观测和模拟日流量系列联合图；②月、年流量散点图；③流量周期误差指数（EI）；④纳什效率系数（E²）；⑤可释方差；⑥相关系数（CC）；⑦整体水量平衡（E）；⑧流量历时曲线。模型通过日径流数据进行率定。结果表明，模型能够较好地描述流域日径流（如高、中、低流量）过程，也能够描述所有类型的流动情况（如高、中、低流量）的峰值、持续时长和退水过程。利用各测站的水文曲线对日流量模型进行验证，结果显示，该模型能有效预测流域未来的日流量过程，同时，模型也能够实现流域未来年径流量的有效预测，模型模拟性能详见表 6.9。

表 6.9　　　　　　　　　日径流模型拟合度

测　站	拟合度量	纳什效率系数（E²）	相关系数（CC）	整体水平衡（E）	流动期误差指数（EI）
巴登鲍威尔	整体	0.70	0.84	0.07	1.00
	率定期	0.70	0.84	0.07	1.01
	验证期	0.80	0.91	−0.03	0.98
马拉东公路桥	整体	0.48	0.80	−0.03	0.99
	率定期	0.47	0.79	−0.03	0.99
	验证期	0.81	0.94	−0.03	0.99
鞍形山公路桥	整体	0.49	0.76	−0.04	1.02
	率定期	0.48	0.75	−0.03	1.02
	验证期	0.84	0.92	−0.12	1.00
亚瑞吉尔编队	整体	0.56	0.75	−0.01	0.86
	率定期	0.56	0.75	−0.01	0.90
	验证期	0.68	0.80	0.08	1.05

流域 4 个测站 1960—2000 年历史期间的年降水量以及 2046—2065 年本世纪中叶和 2081—2100 年本世纪后期的预测年降水量见图 6.33。

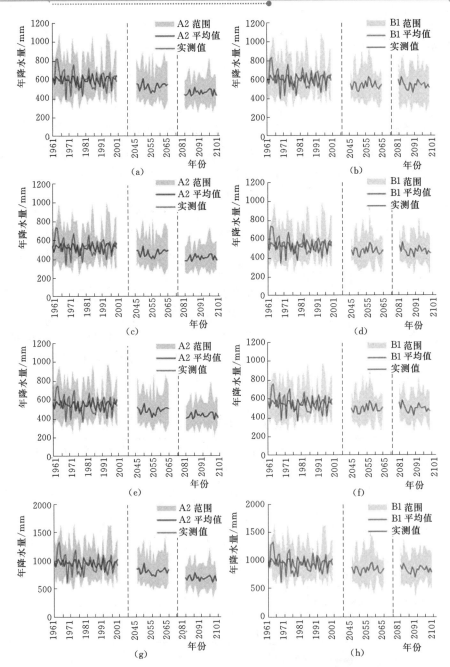

图 6.33 4 个测站在 A2 和 B1 情景下观测与预测的年降水量结果

（a）、（b）巴登鲍威尔站；（c）、（d）马拉东公路桥站；（e）、（f）鞍形山公路桥站；

（g）、（h）亚瑞吉尔编队站。平均预测降水量为 11 个 GCMs 的集成平均值，

A2 范围和 B1 范围表示所有 GCMs 的最大值和最小值

表 6.10 所示的观测和预测降水情势结果，无需加以说明。同时，还研究了降水和径流的时空变化特征。观测和预测的径流情势结果见表 6.11。此外，还对未来水资源规划的降雨径流预报及其不确定性与意义进行了详细研究。根据 Islam 等（2014）研究成果可知，气候变化影响研究的主要限制因素为 GC-Ms、降尺度方法选择、水文模型选取、模型合理参数化、模型假设与限制条件、与建模过程相关的不确定性估算等。

表 6.10　　　　　　　　　　观测和预测降水情势结果

测站	百分比	观测降水量/mm			变化率/%	与过去相比下降水变化率/%			
		历史时段（1961—2000 年）	过去时段（1961—1980 年）	近期时段（1981—2000 年）		2046—2065 年		2081—2100 年	
						A2	B1	A2	B1
巴登鲍威尔	Q90	726	779	696	−11	−13	−11	−24	−12
	Q50	622	622	623	0	−15	−16	−24	−12
	Q10	489	437	508	16	−9	−4	−15	0
	平均	616	623	609	−2	−13	−12	−24	−12
马拉东公路桥	Q90	646	690	607	−12	−13	−10	−29	−11
	Q50	550	549	556	1	−21	−15	−30	−12
	Q10	439	381	445	17	−17	−5	−22	0
	平均	547	552	542	−2	−13	−12	−23	−12
鞍形山公路桥	Q90	677	717	645	−10	−13	−10	−22	−12
	Q50	566	585	566	−3	−16	−16	−25	−13
	Q10	423	398	451	13	−8	−4	−12	0
	平均	564	573	555	−3	−13	−12	−22	−11
亚瑞吉尔编队	Q90	1140	1217	1114	−8	−15	−13	−27	−15
	Q50	949	963	947	−2	−15	−14	−28	−11
	Q10	765	729	815	12	−15	−10	−25	−8
	平均	964	975	953	−2	−15	−12	−27	−12

表 6.11　　　　　　　　　　观测和预测径流情势结果

测站	百分比	观测径流量（GL①）			变化率/%	与过去相比下降水变化率/%			
		历史时段（1961—2000 年）	过去时段（1961—1980 年）	近期时段（1981—2000 年）		2046—2065 年		2081—2100 年	
						A2	B1	A2	B1
巴登鲍威尔	Q90	537	692	389	−44	−40	−35	−77	−50
	Q50	220	233	210	−10	−43	−41	−79	−34
	Q10	92	85	114	34	−54	−34	−80	−34
	平均	285	307	264	−14	−36	−31	−74	−38

续表

测站	百分比	观测径流量（GL①）			变化率/%	与过去相比下降水变化率/%			
		历史时段（1961—2000年）	过去时段（1961—1980年）	近期时段（1981—2000年）		2046—2065年		2081—2100年	
						A2	B1	A2	B1
马拉东公路桥	Q90	280	334	167	−50	−44	−44	−79	−59
	Q50	105	108	92	−16	−52	−53	−82	−49
	Q10	34	23	49	109	−39	−21	−72	−12
	平均	129	136	121	−11	−41	−39	−76	−45
鞍形山公路桥	Q90	163	173	105	−39	−39	−35	−72	−47
	Q50	68	71	66	−7	−48	−45	−76	−44
	Q10	24	23	30	30	−55	−39	−72	−27
	平均	76	80	72	−10	−36	−33	−69	−36
亚瑞吉尔编队	Q90	6.7	8.3	3.5	−58	−57	−50	−92	−66
	Q50	1.9	3.4	1.6	−52	−81	−77	−98	−76
	Q10	0.6	0.6	0.6	−1	−86	−81	−99	−80
	平均	3.0	4.1	1.9	−54	−64	−60	−93	−67

① 1GL=118.29mL。

6.6.3 结论

通过上述研究得到以下主要结果：

（1）SWWA下降水和径流很可能会在本世纪中叶和后期持续呈现下降趋势，从而导致大坝过流减少，进而引起地表水资源可利用量的减少。因此，水资源管理者和决策者将不得不更多地依赖地下水开采、海水淡化或其他水资源（如循环利用水）来为珀斯市供水。

（2）由GCM演化得到的年均降水和径流会在某一特定时段内出现超过观测值范围的极高值和极低值（高很多或低很多）。因此，本研究成果中仍存在较大的偏差。

6.7 欧洲极端降水预报的统计降尺度方法间比对

本研究比较分析了用于气候变化影响研究的8种统计降尺度方法（Statistical Downscaling Methods，SDMs），其中，4种是基于变化因子（Change Factors，CF）的方法，3种是基于偏差修正技术（Bias Correction，BC）的方法，1 种是基于理想预报技术（Perfect Prognosis Technique）的方法。这 8 种方法被用于"ENSEMBLES"项目中 15 个区域气候模式（RCMs）的降水降尺度输出研究，该项目主要在欧洲的 11 个流域实施。整体结果表明，大部分流域冬季和夏季的极端降水均有所增加；个别流域降尺度的时间序列往往与变化方向一致，但变幅不同。研究对流域间的 SDMs 差异及其因季节而异的特点进行了分析。无法根据 CFs 法和 BC 法间存在的差异获得一般性结论。BC 法性能在控制时段内取决于流域，但在大多数情况下，这些技术相对 RCM 来说是一种改进。通过分析 RCMs 和 SDMs 的集成方差可知，只有30％和接近一半的总方差来自于 SDMs。由此，对最优 SDMs 的选取进行了研究。

6.7.1　问题解析与案例说明

选定的研究目标如下：

（1）评估并比较欧洲 11 个流域的 SDMs 和 RCMs 范围内极端降水变化特征。

（2）对识别在不同流域采用不同 SDMs 的优势与劣势的可能性进行评估。

（3）评估欧洲极端降水预测变化是否存在共同趋势和极端降水变化的主要来源。

欧洲 11 个流域的地理位置见图 6.34，流域主要特征见表 6.12。观测数据采用流域日降水数据。研究使用的气候模式数据来自于"ENSEMBLES"项

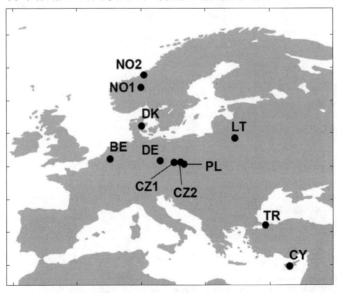

图 6.34　所选流域地理位置分布

目（van der Linden 和 Mitchell，2009）中 15 个 RCMs 的集成，其模拟是由 6 个不同 GCMs 驱动的 11 个 RCMs 实现的。所有模式的空间分辨率均为 0.22°（约 25km），日降水时间序列长度均为 1951—2100 年。本次研究中，分别以 1961—1990 年和 2071—2100 年作为基准时段和未来时段。需要注意的是，有 6 个 RCMs 没有 2100 年的数据，选择 2071—2099 年作为这些 RCMs 的未来时段，此处理不会对研究产生影响。对每个流域采用最佳逼近差值重心法，从 15 个 RCMs 中提取出 1961—1990 年和 2071—2100 年时段的日降水数据。

表 6.12   所 选 流 域 主 要 特 征

名称	河流，城市	流域面积 /km²	平均海拔 /m	流域降水计算所需数据	年均降水量 /(mm/年)	极值	观测时段 /年
NO2	诺迪瓦河（Nordelva），挪威	207	349	1km×1km 网格（Tveito 等，2005）	2437	冬季	1957—2010
NO1	阿娜特河（Atna），挪威	463	1204	1km×1km 网格（Tveito 等，2005）	852	夏季	1957—2010
DK	奥尔胡斯河（Aarhus A），丹麦	119	65	10km×10km 网格（DMI，2012）	868	夏季	1989—2010
LT	莫克斯河（Merkys），立陶宛	4416	109	1 个测站	658	夏季	1961—1990
BE	格罗特尼特河（Grote Nete），比利时	383	32	6 个测站	828	夏季	1983—2003
DE	穆尔德河（Mulde），德国	6171	414	43 个测站	937	夏季	1951—2003
CZ2	密图基河上游（Upper Metuje），捷克	67	588	1km×1km 网格（Sercl，2008）	788	夏季	1980—2007
CZ1	伊泽拉河（Jizera），捷克	2180	365	10 个测站	860	夏季	1951—2003
PL	尼斯科特卡河（Nysa Klodzka），波兰	1083	316	2 个测站	589	夏季	1965—2000
TR	高贝立德瑞河（Gocbeylidere），土耳其	609	153	1 个测站	850	秋季	1960—1990
CY	雅玛索依亚河（Yermasoyia），塞浦路斯	157	575	2 个测站	640	冬季	1986—1997

注 带极值标签的柱状图表示降水极值发生较多的季节。流域从北向南排序，最北边的流域在最上面一行。

6.7.2 结果与讨论

利用 8 个 SDMs 来获取流域尺度上的降尺度 RCM 预测结果。这些方法的基本原理为定义大尺度变量（RCM 输出结果）和区域尺度变量（流域降水量）间的关系。研究所用的 8 个统计降尺度方法分别为均值偏差校正法、均值和方法偏差校正法、分数位映射偏差校正法、扩展降尺度法（Expanded Downscaling，XDS）、均值变化因子法、均值和方差变化因子法、变化因子分数位映射法和变化因子分数位扰动法。

采用极端降水指数（Extreme Precipitation Index，EPI）来分析所有 SDMs 的输出结果，EPI 被定义为极端降水的平均变化高于一个指定的回归期。本研究中的回归期设定为 1 年和 5 年。分别对每个 SDM、RCM、流域、阈值回归期、季节和时态聚集进行 EPI 估算。考虑 4 个季节：冬季（12 月至次年 2 月）、春季（3—5 月）、夏季（6—8 月）和秋季（9—11 月）。此外，EPI 是考虑全年的，即不按季节划分。考虑的时态聚集为 1 天、2 天、5 天、10 天和 30 天，这些是通过日时间序列的移动平均来估计的。当与为了控制和未来的降尺度时间序列进行比较时，可以发现 EPI 值的变异性主要来自 3 个方面：GCMs、RCMs 和 SDMs。方差分解法可用于处理 GCMs、RCMs 或 SDMs 对流域、回归水平、季节和时态聚集总方差的影响，该方法的详细使用过程可见 Deque（2007；2012）。EPI 的总方差 V 主要由以下几项贡献：$V = R + G + S + RG + RS + GS + RGS$，其中 R、G、S 分别为 RCMs、GCMs、SDMs 解译的个别部分方差；RG、RS、GS 分别为 RCM - GCM、RCM - SDM、GCM - SDM 相互作用的方差，RGS 为 RCMs、GCMs、SDMs 三者相互作用的方差。

从所有流域到 3 个所选流域的极端降水指数和方差分解：所有流域的 SDMs 和 RCMs 在冬季和夏季中第一天的时态聚集结果见图 6.35。另外，将 SDMs 结果与 RCMs 预测的控制和未来时段间的变化进行了比较分析。整体结果表明，总体来看，SDMs 不会对未校正 RCMs 预测的变化起到明显的修改作用。尽管如此，在某些情况下，采用一定量的降尺度技术可能会改变未校正 RCMs 预测的变化幅度。图 6.40 并未对使用不同 SDMs 和不同 RCM - GCM 模拟产生的误差予以区分。方差分解法可用于单独评估 GCMs、RCMs 和 SDMs 的方差。

图 6.36 展示了 GCMs、RCMs 和 SDMs 总方差分解，1 年和 5 年水平的所有流域的交互项和 1 天的时态聚集。所有流域和季节的 5 年水平方差都高于 1 年水平方差。在夏季，5 年水平的方差从北向南有增加地趋势，1 年水平的方差在一定程度上也有所增加，而冬季并未出现类似的变化趋势。南方流域 5

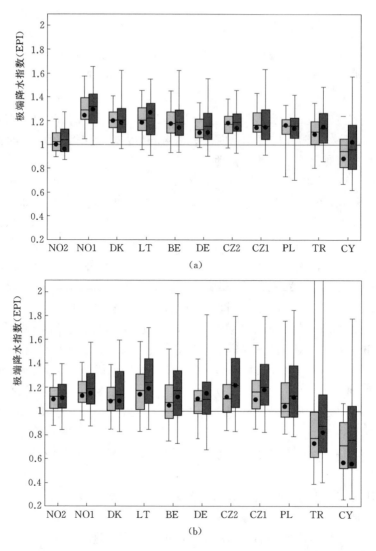

图 6.35 根据 1 年（浅灰框）和 5 年（深灰框）的控制与未来期间的降尺度时间
序列的比较所估算的 EPI 值。方框表示第 25、50 和 75 个百分位，以及对应
的第 5 和 95 个百分位。圆点展示了通过比较控制与未来时段的 RCM 输出
结果估算得到的所有 EPI 值的中位数。所有结果表示的是 1d 的时态聚集。
(a) 冬季；(b) 夏季

年水平出现较大方差的部分原因可能是抽样方差较大（极端事件数量减少）。

从图 6.36 可以看出，大多数情况下，RCM - GCM 模拟产生的方差大于
SDMs 模拟产生的方差。然而，交互项在季节和大多数流域中都相似或大于单
个模式（GCMs、RCMs、SDMs）产生的方差。在所有情况下，RCMs 产生的

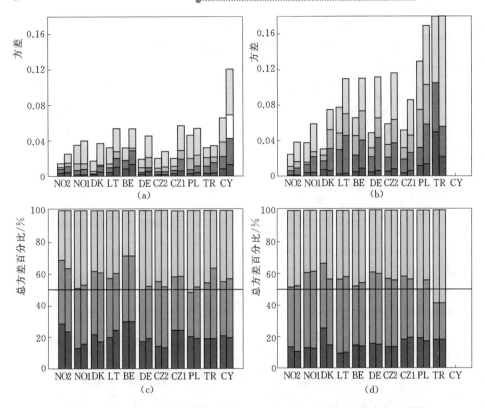

图 6.36　第一行，总方差分解为 GCMs、RCMs、SDMs 和所有交互项的
方差（由深到浅的灰色）。最后一行，由 GCMs、RCMs 和 SDMs 解译的总方差
百分比（由深到浅的灰色）。所有结果以 1 年和 5 年水平在每个流域的左栏和
右栏进行展示。所有结果表示的是 1 天的时态聚集。研究在考虑所有
RCMs 和 SDMs 条件下对极端降水的预期变化进行了分析。

(a) 冬季方差；(b) 夏季方差；(c) 冬季总方差；(d) 夏季总方差

方差百分比均大于 GCMs 产生的方差百分比。对于 RCMs 和 GCMs 的回归水平，由 GCMs 解译的回归水平百分比在冬季约为 20%，在夏季约为 15%。GCMs 解译的回归水平百分比在夏季较小，是由于 RCMs 和 SDMs 的相对影响较大。这可能是因为欧洲对流风暴引起的极端降水在夏季发生得更为频繁（Lenderink，2010；Hofstra 等，2009），而且考虑到 RCMs 和 SDMs 具有较高的空间分辨率，这对两者的输出结果有较大的影响。一些研究成果表明，对于欧洲夏季日极端降水来说，RCMs 的误差会更大（如 Frei 等，2006；Fowler 和 Ekstrom，2009）。聚集水平大于 1 天（未显示）的方差分解会得到较小的总方差。对于这些时态聚，尽管由 SDMs 解译的百分比略大于 1 天聚集，但其方差的主要来源仍为 RCM - GCMs。总方差和 RCM - GCMs 解译的百分比的减小主要反映了模型输出与较大时态聚集更为相似。方差分解结果强调,评估极端降水变化预测的不确定性需要同时考虑 SDMs 的范围和由不同 GCMs 驱动的 RCMs 的集成。

其他方面:研究还对极端降水的预期变化、控制时段观测值与偏差修正后的 RCMs 的对比、所选流域的极端降水等方面进行了论述。

6.7.3 结论

通过极端降水指数对所有统计降尺度方法的输出结果进行了分析。通过上述研究得到以下主要结果:

(1) 大部分流域的极端降水预计在冬季和夏季有所增加。仅在 CY 的冬季和夏季、TR 的夏季出现了极端降水减少的情况。

(2) 大多数流域冬季的变化比夏季的变化更大。

(3) 在大部分流域的冬季和夏季,与 SDMs 间的差异相比,虽然由 SDMs 引起的变异性占到总方差至少 30% 以上,但 RCM - GCM 预测仍是结果出现变异性的主要来源。

(4) 所有情况下,RCMs 在变异性总比例中的占比都比 GCMs 大,尤其是在夏季。大部分南方流域的总方差在夏季趋于更高。

(5) 8 种统计降尺度方法具有一致的变化方向,但变幅却不尽相同。

(6) 不同统计降尺度方法和 RCMs 作出的变化评估具有较大的变异性。

由于上述差异取决于流域的自然地理特征和所分析的季节不同,因此,无法通过降尺度方法间的差异获取一般性结论。综上可知,统计降尺度方法的选择应包含如下要点:若预期极端降水特征和其他降水特征不同,则统计降尺度方法可能预测极端降水变化;可选择基于不同假设的方法,如 BC 法和 CF 法;也可选择利用 RCMs 不同输出结果的方法,如 XDS 法、CF 法或 BC 法,这些方法包含了降水平均值、降水方差值和百分位范围。

6.8 湄公河未来水文要素变化:气候变化和水库调度对径流的影响

湄公河作为国际河流,其正面临着两种持续不断的变化,这两种变化预计将对湄公河的水文条件和异常洪水脉冲产生重大影响。随着沿岸国家经济的快速发展,出现了大规模的水电工程建设规划,且预测的气候变化将改变季风模式并使流域气温有所增加。本研究的目的在于评估上述因素在未来 20~30 年间对湄公河水文条件产生的综合影响。通过对 5 个 GCMs 输出结果进行降尺度,发现其在湄公河区域运行效果良好。为了模拟水库调度,利用一种优化方法对多个水库的调度进行评估，评估对象包括现有和规划水库（水电站）。采用分布式水文模型 VMod 进行水文评估，模型网格分辨率为 5km×5km。由结果可知，流量出现较大的变化，其由选用哪个 GCMs 作为输入信息所决定。桔井省（柬埔寨）湄公河段基准期（1982—1992 年）流量变化幅度和预测的未来时段流量变化幅度为：雨季为−11％～＋15％，旱季为−10％～＋13％。同时，模拟分析结果表明，规划水库的调度引起的流量变化明显大于气候变化引起的流量变化，桔井省（柬埔寨）湄公河段旱季流量将增加 25％～160％，洪峰流量将减少 5％～24％。考虑到不同 GCMs 会引起包络线的形成，则预测的综合影响与水库调度影响密切相关。此外，在未来 20～30 年，规划水库（水电站）的调度对湄公河水文条件的影响比气候变化更大，特别是在旱季。另外，气候变化将增加水库调度影响评估的不确定性。而且，气候变化引起的河流流动相关方面的变化还有部分内容是未知的。因此，大坝规划人员和调度人员都应该更加关注气候变化和水库调度对水生生态系统的综合影响，特别是对拥有 10 亿美元产值的湄公河渔业。

6.8.1　问题解析与案例说明

选定的研究目标如下：

详细评估气候变化（使用多个 GCMs）和水库调度对湄公河水文条件的单独影响和综合影响。

湄公河发源于中国青藏高原，一直流到越南湄公河三角洲，流域位于北纬 8°～34°之间。流域北部为海拔 5000m 以上的高山高地，具有典型的高山气候；流域南部为大面积热带洪泛平原。湄公河流域面积为 79.5 万 km²，流域出口断面平均水量为 1.5 万 m³/s（473km³/年）［湄公河管理委员会（Mekong River Commission），2005］。流域在地理位置上通常分为上下游两部分，划分点为泰国清盛，是中国和泰国边境最近的流量测站（图 6.37）。上游流域大约从源头到清盛，流域内十分陡峭，河流长 2000km，海拔从 4500m 落差至 500m，平均坡度为 2m/km。下游流域从清盛到桔井省，河流具有一个中等陡峭的斜坡，在河流流经的 2000km 内，海拔从 500m 降至几十米，平均坡度为 0.25m/km。从桔井省开始的河流下游，地处湄公河冲积平原和三角洲，河川高低不平，流经 500km 后到达南海，海拔下降至 15m，该河段平均坡度为 0.03m/km［湄公河管理委员会（Mekong River Commission），2005］。流域下半部分主要为热带草原和季风气候区，一年只分为旱季和雨季。雨季大概从 5 月初持续到 10 月，旱季从 11 月持续到次年 4 月。雨季气候以夏季季风为主，部分来自西南方向，部分来自东南方向。除了季风，区域气候还会受到来自东部的热带气旋的影响，这些气旋主要在一年中的 8—10 月期间引发降水

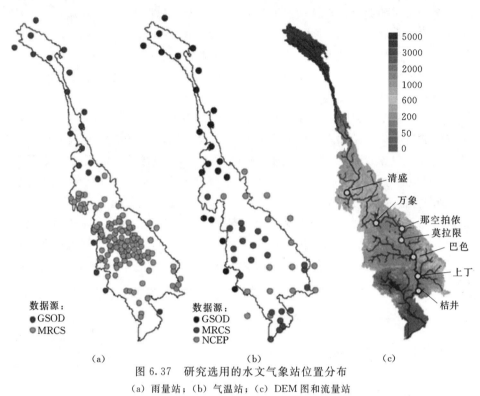

图 6.37 研究选用的水文气象站位置分布

(a) 雨量站；(b) 气温站；(c) DEM 图和流量站

GSOD—全球地表日数据汇总（Global Surface Summary of Day data）（NCDC，2010）；MRCS—湄公河
管理委员会水文气象数据库［湄公河管理委员会（Mekong River Commission），2011］；
NCEP—NCEP - DOE 再分析 2 数据（NOAA，2011）

［湄公河管理委员会（Mekong River Commission），2005］。流域最上面的部分位于青藏高原，降水分布与流域下半部分相似，大多降水发生在夏季，冬季降水形式主要为降雪，这是由于海拔高导致气温较低引起的。海拔最高的上游流域地区存在几个冰川，其表面面积可达 320km^2（Armstrong 等，2005）。由于季风气候和上下游流域河川间的坡度，湄公河具有单峰型水文曲线，高流域与低流量值差异较大。在从老挝进入柬埔寨平原的上丁省，河流年均流量约为 1.3 万 m^3/s，而年均最大流量为 5.15 万 m^3/s，最小流量为 0.17 万 m^3/s（根据 1970—2002 年观测数据计算所得）。流域模拟年径流在泰国东部不足 100mm/年到老挝中部超过 2000mm/年之间（根据 1982—1992 年模拟数据计算所得）。湄公河流域整体年均径流量约为 600mm/年［湄公河管理委员会（Mekong River Commission），2005］。研究资料需求包括有气象数据、流量数据、与水库相关数据及与气候相关数据。研究在湄公河流域构建了 VMod 模型用来模拟流域的水文过程，VMod 是一个基于网络表达的分布式水文模

型。对模型计算方法和方程的详细描述可参见 VMod 模型手册（Koponen 等，2010）。采用增量技术对降水和气温数据进行降尺度。

6.8.2 结果与讨论

水库调度规则：采用线性规划（Linear Programming，LP）（Dantzig and Thapa，1997）分别估算每个水库的月出库流量。采用 LP 目标函数的目的是使水库通过水力涡轮机的年出库流量最大化，将水库有效库容、估算的月入库流量、最小出库流量、最优出库流量作为参数。在目标函数中增加一个附加项，规定水库在雨季蓄水、在旱季放水。同时，旱季还需增加约束条件使水库出库流量保持恒定。基于 24 年时间序列（1981 年 4 月—2005 年 4 月），对每个水库月入库径流进行计算，为后续的优化调度计算做准备。由此产生的调度规则旨在提升水库调蓄能力并获取水库对湄公河流量可能产生影响的上限。一般的水库调度规则往往较为谨慎，主要是为了让水库运行每年都能实现满负荷。在优化一个给定水库之前，对流域上游所有水库进行优化。在上游水库处于运行时对水库入库流量进行优化计算。首先，基于基准条件，对水库进行优化调度。为了保证气候变化条件下水库的正常运行，针对每个气候变化情景设置单独开展水库优化调度分析（即模式运行）。研究选择 1982—1992 年为基准期，2032—2042 年为未来时段，这两个时段的时间长度应保持一致。水文模型运行相关的 GCM、排放情景和水库配置见表 6.13。

表 6.13   水文模型运行及其设置条件

时段	模型运行	气候模式	排放情景	是否含有水库
基准期	BL	无	无	不含
	BL＋rv	无	无	含
A1B（未来）	ccA（＋rv）	CCCMA_CGCM3.1	A1B	不含（含）
	cnA（＋rv）	CNRM_CM3	A1B	不含（含）
	giA（＋rv）	GISS_AOM	A1B	不含（含）
	mpA（＋rv）	MPI_ECHAM5	A1B	不含（含）
	ncA（＋rv）	NCAR_CCSM3	A1B	不含（含）
B1（未来）	ccB（＋rv）	CCCMA_CGCM3.1	B1	不含（含）
	cnB（＋rv）	CNRM_CM3	B1	不含（含）
	giB（＋rv）	GISS_AOM	B1	不含（含）
	mpB（＋rv）	MPI_ECHAM5	B1	不含（含）
	ncB（＋rv）	NCAR_CCSM3	B1	不含（含）

注 BL 表示基准期模拟，＋rv 表示水库（模拟包含的水库调度）。

气候变化对气温、降水和径流的影响：流域日均温度按最小和最高温度的平均值进行计算。通过 2032—2042 年不同模式模拟的气温、降水和径流结果与基准期数据（1982—1992 年）的对比分析可知，A1B 排放情景下得到的流域日均气温增加了 0.8～1.4℃，B1 排放情景下的流域日均气温增加了 0.6～1.3℃。年均气温增加的空间分布与所有使用 A1B 排放情景运行模拟结果相似。与流域中部地区相比，流域南部和北部地区的气温升高幅度更大，东南部地区和狭窄的中北部地区的气温升高幅度最大。B1 排放情景下的气温变化与A1B 排放情景下的气温变化模式相似，但与 A1B 相比，B1 排放情景下的气温变化幅度更小。相较于气温变化，降水变化的空间分布差异较大。流域模拟的径流在 6 种模式运行结果中出现增加的情况，而在 4 种模式运行结果中出现减少的情况。流域下半部地区分径流变化的空间格局在水文模型所有运行中十分相似，但在流域中游和上游地区不尽相同。在流域下半部分地区，西部区域径流量出现减小的情况，而东部区域径流量的增加幅度大不相同。在 A1B 排放情景下，流域中部在 3 种模式运行结果中出现径流增加的情况，2 种模式运行结果中出现径流减少的情况。而且，在流域最上游地区，模式运行结果与变化方向不一致。

其他方面：对气候变化和水库调度对主要河流流量的综合影响、综合影响的年内变化、气候变化和水库调度对选定洪水脉冲参数的影响也进行了研究。

6.8.3　结论

本研究评估了气候变化和水库调度对湄公河未来 20～30 年水文条件的影响。通过上述研究得到以下主要结果：

（1）气候变化有可能增加流域的降水量和平均气温。然而，GCMs 间对降水和气温的范围相对较大。

（2）在 A1B 和 B1 两种排放情景下，水文模型使用不同 GCMs 的流量模拟结果存在较大差异。

（3）气候变化对湄公河流量影响的研究方向仍不确定。

此外，研究建议使用多个 GCMs 来评估气候变化对湄公河流量可能的影响。

6.9　大尺度气候遥相关和人工神经网络的区域降雨预报

本研究用一种基于人工神经网络的降雨预报方法对印度奥里萨邦地区月、季降雨进行预报。利用区域降雨和大尺度气候指标间可能的关系来实现季风期

降雨的预报，大尺度气候指标有厄尔尼诺南方涛动（El–Niño Southern Oscil-
lation，ENSO）、赤道印度洋涛动（Equitorial Indian Ocean Oscillation，
EQUINOO）和一种区域气候指数-海陆温度对比（Ocean–Land Temperature
Contrast，OLTC）等。结果表明，提出的方法对月、季降雨预报具有较好的
准确性，同时，凸显了利用大尺度气候遥相关进行区域降雨预报的重要价值。

6.9.1　问题解析与案例说明

选定的研究目标如下：

利用 ENSO、EQUINOO 和 OLTC 指标，通过人工神经网络（ANNs）
对印度奥里萨邦地区月和季时间尺度上的降雨进行预报。

研究采用了 NINO3.4、海平面温度距平（Sea Surface Temperature A-
nomaly，SSTA）、EQWIN 指数、OLTC 指数和奥里萨邦辖区月降雨距平等
多参数数据。月尺度 NINO3.4 SSTA 和区域（$10°S\sim10°N$，$60°E\sim85°E$）SS-
TA（1958—1990 年）数据收集于美国国家环境预测中心气候分析中心
（NCEP，2017）网站；风数据（1958—1990 年）也来自于 NCEP（2017）用
以为 EQUINOO 获取 EQWIN 指标。月降雨和气温数据（1901—1990 年）来
自于印度热带气象研究所（Indian Institute of Tropical Meteorology，2017）
网站，Maity and Nagesh Kumar（2006），Sahai 等（2000；2003）。

6.9.2　结果与讨论

数据分析与建模：研究采用遗传优化程序（Genetic Optimizer）对 ANNs
架构进行优化（Nagesh Kumar 等，2007）。简言之，遗传优化程序由初始化
参数、生成初始种群、训练网络和评价适应度、网络传播、终止条件检查等，
输出结果就是网络进化过程中获得的最佳方案。

在模式最大值和最小值的帮助下，通过映射将输入和输出模式范围缩放到
0～1 之间，以此使用 Fermi 函数进行建模。当代数（epochs）计数器达到
1000 或所有训练模式下神经网络输出结果与观测值间的平均偏差最大值小于
0.001 时，通过终止条件实现学习过程的停止。为了避免过度拟合，使用训练
数据集通过反向传播 ANN（BPANN）对模型进行第一次训练，然后，通过
不同验证数据集测试模型性能，实现模型的交叉验证。在此过程中，模型对新
数据集进行了更优概括。为了确定能够作为 ANNs 模型输入条件的月份，研
究对预测变量进行了交互相关性分析。驱动 ANNs 的输入条件为月 Nino 3.4
SSTA 指标、EQWIN 指标和 OLTC 指标，输出变量为降雨量。6 月、7 月、8
月、9 月和夏季季风期（JJAS）降雨预报所考虑的预报变量的气候指标见
表 6.14。

表 6.14　　　　6 月、7 月、8 月、9 月和夏季季风期（JJAS）降雨
预报所考虑的预报变量的气候指标

降雨	所考虑的预报变量
6 月	Nino 3.4（2 月、3 月、4 月），EQWIN（5 月、6 月），OLTC（5 月、6 月）
7 月	Nino 3.4（2 月、3 月、4 月），EQWIN（6 月、7 月），OLTC（6 月、7 月）
8 月	Nino 3.4（2 月、3 月、4 月），EQWIN（7 月、8 月），OLTC（7 月、8 月）
9 月	Nino 3.4（2 月、3 月、4 月），EQWIN（8 月、9 月），OLTC（8 月、9 月）
JJAS	Nino 3.4（2 月、3 月、4 月），EQWIN（5 月、6 月），OLTC（5 月、6 月）

预测变量数据集时间长度为 33 年（1958—1990 年）。选择 23 年的数据集
训练神经网络，然后利用剩下 10 年的数据集对训练后的模型性能进行测试。
通过遗传优化程序对网络架构的不同组合进行训练。遗传优化程序参数设定
为：种群规模（每一代创造的网络数量）＝50；进化代数＝100；交叉概率（子
网络与子网络间交叉的概率）P_c＝0.6，变异概率（子网络向新一代过渡期间
被更改的概率）P_m＝0.04。BPANNs 参数设定为：学习参数＝0.2；动量参
数＝0.1；最大代数（epochs）＝1000。针对不同月和季模型得到的网络架构见
表 6.15。利用遗传优化 ANNs 算法，对奥里萨邦区域降雨量进行预测。ANN
模型得到的 6 月训练期和测试期的 CC 值分别为 0.9941 和 0.8349。

表 6.15　　　所选 ANNs 框架与奥里萨邦辖区季风季节降雨预报模型性能分析

月/季	网络框架	相关系数（CC）	
		训练	测试
6 月	7，7，7，1	0.9941	0.8349
7 月	7，8，9，1	0.9994	0.8002
8 月	7，10，1	0.9969	0.8102
9 月	7，8，1	0.9998	0.5775
JJAS	7，8，1	0.9975	0.8951

ANN 预报的 6 月降雨量与实测降雨量对比结果见图 6.38（a），由图可
知，除了 1986 年以外，模型模拟结果均在合理精度范围内，较好地预测了测
试期内弱降雨（1981 年、1982 年、1983 年和 1987 年）和强降雨（1984 年、
1989 年）。ANN 模型得到的 7 月训练期和测试期的 CC 值分别为 0.9994 和
0.8002，预报的测试期内 7 月降雨量与实测降雨量对比结果见图 6.38（b），
由图可知，虽然模型模拟降雨量与实测值（1981 年、1982 年、1985 年、1989
年、1990 年）存在一定程度的偏差，但模型模拟仍具有合理的准确性。

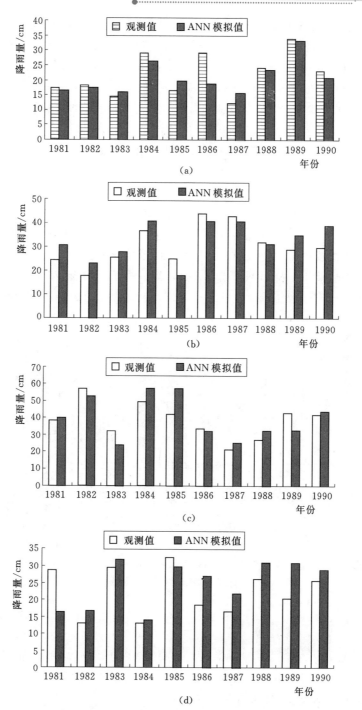

图 6.38　通过 ANN 模型预测降雨（1981—1990 年）与观测降雨对比分析结果
(a) 6 月；(b) 7 月；(c) 8 月；(d) 9 月

ANN 模型得到的 8 月训练期和测试期的 CC 值分别为 0.9969 和 0.8102，预报的测试期内 8 月降雨量与实测降雨量对比结果见图 6.38（c），结果显示，1984 年和 1985 年的预测值偏高，1983 年和 1989 年的预测值偏低，其他年份预测结果与实测值基本一致。ANN 模型得到的 9 月训练期和测试期的 CC 值分别为 0.9998 和 0.5757，预报的测试期内 9 月降雨量与实测降雨量对比结果见图 6.38（d），结果显示，1981 年的预测值偏低，1986 年、1987 年、1988 年和 1989 年的预测值偏高，其他年份预测结果与实测值基本一致。

类似地，通过 ANN 模型训练，对夏季季风期，即 6—9 月的降雨进行预报，ANN 模型预测的测试期内季风季节降雨值（JJAS）与实测值对比结果见图 6.39，ANN 模型得到的季风季节训练期和测试期的 CC 值分别为 0.9975 和 0.8951。除了 1982 年预报值存在少量偏差外，模型整体降雨模拟值与观测值基本吻合。需要注意的是，通过对比月降雨预报值和季降雨预报值可知，季降雨预报模型要优于月降雨预报模型，这可能是由于气候变量动态性导致的月时间尺度的不确定性大于季尺度的不确定性，因此，季节内降雨量预测存在较大的变异性。

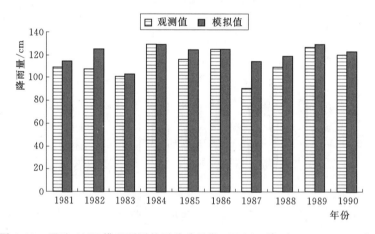

图 6.39 通过 ANN 模型预测的夏季季风期（JJAS）降雨（1981—1990 年）与观测降雨对比分析结果

6.9.3 结论

采用 ENSO（Nino 3.4 SSTA）、EQUINOO（EQWIN）和海陆温度对比（OLTC）等气候指标作为预测变量对月降雨量和季降雨量进行预测。通过上述研究得到以下主要结果：

（1）通过研究提升了降雨预报的精度，也得到了令人满意的预报结果。

（2）研究证明将全球气候信息嵌入到降雨预报中是可行且有效的。

（3）ANNs 是实现研究目标的合适方法。

参考文献

Aich V，Liersch S，Vetter T，et al，2014. Comparing impacts of climate change on streamflow in four large African river basins. Hydrol Earth Syst Sci 18：1305 – 1321.

Akshara G，2015. Downscaling of climate variables using multiple linear regression – a case study lower godavari basin，India，M. E. dissertation，BITS Pilani.

Akshara G，Raju KS，Singh AP，2017. Application of multiple linear regression as downscaling methodology for lower godavari basin. In：Proceedings of International conference on water，environment，energy and society（ICWEES – 2016），Springer.

Anandhi，A，2007. Impact assessment of climate change on hydrometeorology of Indian River Basin for IPCC SRES scenarios. Ph. D thesis，Indian Institute of Science，Bangalore.

Anandhi A，Srinivas V V，Nanjundiah R S，et al，2008. downscaling precipitation to river basin in India for IPCC SRES scenarios using support vector machine. Int J Climatol Springer 28（3）：401 – 420.

Anandhi A，Srinivas V V，Nagesh Kumar D，et al，2012. Daily relative humidity projections in an Indian river basin for IPCC SRES scenarios. Theor Appl Climatol Springer 108（1 – 2）：85 – 104.

Anandhi A，Srinivas V V，Nagesh Kumar，2013. Impact of climate change on hydrometeorological variables in a river basin in India for IPCC SRES scenarios. In：Rao YS，Zhang TC，Ojha CSP，Gurjar BR，Tyagi RD，Kao CM（eds）Chapter 12 in climate change modeling，mitigation，and adaptation. American Society of Civil Engineers，pp 327 – 356.

Armstrong R，Raup B，Khalsa S J S，et al，2005. GLIMS glacier database. National Snow and Ice Data Center，Digital Media，Boulder，Colorado USA.

Bari M A，Smettem K R J，2003. Development of a salt and water balance model for a large partially cleared catchment. Aust J Water Resour 7：83 – 99.

Bari M A，Amirthanathan G E，Timbal B，2010. Climate change and long term water availability in south – western Australia—an experimental projection. In：Practical responses to climate change national conference 2010，Hilton on the Park，Melbourne，Australia，29 September – 1 October 2010.

Bartholomé E，Belward A S，2005. GLC2000：a new approach to global land cover mapping from earth observation data. Int J Remote Sens 29：1959 – 1977.

Burn D H，1989. Cluster analysis as applied to regional flood frequency. J Water Resour Plan Manag ASCE 115：567 – 582.

Carter T R，Jones P D，Hulme M，et al，2004. A comprehensive set of high521 resolution grids of monthly climate for Europe and the globe：the observed record（1901—2000）and 16 scenarios（2001—2100）. Tyndall Working Paper 55，Tyndall Centre，University of East Anglia，Norwich，United Kingdom.

Changnon SA Jr，1987. Climate fluctuations and record – high levels of lake Michigan. Bull

Am Meteoro Soc 68 (11): 1394 – 1402.

Chaturvedi R J, Joshi J, Jayaraman M, et al, 2012. multi – model climate change projections for India under representative concentration pathways. Curr Sci 103: 7 – 10.

Christensen N S, Lettenmaier D P, 2007. A multimodel ensemble approach to assessment of climate change impacts on the hydrology and water resources of the Colorado River Basin. Hydrol Earth Syst Sci 11: 1417 – 1434. doi: 10. 5194/hess – 11 – 1417 – 2007.

Commonwealth Scientific and Industrial Research Organisation (CSIRO), 2009. Surface water yields in south – west Western Australia, a report to the Australian government from the CSIRO southwest Western Australia sustainable yields project. CSIRO water for a healthy country flagship, Commonwealth Scientific and Industrial Research Organisation, Australia, 171 p.

Danish Meteorological Institute (DMI), 2012. Climate Grid Denmark. Dataset for use in research and education. Daily and monthly values 1989—2010 10km×10km observed precipitation 20km×20km temperature, potential evaporation (Makkink), wind speed, global radiation, Technical Report 12 – 10. Accessed 3 June 2014.

Dantzig G B, Thapa M N, 1997. Linear programming 1: Introduction. Springer.

Davies D L, Bouldin D W, 1979. A Cluster Separation Measure. IEEE Trans Pattern Anal Mach Intell 1 (2): 224 – 227.

Department of Water (DoW), 2008. Water solutions, winter'08, Perth, Western Australia, 9 p.

Déqué M, Rowell D P, Lüthi D, et al, 2007. An intercomparison of regional climate simulations for Europe: assessing uncertainties in model projections. Clim Change 81: 53 – 70. doi: 10. 1007/s10584 – 006 – 9228 – x.

Déqué M, Somot S, Sanchez – Gomez E, et al, 2012. The spread amongst ENSEMBLES regional scenarios: regional climate models, driving general circulation models and interannual variability. Clim Dynam 38: 951 – 964. doi: 10. 1007/s00382 – 011 – 1053 – x.

Doty B, Kinter J I, 1993. The grid analysis and display system (GrADS): a desktop tool for earth science visualization. In: Proceedings of American Geophysical Union 1993 Fall Meeting, San Fransico, CA, 6 – 10 December, 1993.

Dutta S, Patel N K, Medhavy T T, et al, 1998. Wheat crop classification using multidate IRS LISS – I data. J Indian Soc Remote Sens 26 (1 – 2): 7 – 14.

Errasti I, Ezcurra A, Sáenz J, et al, 2010. Validation of IPCC AR4 models over the Iberian peninsula. Theor Appl Climatol 103: 61 – 79.

Fekete B M, Vorosmarty C J, Grabs W, 1999. Global, composite runoff fields based on observed river discharge and simulated water balances, GRDC Report 22. Global Runoff Data Center, Koblenz, Germany.

Fowler H J, Ekström M, 2009. Multi – model ensemble estimates of climate change impacts on UK seasonal precipitation extremes. Int J Climatol 29: 385 – 416. doi: 10. 1002/joc. 1827.

Fowler H J, Blenkinsop S, Tebaldi C, 2007. Linking climate change modelling to impacts studies: recent advances in downscaling techniques for hydrological modelling. Int J Climatol 27 (12): 1547 – 1578.

Frei C, Schöll R, Fukutome S, et al, 2006. Future change of precipitation extremes in Europe: intercomparison of scenarios from regional climate models. J Geophys Res 111: D06105. doi: 10.1029/2005JD005965.

Gestel T, Suykens J, Baesens B, et al, 2004. Benchmarking least squares support vector machine classifiers. Mach Learn 54 (1): 5 - 32.

Gosain A, Sandhya R, Debajit B, 2006. Climate change impact assessment on hydrology of indian river basins, in special issue on climate change and India. Curr Sci 90 (3): 346 - 353.

Haupt R, Haupt S, 2004. Practical genetic algorithms. Wiley, New Jersey, p 253.

Haykin S, 2003. Neural networks: a comprehensive foundation. Pearson Education, Singapore.

Hempel S, Frieler K, Warszawski L, et al, 2013. A trend - preserving bias correction—the ISI - MIP approach. Earth Syst Dynam 4, 219 - 236, doi: 10.5194/esd - 4 - 219 - 5 - 2013.

Hofstra N, Haylock M, New M, et al, 2009. Testing EOBS European high - resolution gridded data set of daily precipitation and surface temperature. J Geophys Res 114: D21101. doi: 10.1029/2009JD011799.

Islam S A, Bari M, Anwar A H M F, 2011. Assessment of hydrologic impact of climate change on Ord river catchment of Western Australia for water resources planning: a multi - model ensemble approach. In: Proceedings of the 19th international congress on modelling and simulation, Perth, Western Australia, 12 - 16 December 2011, pp. 3587 - 3593.

Islam S A, Bari M A, Anwar A H M F, 2014. Hydrologic impact of climate change on Murray - Hotham catchment of Western Australia: a projection of rainfall - runoff for future water resources planning. Hydrol Earth Syst Sci 18: 3591 - 3614.

Johnson F, Sharma A, 2009. Measurement of GCM Skill in predicting variables relevant for hydroclimatological assessments. J Clim 22: 4373 - 4382.

Johnson F, Sharma A, 2012. A nesting model for bias correction of variability at multiple time scales in general circulation model precipitation simulations. Water Resour Res 48: W01504.

Jones D A, Wang W, Fawcett R, 2009. High - quality spatial climate data - sets for Australia. Aust Meteorol Oceanogr J 58: 233 - 248.

Karl T, Wang W, Schlesinger M, et al, 1990. A method of relating general circulation model simulated climate to the observed local climate part i: seasonal statistics. J Clim 3: 1053 - 1079.

Kendall M G, 1951. Regression, structure and functional relationship. Part I, Biometrika 38: 11 - 25.

Köppen W, 1900. Versuch einer Klassifikation der Klimate, vorzugsweise nach ihren Beziehungen zur Pflanzenwelt, Geogr. Zeitschrift, 6, 593 - 611.

Krysanova V, Müller - Wohlfeil D - I, Becker A, 1998. Development and test of a spatially distributed hydrological/water quality model for mesoscale watersheds. Ecol Model 106: 261 - 289.

Krysanova V, Hattermann F, Wechsung F, 2005. Development of the ecohydrological model SWIM for regional impact studies and vulnerability assessment. Hydrol Process 19:

763 - 783.

Lauri H, de Moel H, Ward P J, et al, 2012. Future changes in Mekong river hydrology: impact of climate change and reservoir operation on discharge. Hydrol Earth Syst Sci 16: 4603 - 4619.

Lenderink G, 2010. Exploring metrics of extreme daily precipitation in a large ensemble of regional climate model simulations. Clim Res 44: 151 - 166. doi: 10. 3354/cr00946.

Lillesand T M, Kiefer R W, Chipman J W, 2004. Remote sensing and image interpretation. Wiley India (P). Ltd, New Delhi.

MacQueen J (ed), 1967. Some methods for classification and analysis of multivariate observation. In: Proceedings of the fifth berkeley symposium on mathematical statistics and probability. University of California Press, Berkeley, pp 281 - 297.

Maity R, Nagesh Kumar D, 2006. Bayesian dynamic modeling for monthly Indian summer monsoon rainfall using El Niño southern oscillation (ENSO) and equatorial Indian ocean oscillation (EQUINOO). J Geophys Res 111: D07104.

Mann H B, Whitney D R, 1947. On a test of whether one of two random variables is stochastically larger than the other. Ann Math Stat 18: 50 - 60.

Mayer X M, Ruprecht J K, Bari M A, 2005. Stream salinity status and trends in south west Western Australia, salinity and land use impacts series, vol 38, Department of Environment, Perth, Western Australia, 188.

Mehrotra R, Sharma A, 2010. Development and application of a multisite rainfall stochastic downscaling framework for climate change impact assessment. Water Resour Res 46 (W07526). doi: 10. 1029/2009WR008423.

Mehrotra R, Sharma A, Nagesh Kumar D, et al, 2013. Assessing future rainfall projections using multiple GCMsand A multi - site stochastic downscaling model. J Hydrol 488: 84 - 100.

Mekong River Commission, 2005. Overview of the hydrology of the Mekong Basin, Mekong River Commission, Vientiane, 82.

Mekong River Commission, 2011. Hydrometeorological database of the Mekong River Commission, Mekong River Commission (MRC). Vientiane, Lao PDR.

Mitchell T D, Jones P D, 2005. An improved method of constructing a database of monthly climate observations and associated high - resolution grids. Int J Climatol 25: 693 - 712.

Morais D C, Almeida A T, 2012. Group decision making on water resources based on analysis of individual rankings. Omega 40: 42 - 52.

Moriasi D N, Arnold J G, VanLiew M W, et al, 2007. Model evaluation guidelines for systematic quantification of accuracy in watershed simulations. Trans ASABE 50 (3): 885 - 900.

Mujumdar P P, Nagesh Kumar D, 2012. Floods in a changing climate: hydrologic modeling, international hydrology series. Cambridge University Press, UK.

Nagesh Kumar D, Janga Reddy M, Maity R, 2007. Regional rainfall forecasting using large scale climate teleconnections and artificial intelligence techniques. J Intell Syst 16: 307 - 322.

Nash J E, Sutcliffe J V, 1970. River flow forecasting through conceptual models part I—a discussion of principles. J Hydrol 10: 282 - 290.

Pearson K, 1896. mathematical contributions to the theory of evolution. III. Regres Heredity Panmixia Philos Trans Roy Soc A 187: 253 – 318.

Pen L J, Hutchison J, 1999. Managing our rivers: a guide to the nature and management of the streams of south – west Western Australia, water and rivers commission, 382 p.

Pennell C, Reichler T, 2011. On the Effective Number of Climate Models. J Clim 24: 2358 – 2367.

Raju K S, Nagesh Kumar D, 2014. Multicriterion analysis in engineering and management. Prentice Hall of India, New Delhi.

Raju K S, Nagesh Kumar D, 2016. Selection of global climate models for india using cluster analysis. J Water Clim Change 7 (4): 764 – 774. doi: 10.2166/wcc.2016.112.

Raju K S, Sonali P, Nagesh Kumar D, 2017. Ranking of CMIP5 based global climate models for india using compromise programming. Theor Appl Climatol Springer 128 (3): 563 – 574. doi: 10.1007/s00704 – 015 – 1721 – 6.

Reichler T, Kim J, 2008. How Well Do Coupled Models Simulate Today's Climate? Bull Am Meteorol Soc 89: 303 – 311.

Reshmidevi T V, Nagesh Kumar D, 2014. Modelling the impact of extensive irrigation on the groundwater resources. Hydrol Process 28 (3): 628 – 639.

Reshmidevi T V, Nagesh Kumar D, Mehrotra R, et al, 2017. Estimation of the climate change impact on a catchment water balance using an ensemble of GCMs. J Hydrol. doi: 10.1016/j.jhydrol.2017.02.016.

Sahai A K, Soman M K, Satyan V, 2000. All India summer monsoon rainfall prediction using an artificial neural network. Clim Dyn 16: 291 – 302.

Sahai A K, Grimm A M, Satyan V, et al, 2003. Long – lead Prediction of Indian Summer Monsoon Rainfall from Global SST Evolution. Clim Dyn 20: 855 – 863.

Schaefli B, Gupta H V, 2007. Do nash values have value? Hydrol Process 21 (15): 2075 – 2080.

Šercl P, 2008. Assessment of methods for area precipitation estimates, Meteorological Bulletin, vol 61.

Smola A, Scholkopf B, Muller K, 1998. The connection between regularization operators and support vector kernels. Neural Netw 11 (4): 637 – 649.

Sousa A, García – Murillo P, Morales J, et al, 2009. Anthropogenic and natural effects on the Coastal Lagoons in the Southwest of Spain (Doñana National Park). ICES J Mar Sci 66: 1508 – 1514.

Spearman C, 1904a. General intelligence' objectively determined and measured. Am J Psychol 5: 201 – 293.

Spearman C, 1904b. Proof and measurement of association between two things. Am J Psychol 15: 72 – 101.

Srivastava A K, Rajeevan M, Kshirsagar S R, 2009. Development of a high resolution daily gridded temperature data set (1969 – 2005) for the Indian region. Atmos Sci Lett 10: 249 – 254.

Stern H, Hoedt G D, Ernst J, 2000. Objective classification of Australian climates. Aust Meteorol Magaz 49: 87 – 96.

Strahler A, 2013. Introducing physical geography. Wiley, 664 p.

Sugawara M, 1979. Automatic calibration of the tank model. Hydrol Sci Bull 24: 375 – 388.

Sunyer M A, Hundecha Y, Lawrence D, et al, 2015. Inter – comparison of statistical downscaling methods for projectionof extreme precipitation in Europe. Hydrol Earth Syst Sci 19: 1827 – 1847.

Taylor K E, Stouffer R J, Meehl G A, 2012. An overview of CMIP5 and the experiment design. Bull Am Meteor Soc 93: 485 – 498.

Timbal B, Fernandez E, Li Z, 2009. Generalization of a statistical downscaling model to provide local climate change projections for Australia. Environ Model Softw 24: 341 – 358. doi: 10. 1016/j. envsoft. 2008. 07. 007.

Tripathi S, Srinivas V V, Nanjundiah R S, 2006. Downscaling of precipitation for climate change scenarios: a support vector machine approach. J Hydrol 330: 621 – 640.

Tveito O E, Bjørdal I, Skjelvåg A O, et al, 2005. A GIS – based agro – ecological decision system based on gridded climatology. Meteorol Appl 12: 57 – 68.

Van Griensven A, 2005. Sensitivity, auto – calibration, uncertainty and model evaluation in SWAT2005 (Unpublished report).

Wang K, Wang B, Peng L, 2009. CVAP: validation for cluster for analyses. Data Sci J 8 (20): 88 – 93.

Weedon G P, Gomes S, Viterbo P, et al, 2011. Creation of the WATCH forcing data and its use to assess global and regional reference crop evaporation over land during the twentieth century. J. Hydrometeorol 12: 823 – 848.

Westerberg I, Guerrero J L, Seibert J, et al, 2011. Stage – discharge uncertainty derived with a non – stationary rating curve in The Choluteca river. Honduras Hydrol Process 25: 603 – 613.

Wilcoxon F, 1945. Individual comparisons by ranking methods. Biometrics 1: 80 – 83.

Winkler J, Palutikof J, Andresen J, et al, 1997. The simulation of daily temperature time series from GCM output part ii: sensitivity analysis of an empirical transfer function methodology. J Clim 10 (10): 2514 – 2532.

Yu PS, Yang T C, 2000. Using synthetic flow duration curves for rainfall – runoff model calibration at ungauged Sites. Hydrol Process 14: 117 – 133.

附录 A

数据获取路径信息

A.1 印度气象局 (IMD)

国家数据中心（NDC），IMD 提供气象数据。

数据请求格式如下：

http：//www.imdpune.gov.in/ndc ＿ new/Data ＿ Request/DATA ＿ REQUISITON ＿ FORM.pdf.

根据所收到的请求，国家数据中心将针对数据成本、可得性以及数据利用方面的证书予以回复。关于数据申请的更多详情，可查阅相关网站。

电子邮件：ndcsupply@imd.gov.in

A.2 水资源信息系统 (WRIS)

主页由辅助功能、工具、元数据、WRIS Wiki、出版物（包括项目文件、流域报告、印度河流域地图集、印度集水区地图集、预先生成的地图、其他报告等）、长廊、移动电话、常见问题、WRIS 信息发现、WRIS 资源管理器（包括地理可视化、子信息系统、时间分析器、PMP 模块）、WRIS 链接（包括实时遥测数据、数据下载、储层模块、自动地图生成、高级报告生成、Web 地图服务）、WR 规划和管理以及输入数据构建器组成。主页上也提供其他类别的信息。

A.3 Bhuvan：ISRO 的印度云平台

ISRO 推出了基于 Web 的 GIS 工具 Bhuvan，与其他 Virtual Globe Software 相比，它能够提供印度各位置的详细图像，其空间分辨率范围高达 1m。目前，已经有 177 个城市的高分辨率数据集，其他地区则覆盖着 2.5m 分辨率的图像。该软件还提供距离测量功能和其他地理处理功能，可以从不同的角度查看位置。

主页提供了四类信息：

（1）可视化和免费下载：功能包括 Bhuvan－2D、Bhuvan－3D、开放数据存档、气候和环境、主题服务、灾难服务、海洋服务以及创建地图/GIS。

（2）治理部门/中央政府部门：Chaman、清洁恒河、SAT－AIBP、洪水预警、人口普查数据、印度三角洲、环境与森林、CRIS、捕蝇器分布、岛屿信息、学校 Bhuvan、通行费信息、地下水、管网、分水岭、城市调查和古迹。

（3）应用行业：农业、林业、电子政务、水、旅游、城市、乡村和旅游业。

（4）特殊应用：数据发现、水文产品、国际灾难等。

A. 4　世界粮食组织 CLIMWAT 数据库

CLIMWAT 是与计算机程序 CROPWAT 结合使用的气候数据库，可依据全球范围内的多个气象站计算作物需水量、灌溉量和各种作物的灌溉时间表。CLIMWAT 能够提供长系列日均最高和最低温度（℃）、日均相对湿度（%）、日均风速（km/d）、日均日照小时数、日均太阳辐射 $[MJ/(m^2 \cdot d)]$、月均降雨量（mm/月）、每月有效降雨量（mm/月）和参考蒸散量（通过 Penman－Monteith 方法计算）(mm/d)。上述数据可从 CROPWAT 中的单个或多个网站提取。

A. 5　CMIP5 中的 GCMs 数据

CMIP5 中包含了丰富的 GCMs 数据。

页面中包括主页（概述和历史记录）、新闻、CMIP3（CMIP3 概述、CMIP3 主页、数据存档、变量列表、数据可用性和实验设计）、CMIP5（CMIP5 概述、实验设计、建模信息、数据访问、更多信息和联系方式）、成就（CMIP3 下载率、出版物、使用情况和奖项）、链接（详尽且非常有用）和联系方式。

一些重要和相关的内容如下：

• CMIP5 指南

• CMIP5 数据访问/可用性（包括 GCM）

• CMIP5 出版物

• CMIP5 引用信息

•常问问题

以下 4 个链接非常有用，并且通过选择其中任何一个链接，都可以转到

Earth System Grid Federation（ESGF）主页。

气候模型诊断和比对 PCMDI 程序。

英国大气数据中心（BADC）。

德国气候计算中心（DKRZ）。

国家计算基础设施（NCI）。

登记/获取数据的步骤如下：

步骤 1：ESGF 需要登录和访问数据的详细信息。要创建一个新账户，选择创建账户选项。

然后将显示一个新窗口。显示的所有详细信息都是必填项，必须提供，例如用户名、名字和姓氏、电子邮件、密码、确认密码、机构、部门、城市、州、国家/地区、兴趣关键字、兴趣表等。

步骤 2：提交上述信息后，将创建一个账户，并将相应的链接发送到用户的注册电子邮件 ID。成功启用链接后，该账户将被激活并连接到 ESGF Login。完成上述步骤后，屏幕上会汇总账户详细信息。

步骤 3：选择搜索按钮选项，它将包含许多搜索类别。

步骤 4：选择项目选项（例如 CMIP5）。

步骤 5：选择模型开发中心，然后选择建模中心（机构）选项。

步骤 6：选择 GCM 和实验系列选项。

步骤 7：选择时间频率选项。

步骤 8：选择"领域"选项的名称（例如 Atmos）。

步骤 9：选择变量选项的名称。

步骤 10：选择摘要信息和数据购物车选项。

随后步骤（包括数据下载）较为简单，不再赘述。

A.6 美国国家环境预测中心（NCEP）和美国国家大气研究中心（NCAR）

• 这是美国国家环境预测中心（NCEP）和美国国家大气研究中心（NCAR）的联合产品。

• NCEP/NCAR 重新分析数据可以从由 NCAR 数据支持部管理的 CISL（计算和信息系统实验室）研究数据档案中下载。

• 下载的文件采用二进制（GRIB）格式的常规发行信息。

• 可用数据：最高温度、降水率、地势高度、压力、风的纬向分量 U 和经向分量 V 等。

登记/获取数据的步骤如下：

步骤 1：登录网站。

步骤 2：在"重新分析"目录下方选择"NCEP/NCAR 重新分析项目"。

步骤 3：选择 NCEP/DOE Reanalysis II（ds091.0）。

步骤 4：选择数据访问选项卡（您需要登录才能访问数据）。如果您尚未注册，则可以提供电子邮件地址、密码、标题、名字和姓氏、组织名称和类型以及国家/地区来进行注册。

步骤 5：在目录中，选择"Web 文件列表"，而不是"可用产品联盟"。

步骤 6：选择所需的 NCEP/NCAR 数据以及适当的时间段，然后单击"继续"。

步骤 7：选择两个或两个以上对应月/年的文件，然后单击"下载"将它们下载为单个 UNIX tar 文件。

A.7　气候研究中心（CRU）

气候研究中心（CRU）是由诺里奇东英吉利大学（UEA）环境科学学院所成立，其首页包括有关 CRU 的首页、数据、学术计划、研究、教职员工和学生、信息表、出版物、媒体和新闻事件。

数据收集流程：

步骤 1：例如，选择温度（5°×5°网格版本）（选择链接：温度数据集的主页）。

步骤 2：继续进行数据下载：选择 NetCDF 下载温度数据。对于其他变量（例如降水量等），可以遵循类似的步骤。

A.8　特拉华大学气温和降水量（UDEL）

步骤 1：登录到 Udel。

步骤 2：选择下载数据的链接。

A.9　热带降雨测量任务（TRMM）

热带降雨测量任务（TRMM）旨在测量雨量，以进行天气和气候研究。

A.10　亚洲降水-高分辨率观测资料综合评价（APHRODITE）

APHRODITE 项目使用亚洲的高分辨率网格开发了最先进的每日降水数据集。主要使用从雨量计观测网络获得的数据来创建数据集。

APHRODITE 主页包括主页、范围、产品、下载、项目成员、出版物列表和链接。

A.11　荷兰皇家气象学院（Royal Netherlands Meteorological Institute）

步骤 1：转到网站。

步骤 2：选择每月运行的 CMIP5 场景。

步骤 3：以选择"地表变量"为例。

KNMI 气候资源管理器中具有所有 GCMs 数据。连同变量数量一起的历史数据、RCP 2.6 数据、RCP 4.5 数据、RCP 6.0 数据和 RCP 8.5 数据在 KNMI 气候资源管理器中均有相对应的 GCM（输入所需区域的纬度和经度值，选择创建时间序列，并选择原始数据）。数据格式为 ASCII 和 NetCDF，选择所需的格式并下载数据（信息最后访问于 2016 年 12 月 30 日）。

其余代表性数据源/机构

类　　型	网址（略）
英国大气数据中心（BADC）	
二氧化碳信息分析中心（CDIAC）	
国际地球科学信息网中心	
NOAA 气候诊断中心	
NOAA 的综合海洋大气数据集（COADS）	
计算信息系统实验室	
ECMWF 40 年重新分析（ECMWF ERA‑40）	
全球大气研究排放数据库（EDGAR）	
扩展的重构海面温度（ERSST）	
联合国粮食及农业组织（FAO）	
GEWEX 亚洲季风实验热带（GAME‑T）数据中心	
全球环境基金（GEF）	
全球历史气候学网络（GHCN）	
全球降水气候学中心（GPCC）	
历史人为排放的二氧化硫（SO_2）；评估成果	
海德土地利用	
IAMC RCP 数据库	
印度水路入口	
综合评估建模联盟	
国际海洋综合大气数据集（ICOADS）；assessment	
国际地圈‑生物圈计划	
哥伦比亚大学国际气候预测研究所/Lamont‑Doherty 地球观测	
日本 55 年再分析（JRA‑55）	
土地利用协调	
研究和应用的现代时代回顾性分析（MERRA）	

续表

类　　型	网址（略）
美国国家航空和航天局（NASA）	
国家气候资料中心（NCDC）	
国家通信支持计划（UN）	
国家环境研究委员会	
NOAA CIRES 20 世纪全球再分析版本（NOAA＿CIRES20thC＿ReaV2）	
NOAA 合并的陆-海表面温度分析（MLOST）	
UCAR 社区数据门户	
联合国气候变化框架公约（UNFCCC）	
联合国与气候变化	
世界气候研究计划	
世界气候数据中心	
世界气象组织（WMO）	
世界气象数据中心	

　　NetCDF 格式的可用数据较少。有关处理 NetCDF 和其他类似格式的软件信息，请访问相关网站。

附录 B

气候变化研究代表期刊

期刊和出版社名称	相关链接（略）
大气科学进展	
气象学进展，兴德出版公司	
水资源进展，Elsevier	
农林气象学	
农业系统，Elsevier	
农业用水管理，Elsevier	
大气环境，Elsevier	
大气研究，Elsevier	
大气科学快报，Wiley	
美国气象学会简报	
气候与发展，Taylor & Francis	
气候动态，Springer	
气候政策，Taylor & Francis	
气候研究，Inter－Research Science Center，科学出版中心	
气候风险管理，Elsevier	
气候变化，Springer	
最新气候变化报告	
大气和海洋动力学，Elsevier	
地球相互作用，美国气象学会	
地球与行星科学快报	
地球科学评论，Elsevier	

续表

期刊和出版社名称	相关链接（略）
灾害与气候变化经济学	
国际地球物理学杂志	
地球物理研究通讯，美国地球物理联合会，Wiley	
全球环境变化	
水文地球系统科学，哥白尼出版社	
水文过程，Wiley	
水文科学学报，Taylor 和 Francis	
国际大气科学杂志	
国际气候变化战略与管理杂志	
国际气候学杂志，Wiley	
灌溉和排水，Wiley	
应用生态学报，Wiley	
应用气象与气候学报，美国气象学会	
大气海洋技术，美国气象学会	
大气科学杂志	
气候杂志，美国气象学会	
土木工程学报，美国土木工程师学会	
地球科学与气候变化杂志，OMICS	
地球物理研究杂志，美国地球物理联合会，Wiley	
水信息学杂志，IWA 出版社	
水文工程学报，美国土木工程师学会	
水文学杂志，Elsevier	
水文研究杂志，IWA 出版社	
水文气象，美国气象学会	
灌溉排水工程学报，美国土木工程师学会	
气象研究杂志，Springer	
水与气候变化杂志，国际水协	
水资源规划与管理杂志，美国土木工程师学会	
南半球地球系统学报，澳大利亚气象和海洋学会	
气象与大气物理学	
全球变化的缓解和适应策略	
每月天气回顾	

续表

期刊和出版社名称	相关链接（略）
自然危害，Springer	
自然气候变化，Springer	
开放水域航行日志，IWA 出版社	
皇家气象学会季刊	
区域环境变化	
可持续发展科学	
Tellus 系列 A：动态气象学和海洋学，瑞典地球物理学会：Munksgaard	
理论和应用气候学，Springer	
城市气候，Elsevier	
水资源管理，Springer	
水资源研究，美国地球物理联合会，Wiley	
天气，气候和社会，美国气象学会	
天气和预报，美国气象学会	
威利跨学科评论：气候变化，Wiley	

附录 C

气候变化研究代表著作

Baldassarre G D, Brandimarte L, Popescu I, et al, 2013. Floods in a changing climate: inundation modelling. Cambridge University Press.

Barry R G, Hall - McKim E A, 2014. Essentials of the Earth's climate system. Cambridge University Press.

Beniston M (ed), 2002. Climatic change: implications for the hydrological cycle and for water management. Springer advances in global change research.

Bonan G, 2015. Ecological climatology: concepts and applications. Cambridge University Press.

Bridgman H A, Oliver J E, Allan R, et al, 2014. The global climate system patterns, processes, and teleconnections. Cambridge University Press.

Bulkeley H, Newell P, 2015. Governing climate change. Taylor and Francis.

Cowie J, 2012. Climate change biological and human aspects. Cambridge University Press.

Cracknell A P, Krapivin V F, 2009. Global climatology and ecodynamics: anthropogenic changes to planet Earth. Springer environmental sciences.

Dam J C V, 2003. Impacts of climate change and climate variability on hydrological regimes. Cambridge University Press.

Dash S K, 2017. Climate change: an Indian perspective, part of environment and development series. Cambridge University Press.

Dessler A, 2015. Introduction to modern climate change. Cambridge University Press.

Diaz H F, Markgraf V (eds), 2000. El Niño and the Southern oscillation multiscale variability and global and regional impacts. Cambridge University Press.

Diaz H F, Markgraf V, Kiladis G N, et al, 2009. El Niño historical and paleoclimatic aspects of the southern oscillation. Cambridge University Press.

Dijkstra H, A., 2013. Nonlinear climate dynamics. Cambridge University Press.

Dong W, Huang J, Guo Y, et al, 2016. Atlas of climate change: responsibility and obligation of human society. Springer atmospheric sciences.

Eggleton T, 2012. A short introduction to climate change. Cambridge University Press.

Field C B, Barros V V, Stocker T F, et al, 2012. Managing the risks of extreme events and disasters to advance climate change adaptation: special report of the intergovernmental panel on climate change. Cambridge University Press.

Fitzroy F R, Papyrakis E, 2015. An introduction to climate change economics and policy. Routledge textbooks in environmental and agricultural economics.

Glantz M H, Katz R W, Nicholls N, 2009. Teleconnections linking worldwide climate anomalies. Cambridge University Press.

Goosse H, 2015. Climate system dynamics and modelling. Cambridge University Press.

Fell H - J, 2016. Global cooling: strategies for climate protection. Taylor and Francis.

Hill M, 2013. Climate change and water governance: adaptive capacity in Chile and Switzerland. Springer advances in global change research.

Holton J R, Hakim G J, 2012. Introduction to dynamic meteorology. Academic Press.

Houghton J, 2015. Global warming: the complete briefing. Cambridge University Press.

Incropera F P, Earley T, Peterson B, et al, 2015. Climate change: a wicked problem: complexity and uncertainty at the intersection of science, economics, politics, and human behavior. Cambridge University Press.

Intergovernmental Panel on Climate Change, 2015. Climate Change 2014: Mitigation of Climate Change Working Group Ⅲ Contribution to the IPCC Fifth Assessment Report, Cambridge University Press.

Intergovernmental Panel on Climate Change, 2014. Climate change 2014—impacts, adaptation and vulnerability: part A: global and sectoral aspects working group Ⅱ contribution to the IPCC fifth assessment report. In: Global and sectoral aspects, vol 1. Cambridge University Press.

Intergovernmental Panel on Climate Change, 2014. Climate change 2014—impacts, adaptation and vulnerability: Part B: regional aspects working group Ⅱ contribution to the IPCC fifth assessment report. In: Regional aspects, vol 2. Cambridge University Press.

Intergovernmental Panel on Climate Change, 2014. Climate change 2013—the physical science basis working group Ⅰ contribution to the fifth assessment report of the intergovernmental panel on climate change.

Kitchen D E, 2016. Global climate change: turning knowledge into action. Taylor and Francis.

Koppmann R (ed), 2014. Atmospheric research from different perspectives. The reacting atmosphere series. Springer.

Krishnamurti T N, Stefanova L, Misra V, 2013. Tropical meteorology: an introduction. Springer atmospheric sciences.

Lal R, Uphoff N, Stewart B A, et al, 2005. Climate change and global food security. CRC Press.

Latin H A, 2012. Climate change policy failures: why conventional mitigation approaches cannot succeed. World Scientific Publishing.

Lau W K M, Waliser D E, 2005. Intraseasonal variability in the atmosphere - ocean climate system. Springer environmental sciences.

Leroux M, 2005. Global warming—myth or reality? Springer environmental sciences.

Leroux M, 2010. Dynamic analysis of weather and climate. Springer environmental sciences.

Lininger C, 2015. Consumption – based approaches in international climate policy. Springer climate series.

Martens P, Rotmans J (eds), 1999. Climate change: an integrated perspective. Springer advances in global change research.

Mcllveen R, 1991. Fundamentals of weather and climate. Psychology Press.

Mujumdar P P, Nagesh Kumar D, 2013. Floods in a changing climate: hydrologic modeling. Cambridge University Press.

Neelin J D, 2011. Climate change and climate modeling. Cambridge University Press.

Parikh J, 2016. Climate resilient urban development: vulnerable profile of Indian cities. Cambridge University Press.

Rapp D, 2014. Assessing climate change. Springer environmental sciences.

Ravindranath N H, Sathaye J A, 2002. Climate change and developing countries. Springer advances in global change research.

Sarachik E S, Cane M A, 2010. The El Niño – Southern oscillation phenomenon. Cambridge University Press.

Simonovic S P, 2013. Floods in a changing climate: risk management. Cambridge University Press.

Sheppard S, 2012. Visualizing climate change: a guide to visual communication of climate change and developing local solutions. Routledge.

von Storch H, Zwiers F W, 2002. Statistical analysis in climate research. Cambridge University Press.

Wheeler S M, 2012. Climate change and social ecology: a new perspective on the climate challenge. Routledge.

Teegavarapu R S V, 2013. Floods in a changing climate: extreme precipitation. Cambridge University Press.

Trenberth K E, 2010. Climate system modeling. Cambridge University Press.

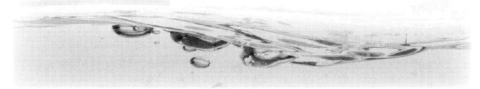

索 引

C

D

E

F

P

Q

R

84，94，95，139，170，182，185，187，193，194，196，198，209，210，
214，215，233 – 237

Testing，测试 87，186，237 – 239

Theissen Weight Precipitation（TWP），泰森重量降水 185，190

Threshold，阈 49，184，186，188，200，228

Training，训练 86 – 88，95，98，186，237，239

Trend detection，趋势检测 108，123

Tropical Rainfall Measuring Mission（TRMM），热带测雨卫星 251

Truncation Level（TL），截断水平 185

Turning point test，转折点测试 124

20C3M，93，94，182，198，200，201，203 – 209

U

Uncertainty，不确定 29，138，162，210，216，218，222，232，240

Urbanization，城市化 9，10

Utility，效用 47，48

V

Validation，验证 87，131，139，171，172，186，200，201，203，210，
213，214，237

Variable convergence score，变量收敛得分 200

Variable Infiltration Capacity（VIC），可变下渗容量模型 139，163

W

Water resource information systems，水资源信息系统 125

Water security，水安全 11，15

Watershed，集水区 3，138，149，154，155，162，209，234

Weight，权重 39 – 41，44 – 46，48，60，86 – 88，91，92，98，170，173，
201，203，205，209

Weighted average，加权平均 27，47，48，71，201 – 203，207

World Climate Research Programmes（WCRPs），世界气候研究方案
172，200